Andrea Zauner-Dungl | Claudia Krist-Dungl

Gut leben

Andrea Zauner-Dungl
Claudia Krist-Dungl

GUT LEBEN

Genuss und Gesundheit
mit der Dungl-Philosophie

GOLDEGG
VERLAG

Bildrechte Coverbild: © Elenathewise (fotolia.de)
Bildrechte Autorinnenfoto: Dungl Wien Betriebs-GmbH
Umschlagrückseite: © Pakhnyushchyy (fotolia.de)

Der Verlag und seine Autorinnen sind für Reaktionen, Hinweise oder Meinungen dankbar. Bitte wenden Sie sich diesbezüglich an verlag@goldegg-verlag.at.

ISBN: 978-3-902729-24-8

Mommsengasse 4/2 • A-1040 Wien
Telefon: +43 (0) 1 5054376-0
E-Mail: office@goldegg-verlag.com
http://www.goldegg-verlag.com
Herstellung: Goldegg Verlag GmbH, Wien
Druck: CPI Moravia Books

Vorwort

Fragt man die Menschen, was für sie das höchste Gut ist, so wird an erster Stelle die Gesundheit genannt. Dennoch klagen Kollegen und Verantwortliche, die im Bereich des Gesundheitssystems tätig sind, dass es extrem schwierig ist, Menschen zu gesundem Leben zu motivieren. Wieso? Was hält uns davon ab, mehr für unsere Gesundheit zu tun?

Die Antworten sind vielfältig, denn Maßnahmen der Gesunderhaltung scheinen unbequem und bedeuten Einschränkungen. Einmal erklärte uns ein Experte, Gesundheit hätte keine Lobby, die sie promotet und „schick“ macht. Manche meinen, die Menschen wissen zu wenig darüber oder werden durch die Vielfalt der unterschiedlichen Aussagen einfach so verwirrt, dass sie kapitulieren.

All dies motivierte uns ein Buch zu schreiben. Ein Buch, das Altes und Neues gegenüberstellt, das komplexe Zusammenhänge durch Beispiele des Alltags für jeden verständlich erläutert, das aber auch zeigt, dass Gesundheit Spaß machen kann und sie uns auch gut leben lässt.

Schon als Kinder verlangten wir, dass wir das, was wir tun sollten, auch verstehen konnten. Uns dies alles zu erklären, war nicht selten eine echte Herausforderung für unsere Eltern. Ein Danke an sie, dass sie sich dafür immer Zeit nahmen. Ein besonderer Dank gilt unserem Vater Willi Dungl, der uns den Menschen und die Natur sowie deren Wechselspiel stets näherbrachte. Er war trotz seiner intensiven Bemühungen um seine Sportler, Künstler, Manager und all seine sonstigen Patienten immer bereit uns die wahren Werte des Lebens zu zeigen.

Claudia Krist-Dungl & Andrea Zauner-Dungl

Inhaltsübersicht

Inhaltsverzeichnis

Die erste Säule der Gesundheit: Ernährung

Die zweite Säule der Gesundheit: Bewegung

Die dritte Säule der Gesundheit: Mentale Fitness

Der Tempel der Gesundheit

Der Pionier

Es war einmal – so fangen viele Märchen, Sagen und Legenden an. Bei uns ist es eine Erinnerung an die erste bewusste Wahrnehmung über optimale Ernährung, die von Medien publiziert wurde. Sie lautete: Es ist gleichgültig, was man isst, Hauptsache das Verhältnis Kohlenhydrate – Fett – Eiweiß passt, dazu ein paar Vitamine und Mineralstoffe – that's it. Dies war die Zeit der ersten Mondlandung, der Faszination von Analysen und Technik. Etwas später schwappten die Empfehlungen des US-Sportmediziners Kenneth H. Cooper – Herz-Kreislauf-Training ist essenziell für unsere Gesundheit – zu uns nach Europa herüber. Schweißtreibendes Schwitzen bis zur Erschöpfung war angesagt. In der Zeit des zunehmenden Wohlstands wuchs die Notwendigkeit, das eigene Körpergewicht im Zaum zu halten. Empfehlungen wie die Riegler-Diät – erlaubt sind Schweinefleisch, Carpaccio, Fisch und Beefsteak kombiniert mit Sauerkraut und Salat, so viel, wie das Herz begehrt, oder Formula-Diäten (drei Shakes aus dem Sackerl und alles passt) folgten.

Nach unserem Empfinden war damit das Wissen um Gesundheit und ihre gezielte Beeinflussung bereits erschöpft. Von unseren Großmüttern hörten wir noch, dass wir wenigstens dreimal am Tag essen sollten – wobei das Frühstück ganz wichtig sei – und dass man im Winter kein Eis isst, weil das krank macht. Wir lernten, dass Milch Schleim bildet und daher bei Erkältungen nicht getrunken werden darf –

auch wenn wir noch so sehr danach lechzten. Barfuß gehen ist gesund, allerdings nicht, wenn uns friert, denn dann gibt es Blasenentzündungen. Außerdem ist es nicht gesund, wenn das „Kreuz“ (Lendenwirbelsäule) unbedeckt ist. Wir erfuhren, dass bei einem gereizten Magen Haferschleimsuppe und bei Durchfall schwarzer Tee und Zwieback guttun. Außerdem erhielten wir bei Fieber „Essigpatscherl“ oder Lindenblütentee.

Alte Gesundheitsratschläge wurden früher in der Familie weitergegeben, ohne dass jemand sich lange darüber den Kopf zerbrochen hätte, wieso dieses oder jenes half. Der Hausarzt schaute sich die Zunge an – dies verriet ihm, ob der Fiebermesser auf der Heizung gelegen hatte oder ob sein Patient etwas „Ernsthaftes“ hatte. Es gab keine H2-Blocker (Magenschutzpräparat) oder Beta-Blocker (Herzpräparat), wenige Antibiotika und das Cortison steckte in den Kinderschuhen.

Der Urtrieb des Menschen, die Umwelt und das Leben besser zu begreifen und zu verstehen, sie sich untertan zu machen, sowie die Erkenntnisse der Physik und Chemie boten viele neue Möglichkeiten, die „Funktionseinheit Mensch“ immer besser zu differenzieren. Zunehmend versuchten wir Menschen komplexe Geschehen der Natur und des Menschen für unser besseres Verständnis zu analysieren und zu simplifizieren. Seit der Entdeckung der Bakterien Ende des 19. Jahrhunderts war klar: Ein Bakterium verursacht eine bestimmte Erkrankung. Die Folge dieser Sichtweise war ein sehr monocausal geprägtes Denken – man vermutete hinter einer Wirkung nur eine einzige Ursache. Gesundheit ist jedoch ein weitaus komplexeres Zusammenspiel.

Die Faszination über die neuen Erkenntnisse und die Entwicklung moderner Analyseverfahren sowie neue diagnostische und therapeutische Möglichkeiten der Medizin war enorm. Altes empirisches Gesundheitswissen und der Hausverstand in Gesundheitsbelangen gerieten immer mehr in Vergessenheit. Das grundlegende Wissen der Gesundheitspflege und somit der Prävention traten immer weiter in den

Hintergrund. Die meisten übersahen geflissentlich die Defizite, die sich dadurch auftaten. Stattdessen drängten sie nach noch mehr Erkenntnis. Was sie nicht heilen konnten, war eben unheilbar und „Schicksal".

Unser Vater Willi Dungl – von diesen Errungenschaften ebenso fasziniert – konnte jedoch Bezeichnungen wie „unheilbar, Schicksal, ..." nie akzeptieren. Sein Streben war stets davon geprägt, zumindest Erleichterung zu schaffen. Er suchte ständig „mehr" und stellte den Menschen und seine Gesundheit in den Mittelpunkt seiner Interessen. Wann immer er sich um Menschen annahm, versuchte er das äußerst Mögliche herauszuholen. Dies galt für seine Sportler, Künstler und Politiker ebenso wie für Frau Mayer von nebenan. Um das zu erreichen, las er alte und neue Bücher der Gesundheitspflege, bereiste die fünf Kontinente, sprach mit alten Meistern des Heilens ebenso wie mit aufgeschlossenen Ärzten. Er probierte, tüftelte und bastelte. Alles wurde infrage gestellt und immer wieder neu bewertet. Er diskutierte mit gelehrten Professoren ebenso wie mit buddhistischen Mönchen. Sehr rasch erkannte er, dass Gesundheit nicht ein monocausaler Zustand, sondern ein hochkomplexes System mit vielen Variablen war. Den Körper verstand er als ein komplexes Regelsystem, das einerseits viele Stellgrößen hatte, die ineinandergriffen, andererseits auch ständig den Einflüssen von außen unterlag. Dementsprechend sah er Probleme und Krankheiten seiner Patienten immer als sehr komplex an. Er bemühte sich sie ganzheitlich – Leib und Seele betrachtend – zu betreuen und erzielte auf diese Weise so manchen Erfolg, der überraschte. Heute würde man sagen, er war im wahrsten Sinn der erste echte Gesundheitscoach.

Ein Schlüsselerlebnis hatte er 1972 bei den Olympischen Spielen in München. Er war als einziger Nicht-Deutscher eines von den Organisatoren zur Verfügung gestellten physiotherapeutischen Betreuungsteams sehr bemüht wie immer sein Bestes zu geben. Als ein Schwimmer sich die Schulter verletzte, versuchte er ihm, neben der medizinischen Betreuung, die Situation so angenehm wie möglich zu gestalten. Man könnte sagen, er verwöhnte, bemutterte ihn. Da kam ein russischer Betreuer vorbei und fragte ihn, was er *gegen* diesen Schwimmer habe. Im ersten Moment war unser Vater völlig verblüfft, was hätte er noch mehr oder besser für den Sportler tun können? Also stellte er den Russen zur Rede. Dieser meinte nur in gebrochenem Deutsch: „Hat nur wehe Schulter, Füße, Kopf sind in Ordnung, kann weitertrainieren." Dies gab unserem Vater sehr zu denken. Der Russe hatte recht! Wenn mit Füßen und Kopf weitertrainiert wird, können Ausdauer, Kraft und Koordination weitgehend erhalten werden. Laufen oder Ergometertraining kann die Kondition erhalten, Krafttraining für Rumpf, Beine und den gesunden Arm sowie koordinatives Training während der Schonung der verletzten Schulter verringern den körperlichen Verfall in der Rekonvaleszenz und verkürzen somit die Rehabilitation. Mentales Training kann helfen die Verletzung emotional besser zu verarbeiten und somit rascher wieder voll leistungsfähig zu sein.

Diese Erkenntnis verstärkte die Einstellung unseres Vaters: Wenn ein Weg verschlossen ist, kann ein anderer Weg zum Erfolg führen.

So begann er seine „Dungl Philosophie", sein „Haus der Gesundheit" zu entwickeln, getragen von den drei Säulen: *richtige Ernährung – ausgewogene Bewegung – mentale Fitness.* Ein solches Haus kann nur auf einem stabilen Untergrund – einem gesunden Boden, mit reinem Wasser und auf einem störzonenfreien Platz – errichtet werden. Das war für ihn selbstverständlich. Er war sich auch der Chancen des Umfeldes – Licht, Luft, Kleidung, Klima – als potenzielle Unterstützungsfaktoren bewusst. *„All Ding' sind Gift und nichts ohn' Gift; allein die Dosis macht, dass ein Ding kein Gift ist"*, sagte Paracelsus bereits in seinen Septem Defensiones (Basel 1589). Willi Dungl erkannte, dass die Bedeutung dieses Satzes auch heute noch volle Gültigkeit hat.

Wir Kinder erlebten diese Einstellung, dieses Wissen immer als alltägliche Selbstverständlichkeit.

Als in den Neunzigerjahren die Wellnessbewegung in sehr abgespeckter Form, wie wir später erkennen mussten, aus Amerika zu uns „überschwappte", forschten wir nach, was es mit dieser „Softform" der Lehren unseres Vaters auf sich hatte. In Europa gab es zu dieser Zeit unter dem Begriff „Wellness" überwiegend Assoziationen wie „ein schönes Hotel mit einer großen Saunalandschaft und Therme, gutes Essen, das Leben genießen, sich verwöhnen lassen". In kürzester Zeit wurde alles mit dem Titel „Wellness" gekennzeichnet. *„Forschungen ergaben, dass das Einatmen von Kiara-Holz-Duft und modifiziertem Baldrian Körper und Geist in den gleichen ausgeglichenen Zustand versetzen wie fünfundzwanzig Minuten Zen-Meditation im Sitzen."* Werbesprüche wie dieser machten den Begriff inflationär. Wie sollte ein künstlich erzeugter Duft eine Jahrtausend alte Lehre in Sekunden ersetzen können?

Umso erstaunter waren wir, nach all diesen Merkwürdigkeiten, die mit den Ideen unseres Vaters nicht viel gemeinsam hatten, als wir auf die Ursprünge der Wellness und ihre bis heute gültigen Inhalte in Amerika stießen. Der Sozialmediziner Halbert Dunn hatte ein ganzheitliches Konzept der Gesundheitsvorsorge erstellt. Er definierte Wellness als eine erweiterte Vorstellung von Gesundheit, als das Vorhandensein von Wohlbefinden und Würde im Leben von Individuen, Gemeinschaften und Kulturen. Die ursprüngliche Idee von Wellness ist somit die ganzheitliche Integration der sechs interaktiven Dimensionen *Körper – Emotion – Spiritualität – Intellekt – Umwelt – Soziales,* die sich wechselweise beeinflussen.

„Körper": Nur wenn es unserem Körper gut geht, kann es uns als Individuum Mensch gut gehen. Die Basis hierfür sind gute Ernährung, regelmäßige Bewegung und die Vermeidung schädlicher Lebensweisen. Wir haben die Möglichkeit, uns aktiv für unsere Gesundheit zu entscheiden.

Die Einbindung von Experten – Ärzten, Physiotherapeuten, Masseuren, ... – zur Erlangung und Erhaltung derselben ist dabei jederzeit legitim.

„Emotion“: „Ein gesunder Geist in einem gesunden Körper“ lautet ein alter römischer Spruch, der jedoch auch vice versa immer wieder betrachtet werden sollte. Denn nur geistig-emotionale Stabilität bietet uns die Chance, gesundheitsförderndes Verhalten langfristig in den Alltag zu integrieren. Das eigene Ich positiv anzunehmen, ist dabei genauso wichtig wie die Auseinandersetzung mit den eigenen Gefühlen und Grenzen.

„Spiritualität“: Werte und moralische Vorstellungen leiten uns von Kindheit an. Sie geben unserem Leben Richtung und Orientierung. Für das eigene Wohlbefinden, für die Positionierung des Selbst sind sie letztlich unersetzlich. Als sozialisiertes Wesen ist eine Orientierung – und somit Bestätigung unserer selbst – an unserer „Umwelt“ unerlässlich.

„Intellekt“: Was kann spannender und herausfordernder sein, als die eigene Umwelt stets neu zu entdecken, sich an ihren Herausforderungen zu messen und sich dabei weiterzuentwickeln? Wir müssen dabei nicht unbedingt nobelpreisverdächtige Spitzenleistungen vollbringen. Beobachten wir die Freude eines Kindes, wenn es das erste Mal einen Baum bezwingt oder ein Bild malt. Das ständige Bewältigen von Problemen und Herausforderungen ist für uns ebenso wichtig wie die Pflege von Kreativität.

„Umwelt“: Endlose Studien beweisen das, was zahlreiche Kulturen seit Jahrtausenden immer wieder in verschiedenster Form beschrieben haben: Natur, Luft und Wasser sind essenziell für unsere persönliche Gesundheit sowie für die Gesundheit unserer Gemeinschaft. Bauen, Wohnen, Kleidung, Nahrung sind letztendlich Produkte, die uns mittelbar und unmittelbar täglich beeinflussen. Nicht nur nasse, schimmelige Räume beeinflussen unsere Gesundheit, sondern auch Feinstaubbelastungen, elektromagnetische Felder oder verunreinigtes Wasser. Es ist für

uns daher überlebenswichtig, wie wir unsere Umwelt nutzen und schützen.

„Soziales“: Auch wenn sich manche Menschen am liebsten in ein Kellerloch zurückziehen – soziale Interaktionen innerhalb und außerhalb der Familie sind notwendig für psychosoziale Gesundheit. Dabei tragen wir alle in unserem privaten Umfeld ebenso wie im Berufsalltag zu einer gesunden Gemeinschaft bei. Die richtige Lebenseinstellung, unsere Gedanken und unsere Kommunikation sind dafür die tägliche Basis.

Unsere Conclusio zur Wellness war, dass die ursprüngliche Idee Albert Dunns weit weg vom heutigen europäischen „Weichplantschen“ ist. Es gab plötzlich viele Berührungspunkte mit den Ideen unseres Vaters, die uns von Kindheit an begleiteten und für uns so alltäglich, so selbstverständlich waren. Für uns ist wieder einmal bewiesen: Wichtige und essenzielle Dinge werden unabhängig von Kultur und Nationalität oft gleichzeitig parallel entwickelt.

Willi Dungl und die sechs Dimensionen der Wellness

Die Wichtigkeit des Körpers spiegelt sich im Dungl-Prinzip der „Säulen der Gesundheit“ ebenso wider wie jene der Emotion, der Spiritualität und des Intellektes. Diese sind die Basis unserer psychosozialen Gesundheit. Dass es dabei legitim ist, sich auch der Unterstützung von Experten zu bedienen, steht ebenso außer Frage wie, dass die Umwelt nicht nur in geeigneter Weise zu nutzen, sondern auch zu schützen ist. Eine belastete Umwelt mindert nicht nur den Wert der darin wachsenden Lebensmittel, sie verringert auch die Möglichkeit unserer persönlichen Regeneration. Lärm, chemisch belastete Böden, verschmutztes Wasser oder gerodete Wälder haben vielfältige

Auswirkungen, die auf den ersten Blick oft nicht zu erkennen sind. Denken wir nur an die Düngung der privaten Gärten in den 1990er-Jahren, die dazu führte, dass das Erdreich vieler Gärten nur mehr als Sondermüll entsorgt werden konnte. Oder wer hätte je gedacht, dass Lärm zu einer Schädigung des Herz-Kreislauf-Systems führen kann? Die Philosophie Willi Dungls war und ist es daher immer gewesen, die Eigenverantwortung für sich und die Welt um uns stets aktiv wahrzunehmen, um Gesundheit und Wohlbefinden langfristig so weit wie möglich sicherzustellen. „*Wellness is an active process through which people become aware of, and make choices towards, a more successful existence*" ist daher ein Ergebnis eines selbstbewussten gesundheitsorientierten Lebensstils.

Der Tempel der Gesundheit
nach Prof. Willi Dungl

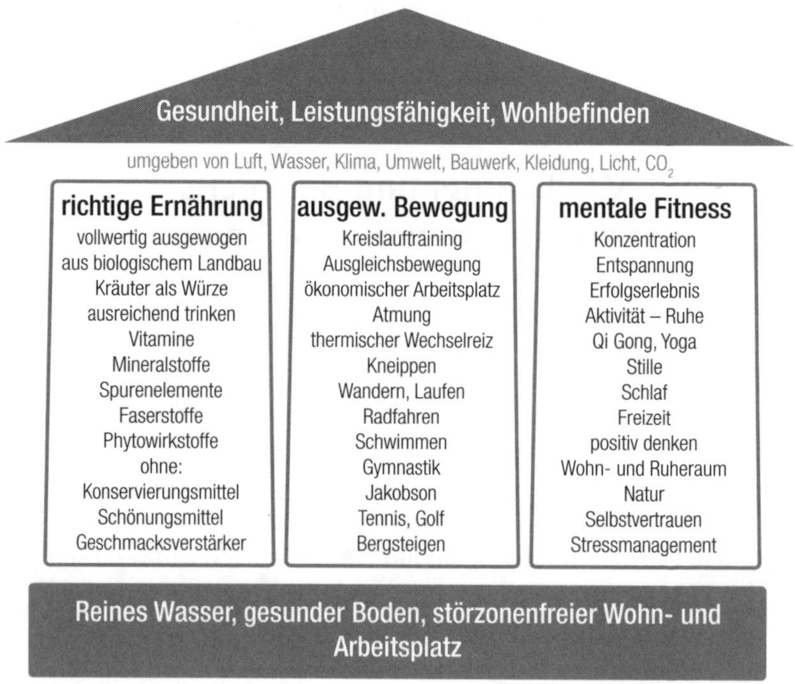

Haben Sie Gänge, die Sie nie benutzen?

„Es muss doch noch mehr geben“ ist ein Gedanke, der nicht nur die Wurzel des Fortschritts in Wissenschaft und Forschung prägt. Gerade wenn es um unsere Gesundheit geht, hat uns die Entwicklung neuer diagnostischer Möglichkeiten und neuer Medikamente gezeigt, dass immense Fortschritte möglich sind. Fortschritte, die sich nicht nur in einer deutlichen Verlängerung des Lebens widerspiegeln. Menschen, die vor 25 Jahren noch dem Tod geweiht waren – zum Beispiel nach einer eitrigen Blinddarmentzündung –, kehren heute oft ohne Langzeitschäden in das Leben zurück. Operationen, die zwei Wochen Spitalsaufenthalt bedeuteten, werden teilweise ambulant durchgeführt. Schmerzmedikamente reduzieren Einschränkungen des Lebensalltags ebenso wie technische Hilfen. Unsere Erwartungen an die Medizin werden immer größer – in der Prävention wie in der Therapie.

Dabei übersehen wir sehr oft die Grenzen der Möglichkeiten. Mit Insulin und anderen Medikamenten gegen Diabetes können wir den Blutzuckerspiegel sehr gut senken. Die weiteren Stoffwechseleffekte oder ihre Nebenwirkungen, die man oft allerdings erst nach Jahren erkennt, lassen sich dadurch jedoch kaum beeinflussen. Diabetes ist eben mehr als nur eine Erhöhung des Blutzuckerspiegels. Auch wenn es die Wissenschaft schon längst erkannt hat, wollen wir kaum wahrhaben, dass Gesundheit nicht monocausal ist. Gesundheit ist ein komplexes Zusammenspiel. Wir müssen immer wieder etwas *tun*, damit wir sie uns bewahren können. In den Neunzigern erschienen erste Studien, die Gesundheit klar als ein Produkt der Faktoren Genetik, Umwelt, Lebensstil und medizinische Leistungen definierten. Auch wenn wir in den Siebzigern oft den Eindruck hatten, nach dem Motto „Geh nur rechtzeitig zum Arzt, dann bleibst du gesund“ könnte es funktionieren, zeigen diese Studien ein gänzlich anderes Bild. Nicht, dass der rechtzeitige Arztbesuch nicht wichtig wäre, er alleine ist jedoch zu wenig.

Die Gene, die wir von unseren Eltern mitbekommen, bedingen im Laufe unseres Lebens zu 29% unseren Gesundheitszustand. Dies ist auch der Grund, warum manche Raucher nicht zu „vernichten“ sind und kein Lungencarcinom oder kein Raucherbein bekommen, manche Menschen nie dick werden und manche ewig mit dem Gewicht kämpfen.

Unsere Umwelt – und das ist nicht nur die Qualität des Wassers oder das Wohnviertel, in dem wir unsere Freizeit verbringen – bestimmt zu 24%, wie gesund wir altern. Diese Umwelt ist sehr breit zu definieren. Neben dem klassischen Begriff der Umwelt – Luft, Wasser, Bodenqualität, schadstofffreie Wohnräume ... – sind hier auch psychosoziale Elemente (Arbeitsbedingungen, soziale Lebensbedingungen usw.) zu subsumieren. Diese Umwelt können wir teilweise selbst beeinflussen, indem wir mit den Ressourcen, die uns die Natur bietet, sorgsam umgehen und einen Wohnort wählen, der zum Beispiel geringe Emissionsbelastungen hat. Die Möglichkeiten eines Minenarbeiters in der chilenischen Wüste sind diesbezüglich jedoch weitaus eingeschränkter.

Lebensstil und Medizin – Ärzte, Therapeuten, Medikamente usw. – bedingen die restlichen 47% unserer Gesundheit. Wenn man das Verhalten und den Lebensstil der Menschen beobachtet, gewinnt man oft zwangsläufig den Eindruck, dass sie alleine die medizinischen Leistungen für ihre Gesundheit verantwortlich machen. Doch das ist eine falsche Erwartungshaltung! Medizinische Leistungen tragen im Laufe eines Lebens gerade einmal 10% zu unserer Gesundheit bei. Zu 37% bestimmt jedoch unser Lebensstil unsere Gesundheit: was wir essen, wie viel und wie wir uns bewegen, wie wir mit unseren Gedanken umgehen oder wie es um unsere Work-Life-Balance bestellt ist. Beachtet man diese enorme Bedeutung des Lebensstils, so gehen wir sehr sorglos damit um. Es ist doch viel einfacher, von anderen zu fordern, als selbst zu tun. Wir sind so fasziniert von Medizin und Technik, dass wir vergessen, welche Chancen und Möglichkeiten wir haben, wenn wir diese 37% nutzen.

Dieses Verhalten erinnert uns immer wieder an den Spruch von Charles M. Schulz „Das Leben ist wie ein Fahrrad mit Zehnganggetriebe – die meisten von uns haben Gänge, die sie nie nutzen."

Einmal besuchte ein frustrierter unterschenkelamputierter, etwa 40-jähriger Mann unser Zentrum. Seine Frau hatte einige Tage zuvor angerufen. Vor dem Unfall, bei dem er sein Bein unterhalb des Knies verloren hatte, hatte er Extremsport betrieben. Motorradrennen, Wasserschi, Kraftsport, ... – er war höchst erfolgreich gewesen. Den Unfall überlebte er nur knapp, viele Operationen folgten. Die Firma steuerte er vom Krankenbett aus. Noch mit Krücken unterwegs, zwischen den Operationen, die wegen Wundheilungsstörungen nötig waren, saß er am Bagger oder Kran und besuchte seine Baustellen. Mit der Unterstützung seines Vaters überlebte die Firma besser denn je. Der Mann war beruflich erfolgreich, hatte eine tolle Frau und bekam zwei entzückende Kinder. Dennoch war er zuletzt extrem unglücklich. Von den Ärzten und Therapeuten zu Hause wurde ihm ein Burn-out bestätigt – bei dem Pensum, das er täglich bewältigte, nicht verwunderlich. Aber in den Gesprächen stellte sich heraus: Da war mehr. Langsam zeigte sich ein zweites Gesicht des erfolgreichen Geschäftsmannes. Das eines sensiblen Vaters, der frustriert war, dass er seinen Kindern die Welt des Sportes nicht zeigen konnte, der sich einfach als „Krüppel" sah. Wir waren erstaunt. In den vielen Jahren nach dem Unfall hatte nie jemand versucht diesen Mann zu „seinem Sport" zurückzubringen. Klar, klassisches Laufen ist mit einer Unterschenkelprothese nicht möglich. Obgleich uns zahlreiche behinderte Sportler jährlich beweisen, dass sie Spitzenleistungen erbringen, obgleich mit einer Unterschenkelprothese Fahrradfahren und Schifahren möglich ist, obgleich ..., – nutzen viele jene Gänge, die ihnen zur Verfügung stehen würden, einfach nicht. Wie bei einem Zehn-Gang-Fahrrad, das nur zum gemütlichen Spazierenfahren verwendet wird.

Jetzt werden Sie vielleicht sagen, die Rehabilitationsmedizin hat versagt. Wir hingegen denken, es ist wie so oft: Viele Chancen wurden nicht gesehen und einfach nicht genutzt. Dieser Mann hat sich selbst in sein Schicksal ergeben, hat nicht nach Chancen gesucht. Nach zehn Tagen bei uns saß er am Fahrrad und fuhr seine ersten Runden, obwohl er noch keine Sportprothese hatte. Ein halbes Jahr später schickte er uns, stolz mit seinen Kindern die Pisten genießend, eine Karte aus dem Schiurlaub. Nun hat er einen weiteren Gang seiner Gangschaltung des Lebens genutzt. Er hat gelernt, dass es oft einfach viel mehr Möglichkeiten gibt, als auf den ersten Blick gegenwärtig sind.

Auch wenn dieses Beispiel ein außergewöhnliches ist, lässt es sich doch weit öfter umsetzen, als wir glauben. Wer auf Grund beträchtlichen Übergewichts schon beim Stiegensteigen in den ersten Stock außer Atem kommt, wird nicht unbedingt mit dem Laufen beginnen. Aber am Heimtrainer kann man immer gelenksschonend ins Schwitzen kommen. Wem der Weg ins Fitnessstudio zu mühsam ist, der kann mit einfachen Wasserflaschen seinen Körper aktivieren.

Probieren Sie's aus!

Füllen Sie zwei 0,5-l-Flaschen mit Wasser. Nehmen Sie in jede Hand eine Flasche. Stellen Sie sich in Schrittstellung hin und lassen Sie die Hände mit den Flaschen locker vor und zurück schwingen. Nach einigen Probeschwüngen federn Sie jeden Schwung in den Knien mit. Ziehen Sie mit den Armen gegengleich wie beim Langlaufen durch. Machen Sie diese Übung zumindest ein bis zwei Minuten. Danach schütteln Sie die Arme – ohne Flaschen – locker aus.

Nach einer Erholungsminute stellen Sie sich mit den Flaschen in der Hand hüftbreit hin. Gehen Sie langsam in die

Hocke – so als wollten Sie sich auf einen Sessel setzen. Achten Sie darauf, dass Ihre Zehen nicht über die Zehenspitzen nach vorne wandern oder die Fersen vom Boden abheben. Während Ihr Gesäß hinuntergeht, lassen Sie die Hände mit den Flaschen in der Hand nach vorne in Augenhöhe wandern. Wenn Sie die Beine wieder strecken, sinken die Hände wieder neben Ihren Körper. Sollten Sie Schwierigkeiten haben, das Gleichgewicht zu halten, so geben Sie ein ein bis zwei Zentimeter dickes Brett unter die Fersen. Sie werden sich wundern, um wie viel leichter die Übung plötzlich geht. Die Übung wieder ein bis zwei Minuten langsam wiederholend durchführen. Danach schütteln Sie die Beine und Arme aus.

Legen Sie die Flaschen vor sich auf den Boden. Hüpfen Sie im Wechselschritt eine Minute lang vor und zurück. Federn Sie dabei in den Knien weich nach. Das bringt nicht nur den Kreislauf, sondern auch die Koordination in Schwung. Nach ein bis zwei Minuten lockern Sie wieder aus.

Nun heben Sie die Flaschen abwechselnd vor und seitlich des Körpers langsam nach oben. Wenn Sie die Arme senken, verlangsamen Sie das Tempo noch. Dieses langsame Senken fordert Ihre Muskulatur noch viel mehr. Schütteln Sie nach zehn langsamen Wiederholungen Arme und Beine kräftig aus.

Legen Sie die Flaschen in einer Linie auf den Boden. Stellen Sie sich seitlich dieser Linie. Springen Sie nun ein bis zwei Minuten abwechselnd links und rechts über die Flaschen. Federn Sie dabei wieder in den Knien weich nach. Danach lockern Sie wieder aus.

Nehmen Sie die Flaschen wieder in die Hände. Halten Sie sie waagrecht vor Ihrem Brustkorb. Machen Sie nun Schwimmtrockentraining – ziehen Sie die Arme auf Schulterhöhe zur Seite, zur Mitte vor Ihr Brustbein und strecken Sie die Arme/Flaschen wieder nach vorne. Zehn bis zwanzig langsame Schwimmtempi machen die Arme ganz schön müde.

Zum Abschluss stellen Sie sich auf eine Treppe – die Vorfüße stehen auf einer Stufe, die Fersen ragen frei in die Luft. Drücken Sie sich langsam in den Zehenstand und senken Sie Ihren Körper wieder langsam hinunter. Bleiben Sie aber immer auf der gleichen Stufe. Wenn Ihnen diese Übung zu einfach ist, halten Sie während der Übung eine oder zwei Flaschen waagrecht vor Ihrem Körper.

Sollten Sie nach diesen Übungen nicht ins Schwitzen gekommen sein, machen Sie doch einen zweiten Durchgang oder füllen Sie die Flaschen einfach mit feuchtem Sand statt mit Wasser. Wenn Sie das Gefühl haben, dass Sie die Übungen nur mit Mühe machen können, üben Sie zu Beginn mit leeren Flaschen. Natürlich können Sie diese Übungen auch mit einfachen kleinen Hanteln machen. Je nach Trainingszustand werden Sie mit einem halben Kilogramm oder sogar mit zwei Kilogramm je Hantel trainieren.

Bewegung, Ernährung und Mentalität sind die essenziellen Zahnräder vorne. Die feine Differenzierung über die zahlreichen Zahnräder am Hinterrad gibt uns die Möglichkeit, individuell auf die Herausforderungen des Lebens zu reagieren und dennoch zu genießen. Gleich welchen Herausforderungen wir uns stellen müssen, es liegt an uns, die für uns richtigen Belastungen und Möglichkeiten zu wählen. Allerdings ist eines sicher: Wenn wir nicht wählen und nichts versuchen, werden wir nicht vom Fleck kommen. Dennoch kann eine Pause, um die wunderschöne Landschaft zu genießen, optimal sein. Bei Sturm und Regen hingegen wird es recht unangenehm. Nicht nur als Radfahrer ist es gut, immer wieder die Wetterfront zu beobachten, um rechtzeitig auf der sicheren Seite im Trockenen zu landen. Auch unserer Gesundheit sollten wir stets Aufmerksamkeit widmen. Sie meinen, dies könnte Ihre Lebensfreude und Lebensqualität einschränken? Dazu fällt uns eine Geschichte ein, die Andrea als Mädchen von 12 Jahren passierte.

Wir waren mit unseren Eltern am Zicksee und genossen Sonne und Wasser. Unsere Eltern meinten, wir sollten uns eincremen und in der Nähe bleiben – wegen der Sonne. Der Aufforderung sich einzucremen kam Andrea noch nach. Allerdings faszinierte sie der Schilfgürtel so sehr, dass sie alle guten Ratschläge ignorierte. Sie wollte einfach hinaus zum Schilf. Sie vergaß Eltern, Zeit, Mühe und Sonne. Glücklich kam sie nach zwei Stunden zurück. Da holte sie die Realität ein – die Eltern schimpften. In der Nacht wurde sie noch heftiger an ihren „verbotenen Genuss“ erinnert, denn der Sonnenbrand hielt sie die ganze Nacht wach.

Unsere einfache Erkenntnis daraus lautet: Die Rechnung bezahlen wir am Ende immer selbst.

Ein anderes Beispiel: Wir lieben Vanillekipferln und genießen sie in der Weihnachtszeit. Allerdings wissen wir, dass ein Kipferl zwischen 70 und 100 kcal besitzt. Ein täglicher Genuss von bloß fünf Kipferln würde sich daher dramatisch im Gewicht niederschlagen, wenn wir unser wöchentliches Trainingsprogramm nicht um eine halbe Stunde erweitern würden. Dies ist zu Weihnachten einfach nicht real. Daher genießen wir sie zur Weihnachtszeit statt der wöchentlichen Schokoladeration.

Genießen Sie die Möglichkeit des Wählens. Schon unsere Großmutter sagte: Die Vorfreude ist die größte Freude. Wir können uns dem nur anschließen. Alles, was ständig verfügbar ist, was wir ohne Probleme jederzeit bekommen können, hat oft nicht mehr den Reiz wie die kleinen seltenen Genüsse. Solange es Erdbeeren nur im Mai und Juni gab, waren sie eine nicht zu übertreffende Delikatesse. Ihre Verfügbarkeit ab Februar – importiert aus fernen Ländern – lässt für viele ihren Reiz im Mai stark verblassen. Wer sich eine reif geerntete Erdbeere einmal bewusst auf der Zunge zergehen lässt, der weiß, dass die heimischen Früchte einfach einzigartig sind. Allerdings ist es nicht nur der Geschmack, der die heimischen Früchte unübertrefflich macht. Inhaltsstoffe und CO_2-Fußabdruck überzeugten uns schon längst von den Vorzügen unserer verschiedenen heimischen Apfelsorten gegenüber importierten Erdbeeren.

Wenn wir jedem Individuum das richtige Maß an Nahrung und Bewegung zukommen ließen, hätten wir den sichersten Weg zur Gesundheit gefunden.
[Hippokrates von Kos]

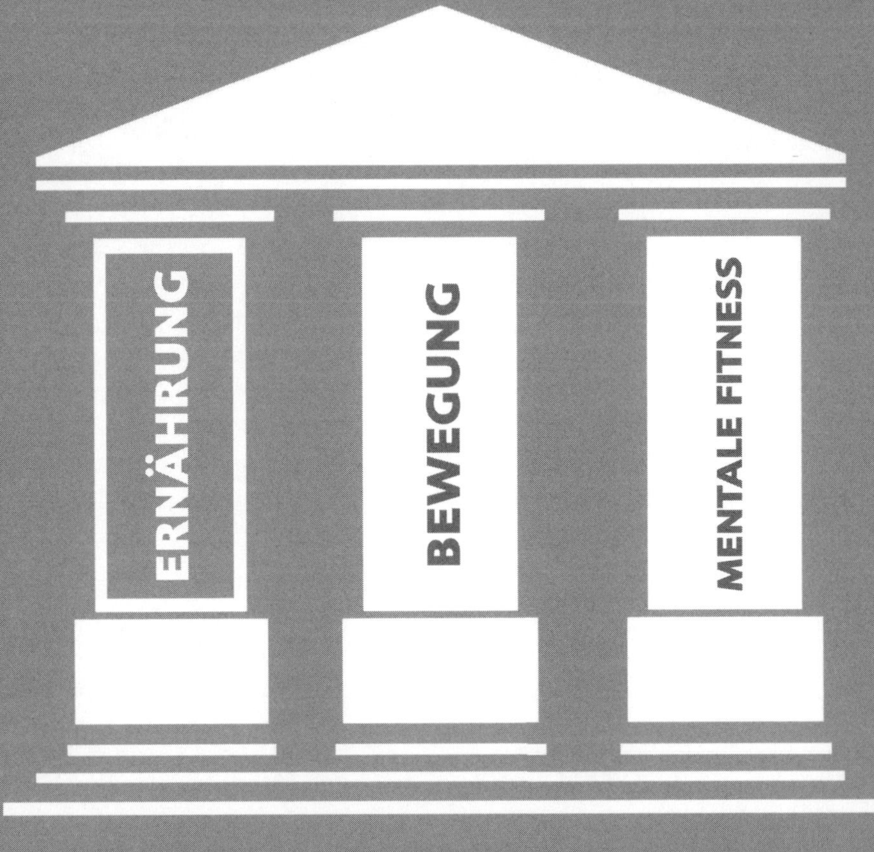

Ernährung – die Basis unserer Gesundheit

Ohne die richtige Nahrung keine hochwertige Energie

Bereits der griechische Arzt Hippokrates erkannte vor mehr als 2000 Jahren als Hauptursachen krankhafter Störungen falsche Ernährung, Stress in Umwelt und Beruf, ausschweifenden Lebenswandel. Er forderte: „Lasst eure Nahrung eure Heilmittel sein und eure Heilmittel Nahrung sein!" Ähnliches empfahl auch 2600 v. Chr. Qi Bo, der Arzt des Gelben Kaisers: Das richtige Maß an Nahrungsmitteln und ihre Wertigkeit ist ein wichtiger Grundsatz, um den Körper im Gleichgewicht zu halten.

Auch heute wissen wir noch, dass Entzündungsparameter sinken, wenn säurebildende Nahrungsmittel wie Fleisch, Zucker oder Kaffee weggelassen werden. Die kräftigende Wirkung einer Hühnersuppe oder die wohltuende Stärkung dank Haferschleim, wenn mit dem Darm nicht gut Kirschen essen ist, war schon bei unseren Großmüttern geschätzt.

Studien belegen immer wieder den positiven Effekt alten Wissens.

Eine Studie der Universität Greifswald zeigt beispielsweise, dass das Risiko für eine Fettleber immerhin bei zwanzig Prozent liegt. Als Risikofaktoren gelten, neben Übergewicht, falsche Ernährung (hoher Fructosekonsum) und übermäßiger Alkoholkonsum. Erst in letzter Zeit wurde in großen epidemiologischen Studien nachgewiesen, dass Menschen mit einer Fettleber ein erhöhtes Risiko für Diabetes und Herzinfarkt sowie Gefäßverkalkungen der Halsschlagader aufweisen. Folgeerkrankungen bis hin zum Schlaganfall sind vorprogrammiert. Die einzige bislang anerkannte Behandlung der Fettleber besteht in einer deutlichen Reduzierung der Risikofaktoren und einer Änderung des Lebensstils: richtige Ernährung, viel körperliche Bewegung und Mäßigung des Alkoholkonsums.

Eine andere Studie der Universität Würzburg zeigt, dass Farbstoffe aus Heidelbeeren ein Enzym hemmen, das bei Entzündungen eine Schlüsselrolle spielt. Diese Ergebnisse können möglicherweise für die Prävention und Therapie von entzündlichen Darmerkrankungen wie zum Beispiel Colitis ulcerosa oder Morbus Crohn von Bedeutung sein. Übrigens, schon die alten Griechen und Römer verwendeten Heidelbeeren als Heilmittel gegen Darmerkrankungen.

Dabei hat die Wissenschaft zuletzt nicht nur einzelne Substanzen untersucht. Eine im „British Journal of Psychiatry" publizierte Studie wies anhand von zwei Vergleichsgruppen nach, dass eine Ernährung, die reich an bearbeiteten Lebensmitteln ist, das Depressionsrisiko steigern kann. Jene, die viel Obst, Gemüse und Fisch aßen, hatten eine geringere Wahrscheinlichkeit, an einer Depression zu erkranken, als jene, die vor allem bearbeitete Lebensmittel wie gesüßte Desserts, Frittiertes, verarbeitetes Fleisch, raffiniertes Mehl und fettreiche Milchprodukte konsumierten.

Also eigentlich ist es ganz einfach, dank richtiger Ernährung gesund zu bleiben. Oder doch nicht? Es liegt in der Natur des Menschen, stets nach Besserem zu suchen.

Die Praxis der letzten Jahrzehnte?

Der Schweizer Arzt Bircher-Benner propagierte Anfang des 20. Jahrhunderts eine selbst kreierte Rohkost-Diät, nachdem er eine magenkranke Frau und sich selbst von Gelbsucht geheilt hatte. Wesentlicher Bestandteil der als Vollwertkost bezeichneten Diät war das nunmehr bekannte Bircher-Müsli. Seine Philosophie: Rohe Nahrungsmittel sind wertvoller als gekochte und pflanzliche Nahrung wertvoller als Fleisch. Jegliche behandelten Lebensmittel (Weißmehl, weißen Zucker oder Konserven) lehnte Bircher-Benner ab.

Ihm folgte der Mediziner und Ernährungsforscher Werner Kollath im Jahre 1942 mit seinem Buch „Die Ordnung unserer Nahrung" und legte damit den Grundstein für eine „ganzheitliche" Ernährungslehre: die Vollwert-Ernährung. Kollath stellte fest, dass die übliche naturwissenschaftliche Ernährungslehre Lebensmittel chemisch, physikalisch und physiologisch in Einzelbestandteile zerlegt, analysiert und in ihren Wirkungen beobachtet. Diese Betrachtung sagt jedoch wenig über den „vollen Wert" des ganzen Lebensmittels aus. Eine ganzheitliche Betrachtung des Lebensmittels geht so verloren. Kollath formulierte daraus: „Die Nahrung sollte so natürlich wie möglich sein." Die Chance, dass eine Nahrung alle wichtigen Bestandteile enthält, ist umso größer, je weniger behandelt, also naturbelassener die Lebensmittel sind. Fast jede Verarbeitung vermindere den Gehalt an Inhaltsstoffen. Je frischer und weniger verarbeitet, das heißt naturbelassener und damit natürlicher ein Lebensmittel ist, desto vollwertiger ist es.

Vollkorngetreide, Obst und Gemüse, möglichst unbehandelt, also roh kombiniert mit wenig tierischen Lebensmitteln, sollten demnach der Weisheit letzter Schluss sein. Endlich war die goldene Formel der gesunden Ernährung gefunden. Wenn nicht, ...

Ja, wenn da nicht einige wären, die meinen, es nicht zu vertragen. Wir können uns noch gut erinnern, als eine Dame bei uns im Dungl Zentrum Wien stand und sagte: „Ich würde ja gerne, aber ich bekomme die Blähungen, das Völlegefühl und Unwohlsein einfach nicht in Griff." Diese Aussage ist nicht unbegründet, denn rohe Pflanzenstoffe sind schwerer verdaulich als gekochte und können den Darm überlasten, ebenso kann ausschließlich vegane Kost zu Mangelerscheinungen führen. Eine ausreichende Zufuhr an Eiweiß, Mineralstoffen oder dem Vitamin-B-Komplex kann man bei rein veganer Kost nur bei sehr gezielter Kontrolle der genossenen Lebensmittel erzielen. Meist ist daher bei absolut veganer Kost – also ohne Milch- und Eiprodukte – langfristig ein Mangel vorprogrammiert.

Etwa zeitgleich mit dem Konzept der ganzheitlichen Ernährung entwickelte William Howard Hay die Haysche Trennkost. Die Grundsätze lauten:

- Trenne konzentrierte eiweiß- und kohlenhydrathältige Lebensmittel innerhalb einer Mahlzeit.
- Verwende so wenig Eiweiß- und Stärkeprodukte wie möglich.
- Verwende natürliche und naturbelassene Lebensmittel, also rohes Obst und Gemüse.
- Verwende nur eine Eiweiß- oder Kohlenhydratart pro Mahlzeit.
- Das Verhältnis Gemüse/Obst zu Fleisch/Getreide sollte 80:20 sein.
- Nach 15 Uhr soll keine Eiweißmahlzeit mehr gegessen werden, da der Köper diese nicht mehr gut verarbeiten kann.
- Neutrale Lebensmittel (also Fett) können zu jeder Mahlzeit gegessen werden.

Diese strengen Regeln führen dazu, dass es bei dieser Form der Ernährung zu einer Erleichterung für das Verdauungssystem und einer Gewichtsreduktion kommt, da viele Sünden automatisch gestrichen werden. Die Unvereinbarkeit von Kohlenhydrat- und Eiweißverdauung ist allerdings nicht bewiesen. Auf Dauer wird durch die Trennung von Kohlenhydraten und Eiweiß die optimale Ergänzung von pflanzlichen und tierischen Eiweißträgern verhindert. Ein lang anhaltender Erfolg der Ernährungsumstellung ist nicht zu erwarten, denn wer isst schon gerne Schinken ohne Brot, wer geht nicht gerne mit Freunden fort, wo auch die eine oder andere Mischkost Bestandteil eines vergnüglichen Abends ist?

Eine klassische Gegenbewegung der Anhänger des Fleischgenusses ist die von Dr. Atkins in den Siebzigern propagierte Atkins-Diät. Das Prinzip ist einfach: Eiweiß und Fett, so viel Sie Lust haben, Kohlenhydrate sollen möglichst komplett gemieden werden. In der Praxis heißt das viel Fleisch und viel Fett. Eier werden mit Speck gegessen, fettes Fleisch, Käse und Würstel sind erlaubt, so viel man Lust hat, tabu sind Obst, Brot, Erdäpfel, Reis und Co. Fehlende Vitamine und Mineralstoffe werden durch Nahrungsergänzungsmittel ersetzt. Heute hat diese Ernährung in der Low-Carb-Diät ein Revival. Dabei haben zahlreiche wissenschaftliche Studien bewiesen, dass ein Zusammenhang zwischen ungünstigen Blutfettwerten und Atherosklerose unbestritten ist. Wer dies ignoriert, wird sich vermehrt mit Gefäßerkrankungen – Herzinfarkt, Schlaganfall oder Schaufensterkrankheit – auseinandersetzen müssen, denn die medikamentöse Senkung der Blutfette ist auch nicht der Weisheit letzter Schluss. Nur ein Drittel der KHK-Patienten (Koronare Herzkrankheit; Verengung der Herzkranzgefäße) erreicht unter Statin-Therapie den empfohlenen LDL-Cholesterin-Zielwert. Außerdem sollten Sie bedenken, dass je größer die Menge eines eingenommenen Medikaments ist, das Risiko einer Nebenwirkung steigt.

Glücklicherweise hat sich trotz unserer üppigen Essgewohnheiten das Abnehmen mit Würsteln, Eierspeis und Co nicht durchgesetzt, denn auf Dauer würden nicht nur Blutfettwerte und Co entgleisen, sondern auch Probleme mit Gelenken, Müdigkeit und so weiter deutlich zunehmen.

Dennoch boomen Low-Carb-Diäten jedes Frühjahr. Kein Klatschblatt, das nicht verspricht: „Abnehmen ganz einfach – wir haben für Sie die Wunderdiät! Die South-Beach-Diät hat auch der Schauspielerin XY zu ihrer tollen Figur verholfen."

Ernährungswissenschafter sind sich einig: Kurzfristig

gibt es bei konsequenter Umsetzung Erfolge – allerdings ohne langfristigen Effekt. Wird diese Ernährungsform langfristig durchgehalten, so sind Mangelernährung bei gleichzeitig zu hohem Anteil an Eiweiß und Fett die Folge. Gleichgültig, woran es mangelt – ob Kohlenhydrat oder Eiweiß –, der Körper wehrt sich! Müdigkeit, Abgeschlagenheit und Antriebslosigkeit sind die Folge.

Viele Menschen kommen oft recht verzweifelt zu uns und fragen: „Was ist denn nun wahr? Gibt es überhaupt die Möglichkeit, selbst noch zu wissen, was gesund ist?“ Am nachhaltigsten ist mit Sicherheit die ausgewogene vollwertige Mischkost: das heißt ausreichend Kohlenhydrate (55%), täglich Eiweiß (20%) und wenig, dafür aber hochwertiges Fett (25–30%). Grundsätzlich wissen wir, wie es geht, doch ein großer Teil der Menschen schafft es nicht, sich daran zu halten. Paradox, oder?

Vielleicht sollten wir uns lieber auf fertige Nahrungsmittel verlassen?

Fertigprodukte – ein Segen?

Light-Produkte im Vormarsch

Diabetiker-Erkrankungen, erhöhte Cholesterinwerte und Co ließen in den 1970ern aufhorchen. Zucker als Ursache für zu hohen Blutzuckerspiegel, Fett als Schuldiger für zu hohes Cholesterin, Übergewicht etc. Damit wir uns nicht einschränken müssen, wurden Nahrungsmittel entwickelt, welche die „bösen Zutaten“ nicht enthalten. Es wurden Diabetikerprodukte mit Fructose anstelle normalen Haushaltszuckers hergestellt, ebenso fettarme Produkte und Diätmargarinen und zum Süßen gab es Zuckeraustauschstoffe wie Aspartam und Sorbit. Schon war unsere Welt wieder heil.

Light-Produkte, wohin das Auge reicht. Der Erfolg lässt sich sehen – Übergewicht und Fettleibigkeit nahmen *zu*! Früher war Typ-2-Diabetes ein Thema für Menschen ab 40, jetzt leiden bereits Jugendliche mit 16 Jahren unter Alters-Diabetes.

Was läuft schief?

Zucker und Fett sind Geschmacksträger. Werden diese weggenommen, muss der Geschmack aus anderen Quellen kommen. Die Lebensmittelindustrie bedient sich dafür der Aromen und Geschmacksverstärkern. Ist zu wenig Geschmack da, wird einfach etwas davon zugesetzt. Wird das Produkt zu teuer, kann man auch noch ein paar der natürlichen Zutaten reduzieren. Erdbeerjoghurt kann man so auch mit weniger Erdbeeren herstellen, das wird billiger und der Konsument freut sich. Doch was sagt unser Körper? Alle Stoffwechselsysteme unseres Körpers haben sich über Jahrtausende entwickelt. Unser Stoffwechsel tut sich relativ leicht, wenn er einen Apfel bekommt oder eine Erdbeere – die kennt er ja. Wie ist das bei einem Erdbeerjoghurt? Ein Erdbeer-Fasten-Joghurt besteht aus Joghurt, Erdbeeren, Fruchtzucker, Erdbeerpüree aus Konzentrat, Inulin, modifizierter Stärke, Guarkernmehl, Pektin, Karmin, Aroma, Aspartam, Acesulfam-K, Zitronensäure, Natriumcitrat, Phenylalanin. Natürlich variieren die Zutaten je nach produzierendem Unternehmen etwas. Dennoch ist klar, dass unser Körper hier mit einer gänzlich anderen Herausforderung konfrontiert ist als mit einer natürlich gewachsenen Erdbeere.

Aromen regen unseren Appetit stets an! Seit jeher verführen uns Geruch und Geschmacksstoffe in unseren Lebensmitteln zuzugreifen. Wie war das gleich? Wir sparen Zucker und Fett, um schlanker zu werden, und setzen dann Aromen zu, um mehr Appetit zu haben? Tja, was so leicht erklärt ist, hat mittlerweile auch die Wissenschaft erkannt. Hier sei das Prinzip etwas vereinfacht erklärt: Unser Körper schüttet nach dem Essen Hormone aus, welche unser Sättigungsgefühl herbeiführen. Diese docken im Gehirn an bestimmten Schaltstellen an, wo sie wie ein Schlüssel ins Schloss passen und die Sättigung erfolgt. Leider sind Aromastoffe schneller und besetzen das Schloss, ohne dass der Schlüssel passt. Die Folge: keine Sättigung. Wir essen immer mehr. Beobachten Sie einmal Kinder, welche von ihren Mamis Light-Produkte bekommen, weil diese meinen, dass sie ja gesund sind. Gerade diese Kinder greifen hemmungsloser zu als andere und können nicht aufhören, weil die natürliche Schranke nicht mehr funktioniert.

Doch was macht dann unser Körper mit den zugelieferten Stoffen, die er nicht wirklich braucht? Er baut sie ab und entsorgt sie. Sie werden sagen: „Na, dann ist ja die Welt wieder heil." Leider nein, denn eigentlich hat er genug damit zu tun, uns zu schützen – vor Umweltgiften, vor Keimen, vor Stress und so weiter. Führen wir ihm also permanent Dinge zu, die er nicht braucht, aber entsorgen muss, belasten wir ihn. Ist das hin und wieder der Fall, wird er es uns verzeihen. Machen wir das permanent, wird er irgendwann müde und abgeschlagen, einfach überfordert

Was die Alten schon wussten

Sei es, wie es sei, auch wenn früher das Wissen um Nährstoffe und Co nicht derart ausgereift war – offensichtlich haben unsere Vorfahren ein gutes Gefühl dafür entwickelt, was wir aus dem Angebot der Natur um uns gerade benötigen. Ein Sonntagsbraten ist kein Problem, täglich Schweinsbraten und ähnlich deftige Gerichte bei geringer körperlicher Beanspruchung überlasten unser Verdauungssystem. Gleiches gilt für süße Verführungen in Form göttlicher Mehlspeisen oder Konfekt! Ein weiteres Problem unserer Zeit ist die ständige Verfügbarkeit von allem. Früher machte unsere Oma im Sommer herrlich leichten Schnittlauchtopfen oder einen Auflauf mit Gurkensalat und im Winter gab es Bohnensuppe und Gulasch. Heute essen wir Eis im Winter und deftige Braten im Sommer. Die damaligen Festtagsspeisen gibt es nun oft das ganze Jahr. Phasen der Entlastung und Rejustierung unseres Verdauungssystems gibt es kaum mehr. Früher war der oberste Grundsatz, sich zu Tisch zu setzen und in Ruhe zu essen, beim Aufstehen vom Tisch gehörte ein „Danke – gut war's" dazu. Und heute? Wie oft haben Sie in der letzten Woche im Stehen oder schnell im Auto gegessen, weil keine Zeit war? Wie oft essen Sie frisch Gekochtes von zu Hause? Früher war das Maß aller Dinge selbst zubereitetes Essen, mit regionalen Schwerpunkten und Saisonalität. War jemand krank, dann griff man zu Haferschleimsuppe oder Thymianlinsen. Für die Alltagswehwehchen gab es ein Standardsortiment an Hausmitteln aus der Küche. Wissen Sie über die Wirkung der Nahrungsmittel Bescheid? Altes Wissen, das über Jahrhunderte von einer Generation zur anderen weitergegeben wurde, scheint verloren zu sein. Haben wir also keine Chance?

Oh doch, ein paar Tricks, ein paar „Wegweiser" und Sie finden die Ernährung, die Ihnen guttut. Eines ist aus dem Diäten-Dschungel klar hervor gegangen: So wie es nicht einen Schuh einer Schuhgröße gibt, der jedem passt, gibt es auch nicht eine Ernährungsform, die für alle gleich gut ist. Das Wichtigste ist, dass Sie lernen Ihren Körper zu verstehen, seine Zeichen wahrzunehmen und umzusetzen. Finden Sie Ihren Weg der gesunden Ernährung und er wird dauerhaft erfolgreich sein!

Vergessen Sie nicht: Industrielle Produkte mit Konservierungsmitteln, Geschmacksverstärkern und Co erfüllen primär die Bedürfnisse einer Maschine und der Industrie. Daher sind sie meist zu fett, zu süß, haben hohe Energiedichte und sind oft Wochen bis Jahre haltbar. Ihr Körper braucht jedoch nicht nur leere Kohlenhydrate, Eiweiß und

Fett. Er braucht Ballaststoffe, Vitamine, Spurenelemente, Enzyme und Phytostoffe, um lange relativ wartungsfrei durchs Leben zu kommen.

Kraft- und saftlos – Wie baue ich meine Energien wieder auf?

Letztens kam eine Dame zur Ernährungsberatung und sagte, sie sei müde, ausgebrannt und leer. Zusätzlich klagte sie über ein Kältegefühl und häufige Rückenschmerzen im Bereich der Lendenwirbelsäule sowie Bauchschmerzen. Sie meinte, vier bis fünf Kilogramm zu wenig Gewicht zu haben. Die Blutbefunde wären aber komplett in Ordnung. Derartige Berichte höre ich nicht selten. Ihr Ernährungsplan neben einem stressigen Job sah so aus:

Frühstück: Toastbrot oder Croissant mit Butter und Marmelade, Kaffee mit Milch
Mittag: 2 Wurstsemmeln
Nachmittag: Nüsse oder Chips
Abend: Omelette mit Kartoffeln, Spiegelei, dazu Oliven, manchmal Käsebrot oder Milch und 1 Banane
Getränke: 2 l Wasser täglich
Generell aß sie kein Fleisch, hin und wieder Tofu.

Ganz offensichtlich haben wir hier keine Form der eingangs erwähnten Diäten, aber leider doch einen recht häufig auftretenden Speiseplan. Er ist reich an Kohlenhydraten, Eiweiß und Fett sind auch dabei, aber sonst? Vitamine, Spurenelemente, ungesättigte Fettsäuren und sekundäre Pflanzenstoffe sind offensichtlich Mangelware, denn Obst und Gemüse sind nicht existent. Die Wertigkeit der Lebensmittel auf dem Speiseplan ist fraglich. Weder eine optimale Verfügbarkeit an hochwertigem Eiweiß ist gegeben, noch langkettige Kohlenhydrate oder kaltgepresste Öle mit einem hohen Anteil an ungesättigten Fettsäuren.

Uns erinnert so ein Speiseplan an einen Autofahrer, der sein Auto zwar tankt, Öl, Kühlflüssigkeit und Kühlerwasser jedoch außer Acht lässt.

Ganz klar ist: Mit Kalorien ist der Körper nur notdürftig versorgt. Eine umfassende und vielfältige Zufuhr an Vitalstoffen fehlt jedoch allemal. Die Folgen – Müdigkeit, Abgeschlagenheit, Kältegefühl sowie Magen-Darm-Probleme – verwundern daher nicht, fehlt doch eine Vielzahl an essenziellen Dingen.

Unser Gehirn ist auf einen konstanten Blutzuckerspiegel angewiesen. Es kann keine Energie speichern sondern nur Glucose als Energielieferant nutzen. Das heißt, dass wir ohne konstanten Blutzuckerspiegel in ein Leistungstief fallen. Ebenso wichtig sind bestimmte Aminosäuren (Bausteine des Eiweiß), um sogenannte Neurotransmitter – Botenstoffe – bilden zu können. Omega-3-Fettsäuren sorgen für eine optimale Funktion der Zellmembranen. Von der Empfehlung, fünf Mal am Tag Obst und Gemüse zu essen, ist diese Dame weit entfernt. Auch wenn diese Mengen an Obst und Gemüse für manche etwas übertrieben scheint und die Menge in Relation zur jeweiligen Konstitution gesehen werden muss, sind eine präventive Wirkung von Obst und Gemüse bei Herz-Kreislauf-Erkrankungen sowie die positive Beeinflussung degenerativer Schleimhautveränderungen im Magen-Darm-Trakt nicht abzustreiten. Eine Auswertung der Nurses „Health und Health Professionals“ Follow-up Study zeigte, dass fünf Portionen Obst und Gemüse am Tag (statt 1,5 Portionen) mit einem um 30 Prozent niedrigeren Risiko von koronarer Herzkrankheit und Schlaganfall in Verbindung gebracht werden kann.

Wie ist das aber nun bei jemandem, der bereits geschwächt ist, dessen Verdauungstrakt rohes Obst und Gemüse nicht mehr gewohnt ist? Mit an Sicherheit grenzender Wahrscheinlichkeit wird dieser Körper mit einem hohen Anteil an Rohkost überfordert sein. Die Verdauungssäfte müssen erst wieder angeregt werden und in Schwung kommen, um aus festen Zellwänden Vitalstoffe herauslösen zu können. Die ständige Zufuhr von kaltem Essen hat aus chinesischer Sicht die Betriebstemperatur reduziert. Unsere Verdauungssäfte arbeiten optimal bei 37 Grad Celsius. Durch permanentes Einfüllen kalter Nahrung (20 Grad und darunter) und zusätzlichem Fehlen von Vitalstoffen können die Systeme einfach nicht mehr ausreichend Leistung erbringen. Früher hieß es immer: Wenigstens einmal am Tag sollten wir warm essen, im Winter auch zweimal. Wo gibt es das heute noch in unserer Brot- und Weckerlkultur? Wie so oft, sagte auch diese Dame: „Ich habe ja bei meinem Arbeitsalltag keine Zeit zum Kochen." Dennoch war ihr klar, dass sie mit ihrem Körper so nicht weitermachen kann. Darum war sie letztendlich auch bereit an sich zu arbeiten. Als oberste Priorität gilt es zu lernen, sich zum Essen Zeit zu nehmen. Eine optimale Verwertung der Nahrung funktioniert nicht, wenn man im Stehen oder im Auto hastig isst. Sich hinzusetzen, bewusst zu kauen, den Geschmack wahrzunehmen und dem Körper dabei ein wenig Auszeit zu gönnen, ist Gold wert. Probieren Sie es einmal selbst: Nehmen Sie ein Stück Semmel oder Brot in den Mund. Versuchen Sie einen ersten Eindruck wahrzunehmen – Struktur, Konsistenz, Geschmack? Kauen Sie fünfzehn Mal (so lange, bis der Bissen ein richtiger Brei ist) und vergleichen Sie. Wie hat sich der Geschmack verändert? Wurde der Bissen süßer oder saurer? Die Fermente des Speichels haben bereits begonnen, die Nahrung zu „verdauen". Dies unterstützt die Arbeit des Verdauungstrakts. Gleichzeitig wird dadurch das Sättigungsgefühl positiv beeinflusst.

Für all jene, die meinen keine Zeit fürs Essen zu haben und die unter Blähungen und Energielosigkeit leiden, schlagen wir einen ersten einfachen Schritt zur Veränderung vor (Rezeptbeispiele folgen):

Essen Sie zum Frühstück Porridge: Dies ist ein warmer Haferbrei, der sich recht rasch zubereiten lässt. Er kann auch für drei Tage vorbereitet werden und wird vor dem Essen nur kurz angewärmt.

Am Vormittag nehmen Sie Folgendes zu sich: 1 Smoothie mit Nüssen, Studentenfutter, gelegentlich können Sie dazu 1/8 l frisch gepressten Obstsaft mit Weizenkeimöl und Zitronensaft löffeln.

Für Mittags empfehlen wir ein Gericht, das man auch mitnehmen kann: Zucchini-Couscous oder Suppe in der Thermoskanne plus Vollkornbrot mit Topfenaufstrich und Kresse oder Schinken als Belag, dazu ein Stück Obst der Saison, Äpfel oder Beeren etc.

Nachmittags gönnen Sie sich eine Vollkornbiskuitroulade oder Dinkelmehlspeise.

Und abends essen Sie Risotto mit Fisch.

All diese Speisen können Sie mit relativ wenig Aufwand rasch zubereiten und dafür müssen Sie auch kein Kochdiplom haben. Für die Zubereitung der Speisen benötigen Sie höchstens eine halbe Stunde. Etwas Zeit müssen Sie schon in Ihre Gesundheit investieren, aber Sie werden sehen, dass es sich lohnt und dem Körper guttut und nach einiger Zeit bestimmt nicht mehr zu Ihren alten Ernährungsgewohnheiten zurückwollen!

Die Zeit der Umstellung dauert etwa drei Wochen, bis mehr Lust, Appetit und Energie wiederkehren. Nun kann man weitere ideenreiche Rezepte, welche rasch zubereitet werden können und Abwechslung in den Speiseplan bringen, eingearbeitet werden. Mit der Zeit werden Sie Ihr persönliches Gefühl für Ihren Körper zurückgewinnen. Ist Ihnen kalt, so essen Sie Wärmendes. Geht es Ihnen sehr gut, so darf auch die eine oder andere kleine Sünde wie ein Croissant sein, ohne dass Ihr System gleich aus dem Gleichgewicht gerät.

Bereiten Sie Ihre Speisen selbst zu, werden Sie Geschmack wieder anders wahrnehmen. Gewürze ermöglichen eine köstliche Vielfalt und tun dem Körper gut. Sie regen Verdauungssäfte an, wirken Völlegefühl und Blähungen entgegen und töten Keime ab.

Das Schönste aber ist, dass man sogar aus Haferschleim Schmackhaftes bereiten kann. So wird er durch gemahlenen Kümmel und gehackte Petersilie ein feiner Magenwärmer, aber auch die süße Variante mit geriebenem Apfel, Zimtrinde, Gewürznelken und gerösteten Nüssen ist als genussvolles Powerfrühstück nicht zu verachten.

Erste Rezepte für eine gesunde Küche

Einsteiger-Rezepte

Haferbrei: [1 Portion] 5 EL Haferflocken fein kurz in einer Pfanne anrösten, mit 1/8 l Apfelsaft aufgießen, 1 Stück Zimtrinde und 2 Gewürznelken zugeben und kurz köcheln lassen. Nun je nach Jahreszeit 1 geschnittene Banane oder 80 g Beeren oder 1 Apfel gerieben unterheben, bei Bedarf mit Honig süßen.

Avocadosalat: 2 reife Avocados, geschält, in dünne Stücke geschnitten, 2 rote Paprika, fein gewürfelt, 2 Frühlingszwiebeln, mit dem Grün in feine Ringe geschnitten, etwas Salz, Saft einer Zitrone, 4 Tomaten, würfelig geschnitten.

Sauce: 3 EL Rotweinessig, ½ unbehandelte Zitrone, abgeriebene Schale, 4 Radieschen, fein gewürfelt, wenig Cayennepfeffer, Salz nach Bedarf, ½ Bund Petersilie, fein gehackt, grüne Keimlinge wie Kresse und/oder Salatblätter zum Garnieren

Avocados, Paprika und Frühlingszwiebeln mit Salz und Zitronensaft mischen, die Tomatenstücke dazugeben. Für die Sauce die Zutaten in der angegebenen Reihenfolge mischen, gut umrühren, über das Gemüse gießen und den Salat mit Keimlingen, Salatblättern und Radieschen dekorieren.

Erdäpfelsuppe: ½ Bund Suppengrün, 1 Stück Lauch (Porree), 1 Erdapfel, Kräutersalz, Majoran, Lorbeerblatt, ½ l Gemüsebrühe, 1 KL Butter, 1 KL Mehl, Petersilie

Karotten, Zeller, Petersilwurzel fein raffeln, Porree schneiden, Erdapfel würfelig schneiden, Majoran, Kräutersalz und Lorbeerblatt dazugeben, mit Gemüsebrühe aufgießen und kochen. Man kann auch noch getrocknete Pilze mitkochen, diese muss man vorher jedoch einweichen. Etwas helle Einbrenn zubereiten (Butter zergehen lassen, Mehl einrühren und unter Rühren kurz „aufschäumen" lassen), gehackte Petersilie dazugeben, mit etwas Suppe versprudeln, in die Suppe einrühren und verkochen lassen.

Warme Gerichte

Putenbrust-Spinatpfanne: 100 g Putenbrust, 200 g Blattspinat, 100 g Kirschtomaten, 1 Frühlingszwiebel, 1 Knoblauchzehe, 2 EL Olivenöl, Salz, Pfeffer, 1/16 l Gemüsebrühe, ½ KL Kuzu oder Maisstärke, Zitronensaft, Zitronenschale, Basilikum, 70 g Vollkornreis, 1/4 l Gemüsebrühe

Reis waschen und in der Gemüsebrühe kochen.

Fleisch in Streifen schneiden, Spinat waschen und mit der Küchenrolle trocken tupfen, Kirschtomaten waschen und halbieren. Zwiebel waschen und fein schneiden, Knoblauch durch die Knoblauchpresse geben. Basilikum in Streifen schneiden.

In der Pfanne 1 TL Öl erhitzen, Fleisch darin goldbraun braten, mit Salz und Pfeffer sparsam würzen. Die Putenbruststreifen aus der Pfanne nehmen und zur Seite stellen. Nun Frühlingszwiebeln und Knoblauch in TL Olivenöl anlaufen lassen, Spinat zugeben, 3 min. dünsten. Kuzu in Gemüsebrühe anrühren, über den Spinat gießen und nochmals kurz (2–3 min.) köcheln lassen. Mit etwas Salz, Pfeffer und Zitronensaft abschmecken, Tomaten, Fleisch und Basilikum hinzufügen, kurz durchrühren und mit Reis anrichten.

Champignon-Nudeln: 400 g Dinkelnudeln, 1 EL Butter, 80 g geriebener Käse, etwas Bohnenkraut, Muskatnuss, 2 EL Maiskeimöl, 1 Knoblauchzehe, 400 g Champignons, Salz, fein gewiegte Petersilie, Zitronensaft

Dinkelnudeln kochen, abschrecken und mit etwas Butter verfeinern. Öl mit Knoblauch erhitzen, Champignons hineinhobeln, würzen und rund drei Minuten scharf andünsten. Mit Salz, Zitronensaft und Petersilie abschmecken, unter die Nudeln mischen und mit geriebenem Parmesan bestreuen.

Etwas Süßes

Reisauflauf: 1 Liter Milch, 250 g Vollkorn- oder Arborioreis, 6 El Butter, 4 Eier, 4 El Honig, 3 Äpfel, Zimt, Rosinen, Butter, Bröseln für die Auflaufform

Der gewaschene Reis wird mit einem Liter Milch und 2 Esslöffeln Butter zugestellt und so lange gekocht, bis die Milch aufgesaugt ist. Nun die Masse etwas nachquellen lassen und kühlen. Butter, Dotter und Honig schaumig schlagen, die gewaschenen Rosinen in die Reismasse untermischen, den steif geschlagenen Schnee unterziehen und nun die Masse in eine gefettete, mit Paniermehl (Bröseln) bestreute Auflaufform füllen. Die blättrig geschnittenen Äpfel darauflegen und mit etwas Zimt bestreuen. Nun die zweite Hälfte der Reismasse darübergeben und bei mittlerer Hitze eine Stunde backen. Der Auflauf sollte so frisch wie möglich serviert werden, da er, je länger er steht, in sich zusammenfallen könnte.

Zu viel des Guten – Wie werde ich meine Kilos dauerhaft los?

Jeder zweite Österreicher ist übergewichtig und rund jeder zehnte ist krankhaft fettleibig.

Während sich das Fett bei übergewichtigen und adipösen Frauen vorwiegend um Taille, Hüften und Po ansammelt, haben dicke Männer zumeist einen zu dicken Bauch – und damit besonderes Pech. Groß angelegte Studien zeigten, dass gerade Fett um die Organe im Bauchinneren das Risiko für Herzerkrankungen und Schlaganfälle bis hin zu Herzinfarkt, Potenzstörungen und Impotenz erhöht. Diabetes, Krebs, Depressionen und Alzheimer werden begünstigt. Warum? Bauchfett sondert schädliche Fettsäuren ab, die im Körper zu Entzündungen führen und den Hormonhaushalt durcheinanderbringen.

Die unangenehmen Folgen des Übergewichts (hoher Blutdruck, Typ-2-Diabetes, Herz-Kreislauf-Erkrankungen, Gelenksprobleme etc.) sind landläufig mehr als bekannt. Immerhin beabsichtigen jährlich ca. 40% der Übergewichtigen mit einer Diät zu beginnen. Jedes Frühjahr versprechen neue Wunderdiäten radikale Erfolge. Was läuft hier falsch?

Jüngst kam eine ziemlich verzweifelte Krankenschwester zu uns. Sie wog bei einer Körpergröße von 170 Zentimetern 117 Kilogramm. Sie hatte bereits jede Menge Diäten probiert, doch der Erfolg hielt immer nur kurz. Oft war sie bald nach der Diät schwerer als zuvor. Ihre Selbstkasteiung war jedes Mal gefolgt von „Fressattacken“. Nachtdienste brachten sie erst recht aus dem Gleichgewicht – Heißhunger auf Süßes stellte sich ein. Da sie mittlerweile Gelenksprobleme hatte, häufig an Erkältungen erkrankte, wollte sie es wieder angehen – abnehmen und bewusster leben. Sie wirkte in sich zusammengefallen, unglücklich wie ein Häufchen Elend. Wir spürten förmlich ihr Unbehagen. Bei der Frage, wie sie mit Sorgen umgeht, antwortete sie: „Meist fresse ich sie in mich hinein.“

Ihre persönliche Vorstellung eines Speiseplans zur Gewichtsreduktion, den sie immer wieder einzuhalten versuchte, sah so aus:

> *Frühstück:* 4 EL Müsli, 1 Apfel, 3 getrocknete Marillen, 1 EL Braunhirse, Brennnesseltee *oder* ein Kornspitz mit Topfen
> *Mittag:* Eintropfsuppe, 1 Banane *oder* Suppe und 1 Kornspitz
> *Nachmittag:* 1 Käsebrot *oder* 1 Teller Grießkoch
> *Abend:* Kompott aus 2 Äpfeln *oder* Apfelkompott, 1 Scheibe Vollkornbrot mit Käse

Bei einem Grundumsatz von 2500 bis 2800 kcal ist es rechnerisch fast nicht möglich, dass sie mit diesem Speiseplan nichts abgenommen hat. Aus Sicht der Qualität des Essens ist es jedoch nicht verwunderlich. Denn erstens hatte ihr Körper den Jojo-Effekt schon „gelernt" und zweitens konnte sie diese sehr reduzierte Nahrungsaufnahme natürlich nie lange durchhalten.

Neben dem Bemühen, Obst zu essen, gab der Speiseplan der Krankenschwester außer reichlichen Brotmahlzeiten mit Eiweiß aus Käse oder Milch nicht viel her. Ihr Körper schrie förmlich nach mehr, allerdings nach mehr Vitalstoffen und nicht nach mehr Kalorien. Der chronische Energiemangel meldete sich häufig mit Heißhunger auf Süßes. Die Chinesen teilen die Nahrungsmittel nach dem Geschmack ein. Süße Nahrungsmittel sind der Mitte, der Energieproduktion zugeordnet. „Süß" ist allerdings nicht nur Zucker. Gemüse wie zum Beispiel Karotten, Erbsen, Kohlrüben oder Erdäpfel entsprechen dem süßen Geschmack ebenso wie Getreide, Hirse oder Gerste, Trockenfrüchte, Sonnenblumenkerne, Sesam etc. Was haben diese Nahrungsmittel gemeinsam? Nach längerem Kauen schmecken sie leicht süßlich, aber vor allem sind sie reich an Mineralstoffen und Spurenelementen. Diese braucht der Körper, um besonderen Ansprüchen, wie zum Beispiel einem Nachtdienst, gerecht zu werden. Fehlen diese, so schreit der Körper buchstäblich um Hilfe. Oft beschreiben die Betroffenen, dass sich der innere Druck so lange steigert, bis sie zur Entscheidung kommen: „Jetzt ist mir alles egal – ich brauche etwas Süßes!" Dann wird alles (Schokolade, Kuchen, Brote, ...) hemmungslos in sich hineingestopft. Die Gedanken „Ich habe schon wieder versagt, ich schaffe es ohnehin nie" folgen ebenso wie Frustration und abnehmendes Selbstvertrauen. Die Motivation zum Kasteien ist dahin, der Teufelskreislauf geht weiter.

Mineralstoffe und Spurenelemente sind ebenso wichtig wie Vitamine. Daher ist in Zeiten erhöhter Beanspruchung auch ein erhöhter Mineralstoffbedarf gegeben. Falsche Ernährungsgewohnheiten können einen Verlust an Mineralstoffen bewirken. So reduziert intensiver Kaffeekonsum (mehr als zwei Tassen pro Tag) den Eisenspiegel im Blut. Für ausreichende Versorgung mit Mineralstoffen ist nicht nur die absolute Aufnahmemenge entscheidend. In welcher Form Mineralstoffe dem Körper angeboten werden, ist für ihre Aufnahme oft essenziell. Muss beispielsweise Kalium mit Kochsalz um die Aufnahme im Darm konkurrieren, so verliert es. Muskelkrämpfe und Darmträgheit können die Folge sein. Die Calcium-Aufnahme und damit nicht nur der Knochenaufbau wird durch Cola und übermäßigen Konsum von Süßigkeiten gebremst. Der Magnesiumspiegel (Magnesium ist ein wesentliches Mineral, wenn man unter Muskelkrämpfen leidet, bei gestörter neuromuskulärer Erregung, Verdauungsproblemen, Konzentrationsschwächen und Depressionen) wird nicht nur durch Abführmittel oder harntreibende Medikamente beeinflusst, Alkohol oder übermäßiger Konsum von Süßigkeiten ist ebenso eine wichtige Einflussgröße wie intensiver Leistungssport. Da Mineralstoffe eine Wechselwirkung in der Aufnahme aufweisen, ist eine abwechslungsreiche Ernährung wesentlich, um auf einfache Weise den Körper im Gleichgewicht zu halten. Generell wird eine optimale Versorgung mit Mineralstoffen durch einen hohen Anteil an Obst und Gemüse sowie ausreichenden Verzehr von Vollkornprodukten gewährleistet.

Spurenelemente tragen ebenso wesentlich zu unserer Gesundheit und Leistungsfähigkeit bei. So kann beispielsweise Selen die antioxidativ wirkenden Vitamine A, C, E hervorragend unterstützen. Seine Hauptfunktion ist, Zellen vor schädlichen Belastungen zu bewahren. Dadurch wird die Alterung der Zellen durch den oxidativen Stress gebremst. Selenreiche Lebensmittel sind zum Beispiel Rind-, Kalb- und Schweinefleisch, Eigelb, Huhn, Roggenbrot, Forelle, Rotbarsch, Kartoffeln oder Sonnenblumenkerne.

Zink ist ein Spurenelement mit bedeutendem Einfluss auf unsere Gehirnfunktion. Bei Mangelzuständen kommt es zu Störungen der kognitiven Leistungsfähigkeit. Wissenschafter des Max-Planck-Instituts für Hirnforschung in Frankfurt haben gezeigt, dass Zink-Ionen entscheidend dazu beitragen, Nervensignale an den Synapsen zu regulieren. Zink ist notwendig, damit wichtige Nervenbotenstoffe (Neurotransmitter) an den Rezeptoren nachgeschalteter Empfängerzellen andocken und wirken können und die Milliarden Nervenzellen reibungslos zusammenarbeiten. Ebenso ist eine ausreichende Kupferzufuhr für eine Steigerung der Konzentrationsfähigkeit und somit für eine bessere Funktion des Gehirns wesentlich. Allerdings sollte Kupfer nicht mit Zink kombiniert eingenommen werden, da es sonst zur Behinderung der Aufnahme kommt. Kupfer hemmt die Zinkaufnahme und die Zinkverwertung im Körper. Nahrungsergänzungsmittel machen daher nur dann Sinn, wenn die Vitalstoffe nicht zeitgleich, sondern chronologisch aufgenommen werden. Eine moderne pharmazeutische Aufbereitung kann die Resorptionsresultate verbessern.

Bei „unserer" Krankenschwester schafften wir die Umstellung. Zum Frühstück ist eine warme Mahlzeit als Energieschub für den Start optimal. Reis-Congee, ein asiatischer Reisbrei, ist beispielsweise leicht verdaulich, sättigt sehr lange und nimmt den Heißhunger auf Süßes, da es einen sehr umfangreichen Energiespender an Kohlenhydraten darstellt. Außerdem lässt es sich sehr leicht für zwei bis drei Tage im Voraus zubereiten, sodass es nur mehr gewärmt werden braucht. Das Rezept ist ganz einfach:

Reis-Congee mit Früchten: 150 g Arborio-Reis in ¾ l Wasser eine ¾ Stunde mit Zimtrinde und Gewürznelken köcheln lassen. In den letzten 5 Minuten 3 fein geschnittene Aprikosen zugeben. Vor dem Anrichten ½ geriebenen Apfel mit dem gekochten Reis mischen.

Brotmahlzeiten sollten maximal einmal pro Tag am Tisch stehen. So rasch Brot und Weckerln auch zur Hand sein mögen, sie sättigen nicht wirklich. Außerdem werden sie zu hastig und „nebenbei" gegessen. Der Hunger stillende Effekt stellt sich erst viel zu spät ein. Oft folgen Völlegefühl und Blähungen. Käse oder Wurst als Belag bringen eine Menge an minderwertigem Fett. Fettarmer Käse ist aus Sicht der natürlichen Ernährung ebenfalls nicht das Gelbe vom Ei, denn er schmeckt nicht besonders. Fett ist ein billiger Geschmacksträger, fehlt dieses, so fehlt der Geschmack und das Gefühl „das war gut" stellt sich üblicherweise nicht ein. Frische Kräuter oder auch dünn aufgeschnittenes Gemüse ergänzen Topfenaufstriche sehr gut. Sie sind leicht und führen einiges an Vitalstoffen zu. Probieren Sie nach Herzenslust aus. Richten Sie sich die Speisen schön an. Nehmen Sie sich eine Portion auf einen kleinen Teller und keinen Nachschlag. Essen Sie bewusst und genießen Sie die Geschmacksvielfalt.

Mittags sollte ein Gericht mit viel Gemüse und Eiweiß auf dem Tisch stehen, um dem Körper wirklich umfassend zu bieten, was er braucht.

Leichte und rasch zubereitete Mittagsgerichte

Fischpfanne mit Wurzelgemüse und Couscous: 250 g Couscous, 700 g Schollefilet, 2 EL Zitronensaft, Kräutersalz, 1 EL Maiskeimöl, 1 kleine Stange Lauch in Streifen, 1 Suppengrün blättrig schneiden (am Gurkenhobel), 1 Tasse Gemüsebrühe, 1 EL Zitronensaft, 1 EL gehackte Dille, 2 EL Sauerrahm

Couscous in doppelte Menge Gemüsebrühe einlaufen lassen, Fisch säubern und würzen. Gemüse im Öl andünsten, mit Brühe ablöschen. Fischfilet kurz beidseits anbraten auf das Gemüse geben, zugedeckt noch 5 Minuten fertiggaren. Das Gemüse würzen. Zitronensaft, Dill, Salz und Rahm verrühren. Mit dem Couscous zum Fisch servieren.

Eine abendliche Suppe, wenn Sie Lust haben, ruhig auch zwei Teller, füllt den Magen, gibt Wärme und Energie. Wenn Sie damit absolut nicht das Auslangen finden, können Sie dazu eine Scheibe Brot mit dünnem Belag essen.

Klare Gemüsesuppe mit Couscouseinlage: 25 g Couscous, ½ Zwiebel, ½ Suppengrün geraspelt, 1 EL Olivenöl, ½ l Gemüsebrühe, 1 Lorbeerblatt, Kümmel, Knoblauch, Majoran

Couscous heiß waschen, Gemüse in Öl gemeinsam mit würfelig geschnittener Zwiebel anlaufen lassen und mit Gemüsebrühe aufgießen. Lorbeerblatt zugeben, Suppe auf kleiner Flamme ca. 10 Minuten köcheln lassen und in den letzten 3 Minuten Couscous einlaufen lassen. Zum Schluss mit Knoblauch, Kümmel, Majoran sowie etwas Kräutersalz abschmecken.

Karottencremesuppe: ½ kg Karotten waschen, in Würfel schneiden und in 2 EL Olivenöl anlaufen lassen, 1 geschälte, geriebene Kartoffel zugeben, mit 1 l Gemüsebrühe aufkochen, weich kochen und mit einem Pürierstab mixen. Mit etwas geriebenem Ingwer und gehacktem Petersil verfeinern und mit Kräutersalz abschmecken.

Tomatensuppe mit Reis: 50 g Reis in doppelter Menge Wasser kochen.

Bei 5 Paradeisern die Stielansätze ausschneiden und vierteln, mit ½ Zwiebel, ½ l Wasser und Gemüsebrühe kochen.

Die Paradeiser passieren, den Reis dazugeben und mit Basilikum bestreuen. Den gekochten Reis in die warme Suppe geben.

Achtung! Milchspeisen – Grießkoch, Käse und Co – sind nicht nur reich an Kalorien. Nach den Regeln der Traditionellen Chinesischen Medizin produzieren sie Schleim. Das heißt, dass Sie Flüssigkeit im Körper stauen und daher weniger leicht abnehmen. Andererseits raubt es Ihnen Energie, da der Körper immer wieder versucht die Feuchtigkeit zu eliminieren.

Die Macht der Gewohnheit

Frei nach dem Motto „Nicht die Gewohnheiten machen Menschen, sondern der Mensch macht Gewohnheiten" haben wir die Chance, Gewohnheiten neu zu gestalten. Dies braucht meist fünf bis sechs Wochen. Die ersten drei Wochen der Umstellung sind vielleicht hart, aber je mehr man sich daran hält, umso besser geht es einem. Auch wenn manche Speisen zu Beginn ungewohnt sind, geben sie dem Körper das, was er braucht. Mit der Zeit nimmt man wahr, dass der Körper durch das Ausschöpfen der Vitalstoffvielfalt zufriedener wird. Der oft quälende Gusto verliert an Bedeutung, ist gar nicht mehr wichtig. Nach drei Wochen konsequenter Umstellung ist eine erste Besserung zu bemerken. Nun ist es besonders wichtig, sich seiner Ziele und des veränderten Körpergefühles nochmals bewusst zu werden.

Dabei muss in den ersten Wochen kein großer Gewichtsverlust eintreten. Ein Mehr an Vitalität und Lebensfreude ist für das Erste wesentlicher. Eine etwas rosigere Hautfarbe und Zuversicht sind gute Motivatoren, um durchzuhalten. Auch „unsere" Krankenschwester wollte unbedingt weitermachen, denn das, was sie bisher geschafft hatte, wollte sie nicht wieder verlieren. Nach sechs Wochen hatte sich auch das Gewicht sichtbar reduziert. Durch stetes Auffrischen der Erfordernisse und der Ermahnung, sich zwischendurch zur Belohnung etwas Gutes zu tun, konnte die Motivation bis zum Zielgewicht gehalten werden. Bei der Veränderung lange gepflegter Gewohnheiten ist dies essenziell. Haben wir doch von klein auf gelernt: „Wenn du brav bist, bekommst du Süßes.“ Daher müssen wir neuen Belohnungen Platz geben, denn eine Belohnung wird mental gefordert. Bekommt sie unser Körper nicht, wächst der Druck in uns. Halten Sie sich deshalb Ihre Ziele immer wieder vor Augen, damit Sie wissen, wofür sich die Umstellung lohnt. Setzen Sie bewusst am Weg zum großen Ziel Zwischenetappen und freuen Sie sich über das Erreichen derselben. Gewähren Sie sich auch die eine oder andere kleine Belohnung, um der Motivation eine kleine „Krücke“ zu geben. Wählen Sie die kleinen Besonderheiten als Belohnung – zum Beispiel neue Jeans, einen Ausflug, eine Massage oder einen Kinobesuch – irgendetwas, das Sie nicht täglich haben, aber Ihnen Spaß und Freude macht. Nicht das schlechte Gewissen hilft uns bei Gewichtsproblemen weiter, sondern der bewusste Umgang mit dem Gusto. Es sagt sich dann viel leichter „das war gut, aber jetzt bin ich satt“, statt erst lange überlegen zu müssen, was man eigentlich den ganzen Tag über alles gegessen hat.

Natürlich darf als Ausgleich zum mental stressigen Alltag das Thema Bewegung nicht vergessen werden. Zwei- bis dreimal wöchentlich eine dreiviertel Stunde bis Stunde Bewegung (zum Beispiel Nordic Walking) hilft nicht nur den Kalorienverbrauch zu heben. Ihrem Körper tut es einfach gut! Nehmen Sie bewusst wahr, um wie viel es Ihnen besser geht. Der Zeitaufwand von ca. sechs Stunden in der Woche (Duschen mit einberechnet) zahlt sich sicher aus. Sie verlieren keine Zeit! Sie gewinnen einfach mehr Energie, indem Sie die Batterien Ihres Körpers wieder aufladen. Wie können Sie beginnen dieses Vorhaben umzusetzen? Tragen Sie sich zwei bis drei Fixtermine pro Woche in Ihren Kalender ein, die ausschließlich Ihnen gehören. Auf diese Weise geben Sie der Bewegung einen richtigen Stellenwert und haben den Termin immer vor Augen.

Forscher der Universität Essen haben gezeigt, dass viel Bewegung und kalorienreduziertes Essen den Herzmuskel wieder auf Trab bringen.

Zellbestandteile, insbesondere die Mitochondrien, verändern sich mit dem Alter. Dies kann verstärkt zu Veränderungen im Erbgut und der Funktion von Herzmuskelzellen führen. In den Zellen entstehen freie Radikale, die wiederum die DNA und Proteine beschädigen und damit letztendlich zum Zelltod führen. Durch ein körperliches Training kommt es zur sogenannten Ischämischen Präkonditionierung – einem relativen Durchblutungsmangel während der Belastung. Kommt es zu einem Herzinfarkt, so wird die Wucht des Herzinfarktes im Vorfeld abgefedert, da durch die Präkonditionierung Prozesse in den Muskelzellen in Gang gesetzt werden, die das Herz vor ähnlichen Reizen schützen.

Die Essener Forscher zeigten aber auch, dass eine deutliche Drosselung der Kalorienzufuhr und moderate körperliche Bewegung dem Trend entgegenwirken können. Durch lockere Bewegung werden mehr Antioxidantien gebildet, die freie Radikale in den Zellen abfangen. Das Ergebnis lässt sich noch weiter verbessern, indem man Sport und eine Kalorienreduktion kombiniert. Auch die Kalorienreduktion verbessert die Funktion der Mitochondrien auf molekularer Ebene. Die positive Wirkung von mehr Bewegung lässt sich auch im höheren Alter noch erreichen, selbst wenn man vorher nie Sport gemacht hat.

Übrigens „unsere" Krankenschwester hat nach den ersten sechs Monaten fast 20 kg verloren, strahlt vor Energie und Lebensfreude und ist fest überzeugt, dass sie langsam, aber stetig weitermachen wird. Sie will ihr wiedererlangtes Wohlbefinden nie wieder verlieren. Sie hat wahrgenommen, dass man sich nicht permanent etwas verbieten muss, um Gewicht zu abzubauen. Kein Extrem bringt uns weiter, sondern das Mittelmaß. Das Leben kann und soll Spaß machen – auch bei gesunder Ernährung. Nur dann schafft man einen langfristig anhaltenden Erfolg.

Gewichtsprobleme treffen Männer und Frauen in gleichem Maße. Nicht selten kommen auch solche Beispiele von Ernährungsgewohnheiten auf unsere Tische wie:

Frühstück: keines, Hunger habe ich ohnehin nicht, das geht sich morgens nicht aus
Mittag: Spinatsalat mit Speck und Parmesan *und* Gulasch mit Rahmspätzle
Abend: Kümmelbraten mit gebratenen Champignons *oder* Garnelenspieß, Pariser Schnitzel mit Salat
Zwischendurch: wenn einen das Hungergefühl überkommt, ein Stück Käse oder Erdnussbutter

Ein Mann, der uns solch einen Ernährungsplan präsentierte, macht beispielsweise reichlich Sport (zumindest drei Mal pro Woche), kämpft aber dennoch kontinuierlich mit seinem Gewicht. Er hatte vier Jahre zuvor einen Schlaganfall. Natürlich hatte er schon einige Diäten ausprobiert. Zuletzt war er bei einer Low-Carb-Diät gelandet, weil er Fleisch einfach liebt! Dennoch nahm er nicht ab, dafür ist sein Cholesterin weiter gestiegen – nach einem Schlaganfall nicht gerade optimal.

Er musste lernen, dass Fett nicht gleich Fett ist und Fleisch unterschiedliche Qualitäten haben kann. Weil sein Verständnis ein anderes wurde und in seinem neuen Ernährungsplan nicht alles verboten war, gelang es ihm, dies in den Alltag einzubauen.

Der erhöhte Cholesterinspiegel ist ein zunehmendes gesundheitliches Problem unserer Zeit, einerseits durch die Cholesterinaufnahme über den Darm – rund 50 Prozent des im Darm vorhandenen Cholesterins wird aufgenommen und gelangt so wieder in den Kreislauf –, andererseits produziert der Körper hauptsächlich in der Leber selbst Cholesterin. Die Eigenproduktion von Cholesterin wird dabei durch Stress deutlich begünstigt.

Fette und Fettsäuren unterscheiden sich auf Grund ihrer

intramolekularen Kohlenstoffbindungen ganz wesentlich. Neben gesättigten Fettsäuren kennen wir einfach ungesättigte Fettsäuren und mehrfach ungesättigte Fettsäuren. Bei den ungesättigten Fettsäuren können kurz-, mittel- und langkettige Fettsäuren unterschieden werden. Die Herkunft der Fette spielt eine weitere große Rolle. Tierische Fette enthalten in der Regel überwiegend gesättigte Fettsäuren, während pflanzliche Fettquellen vermehrt einfach und mehrfach ungesättigte Fettsäuren aufweisen. Tierische Fette bestehen nicht grundsätzlich nur aus gesättigten Fettsäuren, wie oft von einigen „Experten" behauptet wird. Eine Ausnahme bilden zum Beispiel sämtliche Meeresfische. Allgemein gilt, dass Öl umso mehr ungesättigte Fettsäuren aufweist, je flüssiger es ist. Eine Ausnahme bei den pflanzlichen Fetten bildet Kokosöl, da es zu über 90% aus gesättigten Fettsäuren besteht. Mehrfach ungesättigte Öle dürfen nicht zu stark erhitzt werden (z.B. beim Braten oder Backen), da diese sonst ihre ungesättigte Struktur verlieren. Butter, Kokosfett oder auch Sesamöl sind generell für das Erhitzen besser geeignet.

Das Problem unserer heutigen Gesellschaft ist, dass nahezu jedes Nahrungsmittel mehr oder weniger industriell behandelt ist. Nicht selten wird es dabei auch mit Fetten – zumeist mit gesättigten Fettsäuren – angereichert, da diese ja ein sehr potenter Geschmacksträger sind.

Gesättigte Fettsäuren produziert unser Körper auch selbst, sodass die Zufuhr von außen nach Möglichkeit weitestgehend reduziert werden sollte, da gesättigte Fettsäuren neben Herz-Kreislauf-Erkrankungen beispielsweise auch Asthma, Neurodermitis oder Gelenkrheumatismus begünstigen.

Einfach und mehrfach ungesättigte Fettsäuren können vom Körper nicht selbst hergestellt werden, weshalb sie auch essenzielle Fettsäuren genannt werden. Sie nehmen eine wichtige Stellung bei der Nahrungsmittelauswahl ein. Omega-3-Fettsäuren (Alpha-Linolensäure – ALA, Docosohexaensäure – DHA und Eicosapentaensäure – EPA) und Omega-6-Fettsäuren (z.B. Linolsäure, Gamma-Linolensäure) sind solche essenzielle Fettsäuren, die besondere Funktionen im menschlichen Körper wahrnehmen. Durch Dehydrierung und Kettenverlängerung kann der menschliche Organismus Linolsäure über mehrere Zwischenstufen bis zur Arachidonsäure umwandeln. Arachidonsäure kann im Körper weiter zu Prostaglandinen umgewandelt werden. Die essenziellen Fettsäuren sind am Aufbau von Zellmembranen beteiligt und senken den Blutfett- und Cholesterinspiegel. Omega-6-Fettsäuren werden meist über die Arachidonsäure – aber nicht immer oder ausschließlich – zu entzündungsfördernden Prostaglandinen verstoffwechselt. Omega-3-Fettsäuren werden zu entzündungshemmenden Prostaglandinen umgewandelt. Beide Arten werden vom Körper benötigt, allerdings sollten sie in einem bestimmten Verhältnis zueinander stehen.

Da beide Fettsäuren um die gleichen Rezeptoren im Körper konkurrieren, spielt das mengenmäßige Verhältnis der beiden Fettsäuren eine wichtige Rolle. Ein Zuviel der einen Fettsäure kann einen Mangelzustand der anderen bewirken. Das Verhältnis der mit der Nahrung aufgenommenen Omega-3- und Omega-6-Fettsäuren hat sich seit der Steinzeit dramatisch verändert. Wies die Ernährung der Steinzeitmenschen noch ein Verhältnis der Omega-3-Fettsäuren zu den Omega-6-Fettsäuren von ca. 1:1 auf, so hatte die Kost vor hundert Jahren ein Verhältnis Omega-3-/Omega-6-Fettsäuren von 1:3 bis 1:10. Dies kann gerade noch als befriedigend angesehen werden. Heute in der modernen Industriegesellschaft stieg der Anteil der Omega-6-Fettsäuren (Linol- und Arachidonsäure) bei gleichzeitiger Reduktion der Omega-3-Fettsäuren, sodass das Verhältnis Omega-3-/Omega-6-Fettsäuren von 1:10 bis 1:50 erzielt wird. Laut der Deutschen Gesellschaft für Ernährung sollte ein Verhältnis von 1:5 angestrebt werden, wobei 3,5% der gesamten Energiezufuhr durch diese beiden Fettsäuretypen gedeckt werden sollten.

Eicosapentaensäure und Docosahexaensäure findet man vor allem in Fisch und Fischöl.

Fette Fischarten wie Hering, Makrele oder Lachs sind besonders reich an Omega-3-Fettsäuren. Die heimische Forelle enthält immerhin noch 140 mg Omega-3-Fettsäuren/100 g Fisch. Die in Reformhäusern käuflichen Fischölkapseln enthalten normalerweise etwa 25% Omega-3-Fettsäuren. Von den pflanzlichen Ölen ist das Leinöl mit einem Gehalt von 58% an der Omega-3-Fettsäure Alpha-Linolensäure hervorzuheben. Dann kommt das Hanföl mit 20%, gefolgt von Walnuss-, Soja-, Raps- und Weizenkeimöl mit Gehalten von 5–7%. In grünen Blattgemüsen kommt vor allem die Alpha-Linolensäure vor. Pflanzen sind gleichzeitig die wichtigste Quelle für Omega-6-Fettsäuren. Viele Samenarten (z.B. Getreidearten, Baumwollsamen, Färberdistelsamen, Sojabohnen) sind reich an Linolsäure (Omega-6-Fettsäuren). So sind in Distelöl 75% der Öle Linolsäure, in Traubenkernöl 71%, in Sonnenblumenöl 65%, in Maiskeimöl 59% und in Sesamöl 45%. Margarinesorten, die als Hauptbestandteil pflanzliche Öle enthalten, sind bei entsprechender technischer Zubereitung ebenfalls gute Linolsäurequellen. Da generell die Wahrscheinlichkeit einer Unterversorgung mit Omega-3-Fettsäuren größer ist als die Überversorgung mit Omega-6-Fettsäuren, sollte die Ernährung vornehmlich an ersteren orientiert sein.

Für jene, die meinen täglich Fleisch zu benötigen, gibt es auch Möglichkeiten, gesünder zu leben. Essenziell ist dabei jedoch die Qualität der Produktion von Fleisch. Mastbetriebe mit intensivem Einsatz von Pharmazeutika und Co sollten gemieden werden. Produkte aus biologischer Landwirtschaft sind auch bei Fleisch absolut zu bevorzugen.

Gesunde Rezepte für Fleischtiger

Gerolltes Putenfilet mit Mangoldgemüse: 6 Putenfilets, 6 Scheiben Edamer, 1 kg Mangold, etwas Mehl zum Stauben, 2 EL Maiskeimöl, 250 g Champignons, 1 Zwiebel,

2 Knoblauchzehen, 1/8 l Gemüsebrühe, Kräutersalz, Muskatnuss, frische Kräuter, 2 EL Sauerrahm

Mangoldblätter waschen, blanchieren und abschrecken. Backrohr auf 170 Grad vorheizen. Putenfilets waschen, klopfen, Ränder einschneiden, beidseitig salzen und pfeffern. Mit Mangoldblättern und Edamer belegen, straff zusammenrollen und mit Zahnstochern fixieren. Rouladen mit etwas Mehl bestauben und rundherum in Olivenöl anbraten. Mit etwas Gemüsebrühe aufgießen und im Backrohr ca. 30 Minuten fertig garen. Übrige Mangoldblätter in Streifen schneiden. Zwiebel und Knoblauch hacken, Champignons waschen und blättrig schneiden. Zwiebeln in Olivenöl anschwitzen, Mangoldstiele, Knoblauch und Champignons zugeben und mitrösten. Nach einigen Minuten mit restlicher Gemüsebrühe aufgießen und Mangoldstreifen zugeben. Mit Salz, Pfeffer und Muskatnuss abschmecken und leicht köcheln lassen. Verfeinern Sie mit Kräutern und Sauerrahm und servieren Sie die Rouladen mit dem Mangoldgemüse.

Zucchini mit Kalbfleisch-Schafkäse-Füllung: 300 ml Wasser, 1 TL Gemüsebrühe, 8 kleine Zucchini, 1 Bd. Frühlingszwiebeln, 2 Fleischtomaten, 300 g Wurzelgemüse, 500 g Kalbfleisch faschiert, 150 g Schafkäse, Kräutersalz, Salbeiblätter, Basilikum, Balsamicoessig

Die Zucchini waschen, längs durchschneiden und aushöhlen. Das Wurzelgemüse waschen und fein würfeln.

Das faschierte Kalbfleisch mit dem Wurzelgemüse kurz anschwitzen und mit Schafkäse vermengen, mit Kräutersalz und frischem Salbei würzen.

Die ausgehöhlten Zucchini mit Kräutersalz einreiben, füllen und im Backrohr bei 180 Grad 20 Minuten gratinieren.

Die Fleischtomaten würfeln, ebenso das Zucchinifleisch, Frühlingszwiebeln in Röllchen schneiden. Die Frühlingszwiebeln in etwas Öl anschwitzen, Tomatenwürfel und Zucchinifleisch zugeben, mit Kräutersalz und gehackten Kräutern verfeinern und mit etwas Balsamicoessig ablöschen.

Jeweils zwei gegarte Zucchini auf den Teller legen und das sautierte Gemüse rundherum anrichten.

Schweinefilet mit geschmortem Fenchel: 700 g Schweinefilet, Salz, schwarzer Pfeffer, 400 g Fenchelknollen, 2 EL Rapsöl, 3 EL Weißweinessig, 1/4 l Gemüsebrühe, 2 TL abgeriebene Orangenschale (ungespritzt), 40 g Walnusskerne; Dauer der Zubereitung: 45 Minuten

Den Backofen vorheizen. Das Schweinefilet von Sehnen befreien und mit Salz und Pfeffer würzen. Den Fenchel waschen. Die harten Stiele abschneiden und die Knollen längs vierteln. Das Öl in einer Bratpfanne erhitzen. Das Filet und den Fenchel darin rundum anbraten, mit Weißweinessig-Gemüsebrühe-Mischung ablöschen. Das Filet auf den Fenchel setzen und mit Orangenschalen bestreuen. Abgedeckt im Backofen bei 200 Grad (Mitte, Umluft 180°) 35 Minuten schmoren. Die Walnüsse grob hacken und über den Fenchel streuen. Sofort servieren.

Wer dick ist, wird leicht auch für dumm gehalten

Leider ist auch bei Kindern Übergewicht zunehmend ein Thema. Jedes vierte Kind hat Gewichtsprobleme. Dabei werden dicke Kinder nicht nur kranke Erwachsene – sie sind bereits in jungen Jahren massiv gesundheitsgefährdet, wie zahlreiche Studien belegen. Die Entwicklung generalisierter Gefäßschäden als Frühform einer Atherosklerose (Arterienverkalkung) ist ebenso Realität wie die Entwicklung von Altersdiabetes oder Gelenksschäden. Aber nicht nur körperliche Schäden sind bestätigt. In den USA haben Studien gezeigt, dass fettleibige Menschen von ihren Mitmenschen generell negativ eingeschätzt werden. Sie werden nicht nur für weniger attraktiv, sondern auch für weniger intelligent und weniger leistungsbereit gehalten.

Wie sieht heute die durchschnittliche Ernährung eines Fünfzehnjährigen aus?

Ein Beispiel aus unserem Beratungsalltag – ein 15-jähriger Bursche:

Frühstück: 2 Schüsseln Cornflakes *oder* 2 Vollkornweckerln
Vormittag: 1 Eiaufstrichsemmel, Wasser
Mittag: Chinakohl mit Garnelen und Polenta, 1 Sojapudding, 2 Glas Erdbeersaft *oder* 1 Cola *oder*
1 Cheeseburger TS, 1 mittlere Portion Pommes, 1 Softeis, 2 Mineral, 1 Schokosojapudding
Nachmittag: 1 Vollkornweckerl
Abend: 2 Schinken-Käse-Toasts mit Ketchup, 1 Erdbeersaft, 20 Zuckerln mit Vitaminen *oder* ein Ei *oder* 2 Frankfurter mit Linsen und Knödel, 1 Glas Wasser

Dieser junge Mann war deutlich übergewichtig und hatte Magenschmerzen. Gleichzeitig fühlte er sich in seiner Klasse nicht wohl. Er meinte, dass manche Mitschüler ihn nicht ernst nahmen. Eine Studie des Tübinger Sportsoziologen Prof. Ansgar Thiel konnte nachweisen, dass es tatsächlich häufig der Fall ist, dass Kinder und Jugendliche solche Vorurteile gegenüber übergewichtigen Altersgenossen hegen. Dieser Bursche machte sich um andere viele Sorgen, hatte unruhigen Schlaf, war antriebslos und bezeichnete sich selbst als faul. Er aß nicht wegen eines Hungergefühls, sondern aus Gusto. Als er zu uns kam, war sein Ziel abzunehmen und die Magenschmerzen in den Griff zu bekommen. Er wollte sich einfach wieder besser fühlen.

Sie denken sich jetzt vielleicht: „Da sind so viele Dinge, die nicht passen, da gibt es nur eine Radikalkur." Nein – völlig falsch. Jugendliche kann man nicht mit Verboten locken. Sie müssen das Gefühl haben, ernst genommen zu werden, zu verstehen, warum sie etwas machen sollen. Außerdem ist es ganz wichtig, dass sie das Gefühl haben, das Verlangte auch erreichen zu können – genau wie wir Erwachsene. Das heißt, das Um und Auf ist zu klären, was die Kinder und Jugendlichen selbst wollen. Die Botschaft ist klar: Weißt du, was du willst? Nicht deine Mama oder ich können das Projekt gewinnen, sondern *du* holst dir den „Pokal: sich wohler fühlen und weniger Gewicht", also musst auch *du* dazu bereit sein. Wir können dich dabei nur unterstützen.

Auch bei Jugendlichen gilt es, Etappenziele zu schaffen. Sinn machen Änderungen nur dann, wenn sie über einen längeren Zeitraum konsequent beibehalten werden. Die ersten wesentlichen Empfehlungen lauteten in unserem Fall:

1. Probiere so viele Obst- und Gemüsesorten wie möglich
2. Versuche neue Getränke zu finden
3. Gegessen wird nur an dem Platz, an dem du deine Hauptmahlzeiten einnimmst

Den 15-jährigen Burschen sahen wir nach drei Wochen, in denen er die vereinbarten Spielregeln befolgt hatte, wieder: Er hatte keine Bauchschmerzen mehr, außer wenn er in einem Fastfood-Restaurant aß. Da ihm dies schon selbst aufgefallen war, reduzierte er diese Besuche aus eigener Entscheidung deutlich. Er fühlte sich morgens munterer, in der Schule konzentrierter. Seine Mitschüler nahmen positiv wahr, dass er offensichtlich Gewicht verloren hatte. Er wusste selbst, dass er noch nicht am Ziel angelangt war, aber die erste große Hürde hatte er geschafft. Und nachdem er sich deutlich wohler fühlte und gar nicht mehr so großen Appetit hatte, konnten wir nun an den nächsten Schritten arbeiten. Der Erfolg zeigte sich auch nach weiteren drei Wochen: Uns stand nicht nur ein deutlich leichterer junger Mann mit mehr Agilität gegenüber, sondern auch jemand mit deutlich mehr

Selbstbewusstsein. Er hat es geschafft, konsequent zu bleiben und sein Ziel zu erreichen.

Erste Tipps – nicht nur für Jugendliche

1. *Probiere so viele Obst- und Gemüsesorten wie möglich aus* und entdecke, was dir dabei schmeckt. Bevor du zu einem Kipferl oder Naschereien greifst, entscheide dich lieber für ein Stück Obst oder Gemüse. Nimm dir Zeit zum Essen. Iss bewusst und überlege: Wie hat das Obst oder Gemüse geschmeckt? Süß, sauer, fruchtig, ...? Klassisches Süßes schmeckt meist nicht sehr vielfältig. Obst und Gemüse bieten diesbezüglich schon viel mehr. Versuche auch unterschiedliche Zubereitungsmethoden, z.B. klein geschnitten mit etwas Joghurt verrührt oder in etwas Olivenöl mit verschiedenen Gewürzen knackig gebraten. Koste ganz bewusst und sei offen für Neues.
2. *Versuche neue Getränke zu finden.* Probiere z.B. Tee mit ganz wenig Honig und einem Schuss Zitrone oder verdünne die verschiedensten Säfte mit 2/3 Wasser – heißem und kaltem. Vielleicht trinkst du dadurch mehr. Ein Glas Wasser zwischendurch ist toll. In einer Studie der Universität Bonn wurde nachgewiesen, dass auch Fruchtsäfte im Übermaß genossen Dickmacher sind. Eine Zunahme im Konsum zuckerhaltiger Getränke sowie von Fruchtsäften geht mit einem signifikant höheren Body-Mass-Index (BMI) einher. Generell ist eine langsame Steigerung der Trinkmenge um 1–2 Gläser zusätzlich pro Tag anzustreben. Eine Untersuchung der Universität Bonn zeigte, dass Jugendliche, die ihren Durst häufig mit Softdrinks löschen, im Schnitt weniger mineralhaltige – und damit weniger stabile – Knochen haben. Koffeinhaltige Softdrinks haben eine direkte Auswirkung auf den Knochenstoffwechsel. Cola, Apfelschorle oder Zitronenlimo sind indirekt genauso belastend, denn diese Jugendlichen nehmen im Schnitt

weniger Proteine (Eiweiß) mit der Nahrung zu sich. Proteine sind bei einer ausgewogenen Ernährung wichtig für die Knochenentwicklung. In dieser Studie konnte jedoch kein spezifischer Zusammenhang zwischen Milchkonsum und Knochenmineralgehalt festgestellt werden.

3. *Gegessen wird nur an dem Platz, an dem du deine Hauptmahlzeiten einnimmst* – also nicht im Stehen, nicht neben dem Computer und nicht beim Fernsehen. Je mehr wir vom eigentlichen Essen abgelenkt werden, umso weniger nehmen wir ein Sättigungsgefühl wahr. Die Folge ist, dass wir einfach mehr essen.

Energiedichte der Lebensmittel – oft unterschätzt

Oft unterschätzen wir die Energiedichte unserer Lebensmittel gewaltig. Manche Dinge haben ganz viel Fett, andere um einiges weniger. Auch Zucker macht uns ein Problem. So sind zum Beispiel 20 Zuckerln mit Vitaminen knapp 9 dag Zucker – das sind 7 bis 8 Esslöffel Zucker. In der Tabelle auf der nächsten Seite ist jene Menge eines Lebensmittels angegeben, die 100 kcal enthält. Dabei ist offensichtlich, dass die Mengen sehr stark variieren. Je kleiner die Menge, umso mehr Fett oder Zucker ist enthalten. So hat in etwa ein Apfel die gleiche Energiemenge wie eine halbe Banane oder zwei Scheiben Melone. 112 g Erdäpfel (eineinhalb mittelgroße Stücke) sind genauso energiereich wie 37 g Pommes frites oder 17 g Chips (eine halbe kleine Kinopackung).

Lebensmittel	Menge, die 100 kcal enthält
Obst & Gemüse	
Apfel	200 g
Orange	230 g
Erdbeeren	330 g
Banane	123 g
Melone	400 g
Gurke	770 g
Karotte	243 g
Paprika	416 g
Paradeiser	420 g
Erdäpfel	112 g
Fett- & Fleischwaren	
Butter	13 g
Öl	10 g
Speck	16 g
Schweinsschulter	33 g
Milchprodukte	
Camembert 60%	26 g
Joghurt 3,6%	163 g
Joghurt 1%	217 g
Brot & Beilagen	
Brot	110 g
Semmel	90 g
Germknödel	1/4
Pommes frites	37 g
Knabbereien & Süßspeisen	
Chips	17 g
Walnüsse	14 g
Mandeln	15 g
Rosinen	40 g
Zucker	25 g
Honig	30 g
Marmelade	35 g
Eis	50 g
Schokolade	19 g

Lebensmittel	Menge, die 100 kcal enthält
Zuckerl	3 Stk
Torte	1/4
Mannerschnitten	2 Stk
Getränke	
Kräutertee	
Kaffee schwarz	
Melange	2 Tassen
Milch	156 g
Kakao	104 g
Mineral	
Apfelsaft	210 g
Bier	200 g
Sekt	110 g
Wein	126 g
Schnaps	25 g
Whisky	42 g

Burger und Softeis

Was passiert, wenn dem Körper Kohlenhydrate und Fette gleichzeitig zugeführt werden? Parallel zur Verdauung der Fette werden die Kohlenhydrate (Polysaccharide) vom Körper in immer kleinere Moleküle aufgespalten, bis sie als Einfachzucker (Monosaccharide) vom Körper aufgenommen werden können. Werden statt komplexer Kohlenhydrate (Vollkornprodukte, Hülsenfrüchte, Obst, ...) Mono- und Disaccharide (weißes Mehl, weißer Zucker) dem Körper zugeführt, so findet die Aufnahme der Kohlenhydrate ins Blut wesentlich rascher statt. Die Aufnahme der Monosaccharide findet letztlich, genau wie die der Fettsäuren, im Dünndarm statt. Sie gelangen dort in den Blutkreislauf. Auf diesen Anstieg des Blutzuckerspiegels reagiert der Körper mit der Ausschüttung des Hormons Insulin. Insulin hat vereinfacht gesehen zwei Funktionen: Es regelt den Blutzuckerspiegel und schleust die Nährstoffe in die Zellen. Je größer der Anstieg des Blutzuckerspiegels, desto höher auch der anschließende Insulinausstoß. Wie viel Insulin freigesetzt wird, besagt der glykämische Index (GI) eines Nahrungsmittels. Je größer der glykämische Index, desto mehr Insulin wird produziert und freigesetzt. Dementsprechend wird auch die Nährstoffspeicherung in den Zellen gesteigert. Die Fettaufnahme wird dadurch um bis zu 60 Prozent erhöht.

Fette und Kohlenhydrate sind die wichtigsten Energiespender für unseren Körper. Kohlenhydrate sind leichter vom Körper als Energiequelle zu nutzen als Fette. Für die Verdauung bedeutet dies, dass bei gleichzeitiger Zufuhr von Kohlenhydraten und Fetten die Kohlenhydrate vorrangig zur Energiebereitstellung verwendet werden. Die Fette werden erst zur Energiegewinnung genutzt, wenn hierfür keine Kohlenhydrate mehr vorhanden sind. Die überschüssigen Nährstoffe, gleich ob Fette oder Kohlenhydrate, werden in den Fettdepots gespeichert. Führt man dem Körper mehr Kalorien zu, als er benötigt (positive Energiebilanz), dann baut man langfristig Körperfett auf. Hierbei ist die Art der zugeführten Nährstoffe nicht entscheidend. Nimmt man zu viele Kohlenhydrate zu sich, dann baut man genauso Körperfett auf, wie wenn man zu viel Fett konsumiert, da auch Kohlenhydrate in Fette umgewandelt werden können. Da die Kohlenhydrate den Insulinspiegel in die Höhe treiben, können die gesättigten Fettsäuren besonders leicht in die Fettdepots eingelagert werden. Daher ist die gleichzeitige Zufuhr von Kohlenhydraten mit hohem glykämischen Index und gesättigten Fettsäuren der „Worst Case“ für das Abnehmen. Dies sind aber genau jene Kombinationen, die gerade bei Junk-Food und den typischen Dickmachern, wie Pizza oder Malakoff-Torte, vorliegen. Genau denselben Effekt hat man übrigens auch bei der Kombination von Fett mit sogenannten „schnellen“ Kohlenhydraten“, zum Beispiel Nudeln mit Rahmsauce.

Führt man dem Körper weniger Energie zu, als er benötigt (negative Energiebilanz), so baut man Körperfett ab, da das Depotfett zur Energieversorgung des Körpers herangezogen wird.

Bewegung ist daher ein ganz wesentlicher Regulator unseres Körpergewichtes, aber auch unseres Wohlbefindens. Gerade bei Jugendlichen ist eine Sportart, die Spaß macht, wichtig. Es kann ruhig auch etwas sein, das man schon immer gerne gemacht hätte, aber nie getan hat, z.B. Boxen, Training in einem Fitness-Studio etc. Wichtig ist, dass wenigstens zwei bis drei Mal pro Woche eine Stunde anstelle von Fernsehen oder Computer steht. Dies kann wirklich helfen, so manche kleine Sünde zu kompensieren.

Die 10 häufigsten Irrtümer beim Abnehmen

1. In 4 Tagen 3 Kilo weniger

... ist wohl eine der irreführendsten Erwartungen beim Abnehmen überhaupt.

Falsch eingeübte Ernährungsgewohnheiten können nicht von heute auf morgen abgelegt werden. Nicht die Gewohnheiten machen den Menschen, sondern der Mensch macht die Gewohnheiten. Damit Sie alte Muster verändern können, brauchen Sie Zeit. Erst nach 5 bis 6 Wochen hat Ihr Körper ein neues Ernährungsverhalten erlernt, zum Festigen braucht es noch weitere sechs Wochen. Gehen Sie in zwei Stufen vor: Nehmen Sie sich zwei bis drei Dinge vor, die Sie ändern möchten, und halten Sie diese drei Wochen lang exakt ein. Danach wählen Sie die nächsten Punkte zur Veränderung, ohne die bereits erlernten Punkte zu vergessen. So schaffen Sie es leichter, sechs Wochen durchzuhalten. Danach kommt einfach der Gedanke: „Jetzt habe ich schon so viel hinbekommen, jetzt mache ich weiter." Außerdem nehmen Sie nach dieser Zeit bereits viele Vorteile Ihrer Umstellung wahr. Mehr Vitalität, mehr Lebensfreude, ...

2. Ich muss abnehmen

Dieser Ansatz missachtet, dass Zwang nur selten zum Ziel führt. Besser ist es, wenn Sie sich den Nutzen, den Sie durch das Abnehmen haben – gesteigerte Energie und Vitalität, mehr Selbstbewusstsein, weniger Gelenkschmerzen etc. – bewusst machen. Rufen Sie sich diese für Sie wichtigen Faktoren immer wieder ins Bewusstsein. So kann der Entschluss zum „Ich will abnehmen!" viel leichter kommen.

3. Täglich auf die Waage

Wer sich selbst permanent der Waagenkontrolle unterzieht, tut sich nichts Gutes. Sie nehmen an einem Tag weder ein Kilo ab noch ein Kilo zu. Unser Körpergewicht hat natürliche Schwankungen, die von verschiedensten Faktoren beeinflusst werden. Während der abnehmenden Mondphasen nehmen wir zum Beispiel leichter ab als bei zunehmendem Mond. Kleine Gewichtsschwankungen sind absolut normal. Deshalb ist es vollkommen ausreichend, einmal pro Woche auf die Waage zu steigen.

4. Nichts essen macht schlank

Viele versuchen, um weniger zu essen, eine Mahlzeit zu streichen. Meist ist es das Frühstück, welches wegfällt. Dabei vergessen wir, dass wir morgens wahrscheinlich schon seit acht Stunden nichts mehr zu uns genommen haben. Dennoch wollen wir von unserem Körper Leistung. Da Sie Ihr Auto wohl nicht ohne Treibstoff fahren würden, verlangen

Sie dies auch nicht von Ihrem Körper. Das Frühstück ist die wichtigste Mahlzeit des Tages. Es füllt Ihre Energiereserven auf und bildet die Grundlage für einen energiegeladenen Tag. Je nach Jahreszeit und Typ reicht das Frühstück von warmem Reis-Congee bis hin zu Müsli oder einfach einem Stück Brot mit Topfenaufstrich. Der gesunden Abwechslung sind hier keine Grenzen gesetzt.

5. Ich darf noch nicht essen

Sie haben gerade einen anstrengenden Tag und der Hunger kommt, aber Sie wollen abnehmen und essen nichts – bis der Magen knurrt. Dann reicht es und Sie langen zu. Das bringt Sie jedoch nicht weiter! Natürlich greift der Körper am besten auf seine Fettreserven zu, wenn zwischen den Mahlzeiten ein Abstand von vier bis fünf Stunden liegt. Doch in Zeiten erhöhter geistiger Beanspruchung sollten Sie auf Ihren Körper hören. Das Gehirn braucht einen konstanten Blutzuckerspiegel, da es keine Energie speichern kann. Sinkt der Blutzuckerspiegel unter einen gewissen Wert, so steigt unser Appetit und Heißhunger auf Süßes. Also essen Sie lieber eine Handvoll Studentenfutter bei Gusto auf Süßes oder ein Stück Obst, als den Hunger kurzfristig zu verdrängen und irgendwann doch zur Schokolade zu greifen oder bei der Hauptmahlzeit hemmungslos in sich hineinzustopfen.

6. Sünden verboten

Wie oft kommt es vor, dass Sie Gusto auf die eine oder andere Leckerei haben und sich denken „ich darf ja nicht"? Tagelang halten Sie durch, aber dann am Wochenende zu Hause geht es einfach nicht mehr. Mit schlechtem Gewissen greifen Sie zu. Und weil der Verzicht so lange war, ist es nicht ein Stück Schokolade, sondern gleich eine ganze Packung. Verbieten Sie sich auf keinen Fall einzelne Lebensmittel. Sie denken sonst den ganzen Tag nur noch an dieses eine Lebensmittel und wie arm Sie sind, da Sie ja gerade das nicht essen dürfen. Das erschwert Ihnen das Durchhalten extrem. Daher muss die eine oder andere kleine Sünde erlaubt sein – die Woche hat schließlich sieben Tage. Und wenn Sie sich ein- oder zweimal einen kleinen Genuss gönnen, artet das nicht gleich zur Katastrophe aus. Allerdings – setzen Sie sich dazu hin und genießen Sie bewusst! Essen Sie Ihren Kuchen oder was immer Ihnen ein Bedürfnis ist, mit dem Gedanken „das gönne ich mir jetzt, aber dann ist wieder eine Zeit lang Schluss". Nicht mit schlechtem Gewissen hineinstopfen, sondern mit Genuss langsam und bewusst essen und anschließend ein zufriedenes Gefühl haben – lautet das Geheimnis.

7. Keine Zeit, um in Ruhe zu essen

Lassen Sie sich Zeit beim Essen, genießen Sie Ihre Mahlzeiten und kauen Sie jeden Bissen gründlich. Nehmen Sie Ihre Mahlzeit und deren Geschmack bewusst wahr. Wie oft passiert es, dass Sie am Abend gar nicht mehr wissen, was Sie tagsüber gegessen haben? Speisen Sie im Sitzen und gönnen Sie Ihrem Körper ein paar Minuten der Regeneration. Zwischendurch die Batterien aufzuladen, tut gut und ermöglicht auch, dass Sie Ihre Tätigkeiten mit Energie und Freude machen. Legen Sie zwei Plätze fest, an denen Sie essen, und sonst nirgends – nicht im Stehen, nicht im Auto, nicht vor dem Fernseher. Essen ist Genuss, besonders dann, wenn Sie ihn auch wahrnehmen!

8. Abnehmen mit Säften

Viel trinken ist wichtig, täglich 1,5 bis 2 Liter sollten es schon sein. Und so reich Obst- und Gemüsesäfte an Vitalstoffen auch sind, so haben Sie doch reichlich Fruchtzucker. 100 ml Apfelsaft zum Beispiel haben 48 kcal. Trinken Sie 1 l davon, so haben Sie schon fast eine Mahlzeit eingenommen, ohne davon satt zu sein. Also, wenn Saft, dann in verdünnter Form im Verhältnis eins zu zwei mit Wasser gespritzt. Achten Sie auch auf Alkohol – der hat es wirklich in sich! An manchen Abenden will man kein Gesellschaftsmuffel sein. Wenn schon ein Gläschen, dann gespritzt oder Sie trinken ein Glas Wasser zum Wein.

9. Light-Produkte unterstützen das Abnehmen

Ganz klar ist, dass weniger Fett und weniger Zucker beim Abnehmen von Vorteil sind. Die klassischen Light-Produkte sind dabei jedoch nicht nur verleitend, sondern auch irreführend. Einerseits ändern Sie dadurch Ihr Ernährungsverhalten nicht, andererseits werden wegen mangelnder Geschmacksträger Aroma und Geschmacksverstärker zugesetzt, welche das Sättigungsgefühl bremsen. Daher gilt es, die Fett- und Zuckeraufnahme über das Bewusstsein zu steuern sowie durch den Genuss eines höheren Gemüseanteils.

10. Margarine ist besser als Butter

Das Reduzieren gesättigter Fettsäuren, wie sie vor allem in tierischen Lebensmitteln wie Fleisch, Wurst, Käse, Frittiertem, aber auch in Schlagobers und zu viel Butter stecken, ist sicher sinnvoll. Allerdings bilden künstlich veränderte Fette sogenannte „Trans-Fettsäuren“, welche Herzerkrankungen begünstigen. Die veränderten Fette entstehen durch chemische Härtung oder Kochprozesse, bei denen Fett besonders stark erhitzt wird (zum Beispiel Frittieren). Wir finden sie als „versteckte Fette“ in Fertigprodukten, Gebäck und Weißbrot sowie in Margarine. Daher gilt: besser dünn Butter aufs Brot streichen (sodass gerade die Poren verschmiert sind) als dick Margarine.

Fructose- und Lactoseunverträglichkeit, die Lösung so manch offener Frage?

Unlängst besuchte eine Frau unsere Sprechstunde, die über eine Zeitspanne von zwei Jahren immer wieder wegen ihres Druckgefühls im Oberbauch und Blähungen durchuntersucht wurde. Im Erstgespräch erzählte sie, dass alles mit einem banalen Völlegefühl begonnen hatte. Zunehmend litt sie auch unter krampfartigen Bauchschmerzen und Energielosigkeit. Zu Beginn ihrer Untersuchungsserie wurden Magen- und Gallenprobleme ausgeschlossen. Nachdem der Stuhl manchmal schwarz war, wurde auch eine Darmspiegelung (Koloskopie) gemacht. Sie selbst hatte zuletzt penibel mitgeschrieben, was sie aß. Am schlimmsten war ihr Zustand nach dem Verzehr von Käse und Obst. Oft waren jedoch weder Milch noch Obst am Teller und sie hatte dennoch Schmerzen. Ein Test zur Abklärung einer Lactose- und Fructoseunverträglichkeit brachte nach zwei Jahren die Lösung: Fructose- und Lactoseintoleranz.

Ein typischer Leidensweg?

Dabei leiden immerhin rund 20–30% der Bevölkerung an einer solchen Unverträglichkeit. Studien des University College London (UCL) und der Johannes Gutenberg-Universität Mainz zeigen, dass die Milch-Verträglichkeit vor etwa 7500 Jahren im Gebiet des heutigen Ungarn, Österreich oder der Slowakei aufgekommen ist und sich in der gesamten mittel- und nordeuropäischen Bevölkerung verbreitet hatte. Heute liegt die Milch-Verträglichkeit unter Erwachsenen in Mitteleuropa bei durchschnittlich 60 Prozent, unter Nordeuropäern in Skandinavien und Irland bei rund 90 Prozent, im Vergleich zu nur 20 Prozent in Südeuropa und einer nahezu kompletten Milch-Unverträglichkeit in den meisten anderen Regionen der Welt. Im Unterschied zu einer Allergie bedeutet eine Intoleranz, dass einzelne Bestandteile bestimmter Nahrungsmittel vom Körper nicht richtig verarbeitet und aufgenommen werden können. Dadurch kommt es zu Schmerzen ... Bei einer Allergie erkennt das Immunsystem bestimmte Lebensmittel(gruppen) als fremd. Die Symptome der Allergie beruhen dann darauf, dass es zu einer sogenannten Antigen-Antikörperreaktion kommt, welche z. B. Hautjucken, asthmatische Beschwerden bis hin zu Erstickungsanfällen auslösen kann.

Die Fähigkeit, den Milchzucker Lactose zu spalten, verliert sich normalerweise nach der Säuglingszeit. Dann geht die Bildung des Enzyms Lactase, das den Milchzucker in verwertbare Zuckerarten aufteilt, zurück. Reine Milch kann dann kaum noch verdaut werden, sondern muss durch spezielle Prozesse wie Käse- oder Joghurtherstellung verträglicher gemacht werden. Die im Dünndarm nicht aufgenommene Lactose erreicht den Dickdarm und wird dort durch die bakterielle Flora abgebaut. Wie viel Lactase eine Person im Erwachsenenalter bildet, ist sehr unterschiedlich. Dementsprechend können keine, geringe oder sehr heftige Symptome auftreten. Die Symptome reichen von Bauchschmerzen und Koliken, über Völlegefühl, Blähungen, Durchfall, Darmgeräusche bis hin zu Übelkeit und Erbrechen.

In Abhängigkeit davon, wie viel Spaltungsferment erzeugt wird, werden Milchprodukten in unterschiedlicher Menge teilweise oder gar nicht toleriert. Je nach Schweregrad der Lactoseintoleranz treten Beschwerden oft erst bei Lactosemengen von über 10 g auf. Nur selten kommt es bereits bei sehr geringen Lactosemengen (unter 3 g) zu Unverträglichkeitsreaktionen, sodass Lebensmittel mit geringen Milchzuckermengen und in kleiner Menge verzehrt meist ohne Probleme vertragen werden. (Zu den Mengenangaben beachten Sie bitte auch die Tabellen im Anhang.) Bei schwerem Lactasemangel kann nur dann Symptomfreiheit erzielt werden, wenn absolut lactosefreie Produkte gewählt werden.

In Deutschland sind immerhin etwa 13–14% der Bevölkerung, in Österreich etwa 20% der Bevölkerung lactoseintolerant, wobei die Zahl der Lactasedefizienten durch den steigenden Anteil von Zuwanderern aus dem Mittelmeerraum ständig zunimmt. Im Mittelmeerraum beträgt der Bevölkerungsanteil mit Lactoseintoleranz etwa 70%. Ganz wesentlich ist, dass bei etwa 75% der Lactoseintoleranten auch eine Fructoseintoleranz besteht.

Dennoch enthalten viele industriell gefertigte Lebensmittel viel mehr Lactose, als uns bewusst ist.

Lactoseintoleranz – ist Milch gesund?

Unter einer Lactoseintoleranz versteht man eine Milchzuckerunverträglichkeit, bei der ein Bestandteil der Milch, die Lactose (= Milchzucker), körperliche Probleme hervorruft.

Das Verdauungsenzym Lactase ist notwendig, um den Milchzucker in seine Einzelbestandteile (Glucose und Galactose) zu spalten, die dann in das Blut aufgenommen werden können. Bei Lactasemangel besteht daher die Therapie in der Reduzierung bzw. Meidung des Verzehrs von Milch und Milchprodukten.

Beschwerden treten meist erst bei Lactosemengen von über 10 g auf. Bei einer natürlichen vollwertigen Ernährung gibt es dabei relativ wenige Probleme. In industriell gefertigter Nahrung ist Lactose jedoch – zumeist versteckt – relativ stark verbreitet. Nur selten kommt es bereits bei sehr geringen Lactosemengen (unter 3 g) zu Unverträglichkeitsreaktionen.

Zeitpunkt und Art der Einnahme von lactosehältigen Nahrungsmitteln kann Einfluss auf die individuelle Verträglichkeit haben. Meist werden lactosehältige Speisen sehr viel besser vertragen, wenn sie gemeinsam mit anderen Lebensmitteln verzehrt oder über den Tag verteilt werden.

Durch gemeinsam mit der Lactose verzehrte, schlecht verträgliche Nahrungsinhaltstoffe, wie z.B. Fructose, Fett, ... können die Symptome verstärkt werden.

Generell werden die angeborene Lactoseintoleranz (bereits der Säugling kann den Milchzucker nicht verwerten – auch nicht Muttermilch), die erworbene Lactoseintoleranz (im Erwachsenenalter wird zu wenig milchzuckerspaltendes Enzym gebildet) und die sekundäre Lactoseintoleranz (als Begleiterkrankung bei Zöliakie, Morbus Crohn, Colitis ulcerosa, aber auch Magen-Darm-Operationen) unterschieden.

Eine Lactoseintoleranz ist anhand eines Wasserstoffatemtests relativ einfach feststellbar.

Fructoseintoleranz – Obst ist doch gesund?

Etwa 75 Prozent jener Menschen, die unter einer Lactoseintoleranz leiden, haben auch eine Fructosemalabsorption – das ist ein Enzymdefekt im Dünndarm. Fructose oder Fruchtzucker ist ein Monosaccharid (= Einfachzucker), der natürlich vor allem in Früchten, Rüben- und Rohzucker enthalten ist. Seit der Kubakrise 1962 wird Fructose im breiten Stil industriell gefertigt. Da Fructose ein sehr billiger Rohstoff ist, wird er heute in vielen industriellen Lebensmittelprodukten (Soft-Drinks, z.B. Cola, Diabetiker-Produkte, zuckerreduzierte Marmeladen, zuckerfreier Kaugummi und Bonbons, Müsliriegel, Wellness- und Diätgetränke, ...) verwendet.

Bei der Fructoseintoleranz besteht eine unzureichende Aufnahmefähigkeit des Dünndarmes für Fruchtzucker (Fructose). Sie äußert sich ebenso wie die Lactoseintoleranz durch Blähungen, Völlegefühl, Krämpfe, Durchfall – hier jedoch nicht nach dem Genuss von Milch, sondern nach einem Stück Obst oder einem Glas Fruchtsaft, einem Kuchen oder Eis. Bis zur Erleichterung der Beschwerden dauert es einige Stunden.

Saccharose, oder auch Haushalts-, Rohr- oder Rübenzucker genannt, ist ein Zweifachzucker, der aus Glucose (Traubenzucker) und Fructose (Fruchtzucker) besteht. Wird Saccharose gespalten, entstehen freie Fructose und freie Glucose zu gleichen Teilen. Die Fructose kann in Begleitung der Glucose gut aufgenommen werden, da die Glucose die Restaktivität des Fructosetransporters stimuliert.

Bei der Fructoseunverträglichkeit („Fructoseintoleranz“) lassen sich drei verschiedene Störungen unterscheiden, denen eines gemeinsam ist: Fructose (Fruchtzucker) wird nicht oder nur schlecht vertragen.

Die Fructoseintoleranz ist ebenso wie die Lactoseintoleranz keine Allergie. Daher sind die Symptome zwar unangenehm und belastend, aber selten akut lebensbedrohend. Abhängig von der Ausprägung der Fructoseintoleranz können mitunter noch bedeutende Mengen Fructose gut vertragen werden. Während Erwachsene ohne Fructoseintoleranz 30 g Fructose oder mehr gut vertragen, können 10 g oder 5 g bei der Fructoseintoleranz zu Bauchschmerzen führen. (Als Anhaltspunkte für übliche Gebrauchsmengen verschiedener Nahrungsmittel beachten Sie bitte auch die Listen im Anhang.) Sehr empfindliche Menschen haben bereits bei einer Menge von 1 g Fructose oder weniger deutliche Beschwerden.

Der Begriff *Fructoseintoleranz* umfasst drei Störungen des Fructosestoffwechsels:

1. Fructosämie/Fructosurie
Ursache für diese Störung ist ein Enzymmangel oder -defekt. Funktioniert das Enzym Fructokinase nicht richtig oder besteht ein Mangel an Fructokinase, wird Fructose *nicht entsprechend in die Zellen aufgenommen* und häuft sich im Blut an. Das nennt man Fructosämie. Die Fructose wird mit dem Harn ausgeschieden. Dies wird als Fructosurie bezeichnet. Diese Störung tritt bei etwa einem von 50.000 Menschen auf und ist *normalerweise nicht behandlungsbedürftig*. Meistens wird sie nur zufällig festgestellt.

2. Hereditäre Fructoseintoleranz
Hier liegt als Ursache ein genetischer Defekt vor. Bei der hereditären Fructoseintoleranz handelt es sich um eine erbliche Stoffwechselerkrankung. Durch den genetischen Defekt be-

steht bei den Betroffenen ein Mangel bzw. ein Aktivitätsverlust des Enzyms Fructose-1-Phosphat-Aldolase B. So kommt es zu einer Anreicherung von Fructose-1-Phosphat in der Darmwand, der Leber und den Nieren.

Symptome dieser Form der Fructoseintoleranz sind unter anderem:

- Übelkeit, Erbrechen, Zittern
- Vergrößerung der Leber mit späterem Übergang in Zirrhose
- Eiweißausscheidung über die Nieren (Proteinurie)

Diese Störung tritt bei einem von 20.000 Neugeborenen auf. Die ersten Symptome treten meistens in den ersten Lebensmonaten auf, wenn ein Säugling durch Zufüttern von Beikost das erste Mal mit fructosehaltiger Nahrung Kontakt hat, z.B. mit Früchten, Gemüse, Säften, Honig. Bei frühzeitiger, konsequenter Ernährungstherapie können Schäden an Niere und Leber wieder rückgängig gemacht werden. Bei der *hereditären Fructoseintoleranz* muss man sofort alle Fructosehaltigen Nahrungsmittel aus der Ernährung des Säuglings entfernen und auch völlig auf Obst und Gemüse verzichten, um schwerwiegende Schäden zu vermeiden! Allerdings müssen Vitamine künstlich zugeführt werden. Mit zunehmendem Alter kann es zu einer leichten Erhöhung der Toleranz kommen. Dann kann unter Umständen etwas Fructose mit der Nahrung aufgenommen werden. Hier sollten Sie auf die Empfehlungen Ihres Arztes hören.

3. Intestinale Fructoseintoleranz

Die Fructosemalabsorption ist durch eine unzureichende Aufnahme der Fructose aus dem Dünndarm charakterisiert. Die Fructose aus der Nahrung wird normalerweise mit Hilfe von bestimmten Enzymen durch die Dünndarmwand transportiert und gelangt ins Blut. Ist das Transportprotein GLUT-5 nicht ausreichend vorhanden, so wird die Fructose nur unzureichend über den Dünndarm aufgenommen. Die verbleibende Fructose wird später im Dickdarm mit Hilfe von Bakterien abgebaut. Dadurch kommt es zu einer vermehrten Gasproduktion, Blähungen, Darmgeräuschen, wässrigen Durchfällen und/oder Verstopfung.

Sorbit(ol) ist ein Zuckeralkohol, der oft als Süßungsmittel oder Zuckeraustauschstoff verwendet wird und den GLUT-5-Transport erschwert. Der gleichzeitige Verzehr von Glucose hingegen verbessert die Transportkapazität für Fructose über GLUT-5. Die Fructosemalabsorption kann vorübergehend und auch lebenslang zu Beschwerden führen. Sie ist oft erworben, kann aber auch angeboren sein. Die erworbene Störung kann durch chronische Belastungen, z.B. durch langfristige falsche Ernährung, Umweltbelastungen und -gifte, Dauerstress, langfristige Einnahme von Medikamenten, verursacht werden.

Die häufigste dieser Störungen, die angeborene Fructoseintoleranz, wirkt sich negativ auf die Leber- und die Nierenfunktion aus. Bei Nichtbehandlung beziehungsweise bei andauernder Aufnahme von Fructose kann es zu einer Vergrößerung der Leber, zu Wachstumsstörungen, Erbrechen, Leberzirrhose, Blutungen und Krämpfen kommen. Eine unbehandelte Fructoseintoleranz kann sogar zum Tod führen. Bei frühzeitiger und konsequenter Ernährungstherapie können die Schäden an Niere und Leber wieder rückgängig gemacht werden.

Etwa 30% der europäischen Bevölkerung bauen Fruchtzucker unvollständig ab. Allerdings kommt es nicht bei allen zu Problemen.

Wie stellen Sie fest, ob Sie unter Fructoseintoleranz leiden?

Zur Diagnose der Fructoseintoleranz bieten sich zwei Tests an, die erst in den letzten zehn Jahren entwickelt wurden:

1. *Der Fructoseintoleranz-Test:* Statt des Frühstücks wird eine größere Menge Fructose (30 g oder mehr) in einem

Glas Wasser verabreicht. Bei einer stündlichen Blutzuckermessung müsste nach der Fructosezufuhr ein Anstieg des Blutzuckerspiegels erfolgen. Ist dies nicht in ausreichendem Maße der Fall, deutet dies darauf hin, dass der Fruchtzucker nicht aufgenommen wird. Dieser Verdacht wird bestätigt, wenn nach der Fructose die bekannten Symptome (z.B. Blähungen, Durchfall) in starkem Maße auftreten.

2. *Der Wasserstoffatemtest (H2-Atemtest):* Genauer als der erste Test ist der Wasserstoffatemtest. Bei ihm wird nach der Aufnahme einer größeren Menge Fructose statt der Blutzuckermessung stündlich eine Atemprobe auf die Konzentration an Wasserstoff überprüft. Bakterien, die im Dickdarm Fructose verstoffwechseln, produzieren dabei – quasi als Abgase – Wasserstoff. Der Wasserstoff wird von der Darmschleimhaut aufgenommen und über der Lunge ausgeatmet. Wenn eine bestimmte Wasserstoffschwelle in der Atemluft überschritten wird, gilt die Fructoseintoleranz als gesichert.

Erste Schritte nach der Diagnose

Bei der Nahrungsmittelunverträglichkeit lässt sich durch eine entsprechende Ernährung – Ausschluss oder Reduktion von Lactose und/oder Fructose) – in den meisten Fällen ein weitgehend beschwerdefreier Verlauf erreichen.

In leichten Fällen wird man möglicherweise nur die reine Milch aus dem täglichen Speiseplan entfernen müssen, bei hochgradiger Lactoseintoleranz muss der Lactosegehalt der einzelnen Lebensmittel berücksichtigt werden und im Extremfall müssen alle Produkte weggelassen werden, die auch nur in geringsten Mengen Milchzucker enthalten. (Beachten Sie bitte auch die Rezepte im Anhang.)

Bei 100%iger *Lactoseintoleranz* sind Milchprodukte bis auf Hartkäse zu meiden. Alternativ sind lactosefreie Milch, Sojamilch, Hafermilch und Reismilch, ebenso Kokosmilch möglich.

Bei der *Fructoseintoleranz* sind die Schwellen, der individuellen Verträglichkeit sehr unterschiedlich. Während der Erwachsene ohne Fructoseintoleranz 30 g täglich oder mehr gut vertragen kann, führt diese Menge bei der Fructoseintoleranz zu besagter Symptomatik. Die Schwelle kann bei 10 g liegen oder auch schon bei 5 g pro Tag. Sehr Empfindliche bemerken bereits bei einer Menge von 1 g oder weniger deutliche Beschwerden. Ein konsequenter Speiseplan ist hier sehr wichtig – deshalb haben wir hier für Sie eine kleine Auswahl an Rezepten zusammengestellt. Die Rezepte sind so zusammengestellt, dass sie lactosefrei sind und nur geringe Mengen Fructose enthalten. Das heißt, Sie sollten sie gut vertragen.

Achtung bei Brot: Dieses sollte wirklich in sehr guter Qualität ohne Verwendung von Zusätzen erzeugt werden (z.B. Bäckerei Gradwohl). Bei Brot aus dem Supermarkt ist dies leider meist nicht gegeben.

Die Rückführungsdiät bei Lactose-/Fructoseintoleranz erfolgt üblicherweise in drei Phasen:

Die erste, die *Karenzphase,* erstreckt sich über einen Zeitraum von ca. drei Wochen und dient Ihrer Erholung. Die Nahrung soll während dieser Zeit streng lactosefrei/fructosearm und möglichst frei von Sorbit (Süßungsmittel bei Fertignahrungsmitteln) sein. Dadurch klingen die Beschwerden meist rasch ab und die Darmflora kann sich regenerieren. Der Ballaststoff Inulin, ein unverdauliches Polysaccharid (Mehrfachzucker), sollte gemieden werden, da er die Beschwerden verstärken kann. Inulin wird als präbiotischer Ballaststoff gerne verschiedenen Joghurts zugesetzt. Ebenso sollten Sie sämtliche Zuckeraustauschstoffe wie Isomalt, Maltit, Mannit, Sorbit und Xylit (z.B. zuckerfreie Kaugummis etc.) meiden. Diese können schon bei Gesunden explosionsartigen Stuhlgang und viele Blähungen verursachen.

Nach dem Abklingen der Symptome schließt sich die zweite Behandlungsphase, die *Testphase,* an: Nun sollen Sie Ihre persönliche Lactose-/Fructosetoleranzgrenze finden. Dafür steigern Sie die zugeführte Lactose-/Fructosemenge nach und nach. Testen Sie zunächst aber nur milchzucker-/

fruchtzuckerarme Lebensmittel. (Siehe hierzu die Listen im Anhang.) Je nach Verträglichkeit und eventuell erneutem Auftreten der Beschwerden dauert die Testphase mehr oder weniger lang, meist aber nochmals drei bis sechs Wochen. Nahrungsmittelintoleranzen können zudem durch Stress und hormonelle Zyklen individuell schwanken.

Auf die Testphase folgt die dritte Phase, der *Ernährungsalltag*. Sie hat zum Ziel, eine möglichst andauernde Beschwerdefreiheit zu erreichen. Das heißt, Sie sollten weiterhin einen bewussten Umgang mit lactose-/fructosehältigen Nahrungsmitteln pflegen, können allerdings unter Berücksichtigung Ihres persönlich festgestellten Grenzwertes wieder ein recht normales Leben führen. Die gleichzeitige Anwesenheit von Glucose (Traubenzucker) in einem Lebensmittel scheint sich günstig auf die Resorption der Fructose auszuwirken.

Vielleicht fragen Sie sich nun: „Warum das Ganze? Wozu dieser aufwändige Prozess?"

Wir vergleichen dies so: Wie bei einem Kind, welches die ganzen Ferien über nichts gelernt hat und meint, alles wieder vergessen zu haben, müssen Sie am Anfang wiederholen – das Alphabet, die einzelnen Wörter, bis hin zu den ganzen Sätzen. Ähnlich geht es Ihrem Verdauungstrakt, der vorerst ganz einfach gestrickte Rezepte vertragen muss. Je mehr er sich wieder stabilisiert, umso mehr können Sie auch wieder zu einer relativ normalen, auf seine Kapazitäten angepassten Ernährung finden. Die ersten Erfolge sehen Sie nach 14 Tagen bis 3 Wochen. Die nächste Stufe erreichen Sie nach ca. 3 Monaten und nach 6 Monaten sollten Sie schon wieder Freude am bewussten Essen haben. Ein relativ kurze Zeitspanne also, die sich für Sie sicher lohnt!

Lactose in unserer Nahrung – nicht so einfach zu vermeiden

Ein gesunder Erwachsener nimmt pro Tag ca. 20–30 g Lactose zu sich. Von einer lactosefreien Kost spricht man bei einem Lactosekonsum von max. 1 g Lactose pro Tag, bei einer lactosearmen Kost von max. 8–10 g Lactose pro Tag.

Lactosefreie Lebensmittel

Alle Lebensmittel, die keinerlei Milch und Milchprodukte enthalten, sind lactosefrei: Früchte, Obst, Gemüse und deren Säfte, sämtliche Getreide- und Mehlsorten, Mais, Reis, Erdäpfel, Fleisch, Geflügel, Fisch, Schalentiere, Nüsse, Ei, Marmelade, Honig, alle Pflanzenöle, milchfreie Margarine, milchfreie Getränke wie Wasser, Kaffee, Tee, Sojagetränke, Verdünnungssirupe, ...

Streng lactosearme („lactosefreie") Kost (max. 1,0 g Lactose/Tag) bedeutet, dass alle jene Nahrungsmittel, die Lactose auch nur in geringer Menge oder in Spuren enthalten, zu meiden sind. Verborgene Lactosequellen müssen weitest möglich erfasst und ausgeschaltet werden. Eine besondere Herausforderung ist dies bei kommerziellen Fertigprodukten aller Art.

Für lactosefreies Brot können Sie Honig, Marmelade und Gelee, Nussmus, Pflaumenmus oder pikantes Apfel-Rüben-Kraut, Avocados, Bananenscheiben, Basilikum in Olivenöl, Gurken, Kräutersalz, selbst gemachte Rinderbratenscheiben, Sardellenpaste, Schnittlauch, Ei, Tofupasteten, Tomaten oder Zwiebeln (roh oder gebraten) als Belag verwenden.

Alle Puddingpulver im Naturkosthandel und Reformhaus unterliegen der Volldeklaration. Die meisten enthalten keine Milchanteile.

Lebensmittel mit Lactose

Alle Milchprodukte enthalten Lactose und Milchsäure: Milch, Butter, Käse, Joghurt, Quark, Kefir, Sahne. Obwohl Sauermilchprodukte (Joghurt, Buttermilch) relativ große Mengen Milchzucker enthalten, werden sie häufig gut vertragen, da die Milchsäurebakterien größere Mengen Milchzucker im Darm abbauen. Ähnliches gilt für die Verträglichkeit vieler Käsesorten, da der Milchzucker bei der Käseherstellung durch Fermentation weitgehend abgebaut wird. Sauerrahm, Crème fraîche, Schlagobers sind in kleinen Mengen meist gut verträglich, ebenso kleine Portionen Topfen, Hüttenkäse und Frischkäse.

Lactosearme Milchprodukte – fast lactosefrei (unter 1 g Lactose/100 g)

Praktisch lactosefrei (d.h. weniger als 0,1 g Lactose auf 100 g Nahrungsmittel) sind Butter und folgende lang gereifte Käsesorten: typischer Emmentaler, Bergkäse, Parmesan, Edamer, Gouda, Tilsiter, Jerome, Brie, Camembert, Schimmelkäse, Romadour, Schafkäse und Mozzarella.

Wichtig ist es, die Zubereitung von Speisen zu kennen. Durch die Verarbeitungsprozesse verbleibt ein Großteil des Milchzuckers in der Buttermilch bzw. in der Molke zurück. Beim Käse wird der verbleibende Milchzucker großteils während des Reifeprozesses abgebaut. Bei der Zubereitung von Fleisch und Fisch muss auf eine schlagobers-/milchfreie Zubereitung geachtet werden. Gleiches gilt für die Erzeugung von Wurstwaren, Margarine, Brot- und Gebäcksorten sowie Süßwaren.

Schafmilch, Ziegenmilch oder Stutenmilch enthalten annähernd gleich viel Milchzucker wie Kuhmilch und sind deshalb nicht als Ersatz geeignet! Häufig besteht jedoch nur eine Unverträglichkeit gegen Kuhmilch. Reaktionen auf Schaf-, Ziegen- oder Stutenmilch müssen daher individuell getestet werden. Ersatz für Kuhmilch sind lactosefreie Milch (schmeckt deutlich süßer), Sojatrunk, Reisdrink, Mandelmilch, Sojajoghurt, Sojadessert.

Für Säuglinge ist ein vorbeugender Ersatz von Kuhmilchprodukten durch Sojamilch nicht empfehlenswert. Soja enthält pflanzliche Isoflavone und Phytoestrogene, die den weiblichen Hormonen ähnliche Wirkungen haben. Isoflavone sind in Säuglingsnahrung aus Sojaeiweiß in relativ hohen Mengen enthalten. Diese können bei entsprechender Ernährung auch im Blut des Säuglings nachgewiesen werden. Neben Isoflavonen kann Sojanahrung auch Phytate enthalten. Diese natürlichen Pflanzeninhaltsstoffe können die Aufnahme von Mineralstoffen und Spurenelementen beeinflussen. Wie sich die erhöhte Zufuhr an Isoflavonen bei Säuglingen insbesondere auf die Entwicklung der Fortpflanzungsorgane auswirkt, ist nicht endgültig geklärt. In Untersuchungen an Tieren gab es Hinweise, dass sich eine hohe Isoflavon-Zufuhr auf die Entwicklung der Fortpflanzungsorgane, auf das Immunsystem und die Schilddrüse auswirkt. Diese Ergebnisse lassen sich allerdings nicht ohne Weiteres auf den Menschen übertragen. Außerdem ist in den letzten zwanzig Jahren im klinischen Alltag eine zunehmende Unverträglichkeit für Soja zu beobachten. Dies ist nicht verwunderlich, da unser Sojakonsum zuletzt gezielt durch Sojaprodukte und unbewusst durch den zunehmenden industriellen Einsatz von Soja als billigem Eiweiß in der Lebensmittelindustrie deutlich gestiegen ist.

Im Folgenden finden Sie eine Tabelle mit verschiedenen Käsesorten, die den Anteil von Lactose pro 100 Gramm des jeweiligen Nahrungsmittels zeigt.

Butter	0,6 g
Fetakäse (45% Fett)	0,5 g
Chesterkäse (50% Fett)	0,3 g
Ricotta	0,3 g
Camembert (45% Fett)	0,1 g
Rahmbrie (50% Fett)	0,1 g
Parmesan	0,06 g
Emmentaler, Tilsiter, Bergkäse, Pizzakäse, Alpenkäse, Bauernkäse, Edamer, Mozzarella, Gorgonzola, ...	0–0,1 g

Mittlerer Lactosegehalt von Lebensmitteln (1–4,5 g Lactose/100 g)

Bei dieser Gruppe kann es sehr große Unterschiede in der Verträglichkeit geben – abhängig von der individuellen Lactosetoleranz, der verzehrten Menge, aber auch vom Reifegrad gesäuerter Milchprodukte.

Topfen und Hüttenkäse und die meisten Frischkäsezubereitungen sind meist relativ gut verträglich, da bei ihrer Herstellung die Molke entfernt wurde und oft nur kleinere Mengen in Kombination mit anderen Lebensmitteln verzehrt werden (z.B. als Brotaufstrich). Achtung: Bei manchen Frischkäsezubereitungen wird Milchpulver zugesetzt, um die Cremigkeit zu erhöhen. Sauerrahm und Crème fraîche in kleinen Mengen verwendet (z.B. in Saucen) sind relativ gut verträglich. Joghurts, Butter- oder Sauermilch, Acidophilusmilch und Kefir können bei leichter Lactoseintoleranz in kleinen Mengen (z.B. ½ Becher) noch toleriert werden. In älteren, reiferen Joghurts ist der Milchzuckergehalt generell geringer. Sahne und Rahm enthalten im Vergleich zu Milch etwas geringere Mengen an Milchzucker. Durch das Fehlen von Milchsäurebakterien wird der Lactosegehalt aber nicht weiter abgebaut. In leichten Fällen von Lactoseintoleranz können kleine Mengen Sahne als Milchersatz verträglich sein (z.B. 1 TL Sahne im Kaffee oder 1/3 Sahne mit 2/3

Wasser verdünnt zum Kochen als Milchersatz (z.B. bei Palatschinken).

Lactosereiche Lebensmittel (über 4,5 g Lactose/100 g)

Milch, Molke, Kakao, Kondensmilch, Kaffeesahne sowie Mehl- und Süßspeisen, die mit Milch zubereitet werden (z.B. Milchreis, süße Aufläufe, Pudding), sind sehr milchzuckerreich. Nicht zu unterschätzen sind Fertigprodukte, die – hinter Bezeichnungen wie Molkenpulver, (Mager-)Milchpulver, Sahne, Milcheiweiß usw. versteckt – beträchtliche Mengen an Milch enthalten können. Sehr milchzuckerreiche Produkte sind z.B. Milchschokolade, Cremeeis, diverse Keks- und Kuchensorten und die meisten Fertigcremen.

Im Folgenden finden Sie eine Tabelle mit verschiedenen Milchprodukten, die den Anteil von Lactose pro 100 Gramm des jeweiligen Nahrungsmittels zeigt:

Molkenpulver	68,2 g
Magermilchpulver	50,5 g
Vollmilchpulver	35,1 g
Milchschokolade	9,5 g
Kondensmilch	9-13 g
Eiscreme (im Durchschnitt)	6,7 g
Magermilch	4,8–5,0 g
Molke	4,7 g
Vollmilch (3,6%Fett)	4,6–4,8 g
Trinkkakao	4,6 g

Achten Sie auf die Zutatenliste!

Heute wird Milchzucker gerne für die Produktion industriell erzeugter Lebensmittel verwendet. Gerade bei industriell gefertigten Nahrungsmitteln ist die Kennzeichnung oft nicht ausreichend oder so irreführend, dass es selbst für Experten nur mehr schwer zu beurteilen ist, ob diese Lebensmittel einsetzbar sind. Prinzipiell müssen alle wichtigen Bestandteile eines Lebensmittels auf der Verpackung vermerkt sein, und zwar in der Reihenfolge der enthaltenen Menge. Achten Sie daher auf die Zutatenliste! Je weiter vorne in der Liste Begriffe wie (Mager-)Milchpulver, Molkenpulver, Magermilch, Milcheiweiß, Lactose usw. stehen, desto mehr davon ist enthalten. Nicht deklariert werden müssen Bestandteile der Zusatzstoffe, sofern sie weniger als 25% des Zusatzstoffes ausmachen. Diesbezügliche Informationen erhalten Sie dann meist nur beim Erzeuger. Oft dient Lactose als Trägermaterial für z.B. Aromen und Geschmacksverstärker, was den bewussten Umgang erschwert. Gibt die Zutatenliste nur unzureichend Auskunft, so muss auf Listen aus der Lebensmittelindustrie oder von Selbsthilfegruppen zurückgegriffen werden. (Siehe dazu auch die weiterführenden Links auf unserer Website www.dunglwien.at)

Wer sehr empfindlich auf Lactose reagiert, muss auch auf versteckte Lactose in folgenden Lebensmitteln achten:

- Aromen, Backwaren, Bindemittel, Brotaufstriche (steht auf Verpackung)
- Fertiggerichte, Geschmacksverstärker, Gewürzmischungen, Margarine
- Mayonnaise, Salatdressing, Süßigkeiten, Süßstoffe, Verdickungsmittel
- Wurstwaren (auch Schinken)

Vorsicht auch bei Light-Produkten – in ihnen ist oft mehr Lactose oder Fructose versteckt als in den „Normalprodukten".

Mäßig lactosearme Kost

Bei mäßig lactosearmer Kost können bis zu 8–10 g Lactose pro Tag und maximal 5 g pro Mahlzeit verzehrt werden. Dies bedeutet, dass flüssige Milch und Trockenmilch aller Art sowie sämtliche damit oder mit Molkenpulver hergestellte Nahrungsmittel wie lactosereiche Topfen- und Käsesorten (Frisch-, Schicht-, Hütten-, Schmelz-, Kochkäse), Dessertspeisen, Eiscreme u.Ä., mit Milch, Milchpulver, Molkenpulver oder Lactose angereicherte Backwaren (bestimmte Brotsorten, Milchbrötchen, Zwieback, vielerlei Arten von Kuchen), Fertigmehlmischungen, Kindernährmittel, Wurstwaren, Fertigsuppen, Fertigsoßen, Schokoladenerzeugnisse usw. vermieden werden müssen. Als Zusatz für Kaffee oder Tee kann nur lactosefreier Kaffeeweißer oder lactosefreie Spezialmilch(z.B. Lactaid®) anstelle von Kaffeesahne oder Kondensmilch verwendet werden.

Folgende Lebensmittel verursachen fast immer Beschwerden, vor allem wenn sie häufiger oder in größeren Mengen verzehrt werden:

- Voll- und Magermilch, Molkegetränke (z.B. Latella), Kakao, Kondensmilch, Kaffeesahne
- Mehl- und Süßspeisen, die mit Milch zubereitet werden (Milchreis, süße Aufläufe, Pudding)
- Fertigprodukte wie Kekse, Riegel, Cremespinat, Fertigsaucen, manche Fleischaufstriche, Soletti, Nuss-Nougat-Aufstrich etc.
- Milchschokolade (Ausnahme: Koch- oder Bitterschokolade), Cremeeis, diverse Kuchensorten, Fertigcremen

Im Folgenden finden Sie eine Liste, die Ihnen zeigt, welche Milch-Ersatzprodukte welche Zutaten beinhalten.

Ersatz für ...	Milch-Ersatzprodukt	Zutaten
Butter, Halbfettbutter	Mischfette Milchfreie Margarine	Pflanzliche Öle und Fette, Milchfett
Milch 1,5% Fett	Soja-Drink (Misch-Getränk)	Soja, Wasser, Zusatzstoffe (Geschmacksstoffe)
Topfen	Tofu	Soja
Joghurt, Fruchtjoghurt-Erzeugnisse, Desserts auf Milchbasis (z.B. Pudding)	Misch-Desserts; Soja-Desserts; fermentierte Produkte	Wasser, Früchte, Soja, Kulturen, Zusatzstoffe bzw. Früchte
Sahne, saure Sahne, Frischkäse, Crème fraîche, Sprühsahne, Kondensmilch	Misch-Emulsionen cremig, flüssig	Pflanzenfett, Emulgator, Sojaöl, Wasser, Stabilisator
Säuglingsnahrung auf Milchbasis, Schlagsahne, Milch, Milchpulver	Mischpulver, Säuglingsnahrung, auf Sojabasis, Schlagcremepulver, Mischpulver zur Bereicherung von Trinknahrung	Sojaeiweiß, pflanzliche Fette, Zucker, Milcheiweiß, Emulgator, Zucker, Stärke, Sojaeiweiß, Emulgator
Kondensmilch	Kaffeeweißer	Zucker, Milcheiweiß, Emulgator
Käse, Schnitt-, Schmelzkäse	Brotbelag	Pflanzliche Öle und Fette, Kulturen

Tipps rund um das Essen

Neben der Menge der aufgenommenen Lactose sind auch Zeitpunkt und Art der Einnahme der lactosehältigen Nahrungsmittel für die individuelle Verträglichkeit entscheidend. Meist werden lactosehältige Speisen sehr viel besser vertragen, wenn sie gemeinsam mit anderen Lebensmitteln verzehrt werden. (Bitte beachen Sie auch die Rezepte im Anhang.)

Um Ihren Verdauungstrakt wieder ins Lot zu bringen, sollten Sie grundsätzliche Dinge wieder einführen:

- Nehmen Sie sich Zeit zum Essen und speicheln Sie jeden Bissen gut ein, denn die Verdauung beginnt im Mund.
- Essen Sie drei Mal pro Tag und versuchen Sie den Geschmack der Dinge neu wahrzunehmen.

Das *Frühstück* ist die wichtigste Mahlzeit des Tages. Am besten wird es zwischen 7 und 9 Uhr gegessen, da hier die stärkste Kraft zum Verdauen gegeben ist. Für zumindest drei Wochen empfiehlt sich ein gekochtes Frühstück. Dieses können Sie sich ohne Weiteres für drei Tage vorbereiten und dann in der Früh kurz anwärmen. Sehr gut schmeckt ein Reis-Congee. Dabei wird der Reis über lange Zeit mit Gewürzen gekocht.

Für die *Hauptmahlzeit* lassen Sie die Speisen länger kochen. Je länger etwas gekocht wurde, umso leichter verdaulich ist es im Allgemeinen. Frittiertes oder Speisen mit geröstetem Zwiebel sollten Sie in den ersten drei Wochen meiden. Beim Würzen greifen Sie zu Gewürzen wie Anis, Fenchel, Kümmel, Majoran, Kardamom oder Koriander. Diese helfen dem Verdauungstrakt wieder ins Lot zu kommen und enthalten keine Geschmacksverstärker und versteckte Lactose.

Abends greifen Sie am besten zu Suppen – diese dürfen ruhig dicker sein, damit sie sättigen. Davon können Sie auch zwei Teller essen.

Lieben Sie Müsli, so probieren Sie dieses einmal mit Fruchtsaft, Kompott oder Obstmus. Biskuit, Mürb- und Strudelteige lassen sich auch ohne Milch zubereiten. Wenn Sie in der Kantine kein lactosefreies Essen bekommen, nehmen Sie besser eine Kaltverpflegung von zu Hause mit und essen abends warm. Besprechen Sie bei Einladungen oder Partys mit dem Gastgeber Ihre spezielle Ernährungssituation. Wählen Sie im Restaurant und im Urlaub nur solche Gerichte aus, bei denen Sie ganz sicher sind, dass sie milch- und/oder milchzuckerfrei sind. Im Zweifelsfall fragen Sie nach! Lactaseenzyme in Tabletten- oder Pulverform aus der Apotheke können die Verdauung zeitweilig unterstützen. Allerdings gibt es sehr große Unterschiede in der Lactaseaktivität der einzelnen Präparate. Hinzu kommt, dass jeder Einzelne eine andere Lactase-Restaktivität aufweist und die Milchzuckermenge von Gericht zu Gericht unterschiedlich ist. Ab einer Menge von 5–6 Tabletten ist in der Regel keine Wirkungssteigerung mehr zu erwarten, eine Überdosierung ist allerdings ungefährlich. Besonders empfindliche Menschen sollten auch bei Medikamenten fragen, ob das Präparat lactosefrei ist.

Calcium – ein wichtiger Stoff

Die Wichtigkeit von Calcium für den Körper behandeln wir gesondert im Kapitel „Der Mensch ist, was er isst oder Gesunde Knochen dank richtiger Ernährung“. Beachten Sie bitte auch die Tabelle im Anhang.

Fructose – nur in Früchten?

Süß ist nicht gleich süß!

Für uns geborene Österreicher kommt die Süße eindeutig aus der Zuckerrübe oder notfalls noch vom Honig. Kaum bekannt ist, dass heute insbesondere in industriell gefertigten Produkten vielfach Glucosesirup verwendet wird, der nie eine Zuckerrübe „gesehen" hat.

In den USA wurde der sogenannte High Fructose Corn Syrup (HFCS) 1972 entwickelt. Dies ist ein kostengünstiger Maissirup, der durch Umwandlung der Maisstärke mit stärkespaltenden Enzymen hergestellt wird. Dieser Glucosesirup enthält einen Fructoseanteil von bis zu 90%! Fructose hat eine deutlich höhere Süßkraft als Glucose. Durch Verminderung des Glucoseanteils bei gleichzeitiger Vergrößerung des Fructoseanteiles kann die Süßkraft eines Sirups deutlich gesteigert werden. Industriell wird Fructosesirup daher vielfach zur Herstellung von Süßgetränken und Konserven eingesetzt. Woraus besteht ein solcher Glucosesirup? Reine Fructose, Glucose, Maltose und sonst nichts, könnte man sagen. Vorsicht ist dennoch angebracht! Ein nicht unbeträchtlicher Anteil der Bevölkerung (etwa 30%), verträgt Fructose nicht und der Körper reagiert mit Blähungen, Völlegefühl, Bauchkrämpfen oder Durchfällen. Da Fructose keine Insulinausschüttung herbeiführt, hat es einen niedrigen glykämischen Index und wurde früher für Diabetiker empfohlen. Die Fructose führt jedoch zu keinem Sättigungsgefühl, deshalb fördert ein Übermaß an Fructose die Bildung von Übergewicht. Leider gilt es auch bereits als bewiesen, dass der reiche Konsum von Fructose zu einer nichtalkoholischen Fettleber führen kann. Negative Effekte auf den Blutdruck, die Blutfette und Harnsäure sowie eine Zunahme des oxidativen Stresses treten bei derart hohen Fructosemengen ebenso auf.

Zuckerrübensirup besteht zu 40 bis 60% aus Glucose und Fructose. Er wird aus gereinigten, mit Dampf erhitzten, gekochten und geschnittenen Rüben gewonnen. Dieser Dicksaft enthält noch – im Gegensatz zum High Fructose Corn-Syrup – einen recht hohen Anteil an Mineralstoffen (Kalium, Calcium und Eisen) und Vitaminen des B-Komplexes.

Fazit: Unser Körper ist ein hoch komplexes System, in dem viele Dinge – unter anderem auch Nahrungsmittel –

sehr unterschiedliche Effekte auslösen können. Dies bedeutet, dass der alte Satz von Paracelsus – „Allein die Menge macht das Gift" („Dosis sola venenum facit") – auch für die Ernährung gilt. Kleine Mengen an natürlicher Fructose oder auch Saccharose sind für den menschlichen Körper im Allgemeinen kein Problem. Isolieren wir diese Stoffe nun industriell und führen sie unserem Körper in großer Menge zu, so können wir deren langfristige Effekte nicht nachvollziehen. So verliert auch der natürliche Rübenzucker nicht nur Mineralstoffe sowie Spurenelemente durch die Raffinierung, sondern auch die Fructose. Für Menschen mit Fructoseintoleranz ist das eine gute Sache. Es spricht aber auch nichts gegen natürliche Möglichkeiten des Süßens – mit Honig, Trockenfrüchten oder Vollzucker.

Der zunehmende Anteil an Fructose in der modernen Ernährung hat laut Prim. Prof. Dr. Ludwig Kramer (Vorstand der 1. Medizinischen Abteilung am Krankenhaus Hietzing) zu einer explosionsartigen Zunahme an Patienten mit gastrointestinaler Intoleranz von Fructose (Verdauungsbeschwerden beruhend auf der Unverträglichkeit von Fructose) geführt. Etwa ein Drittel der europäischen Bevölkerung leidet an einer Fructosemalabsorption, davon ist etwa die Hälfte symptomatisch. Bei der Unverträglichkeit von Fruchtzucker (intestinale Fructoseintoleranz) muss individuell ermittelt werden, welches Obst vertragen wird und welches nicht. Obstsorten mit einem besonders hohen Fructose- bzw. Sorbitgehalt (z.B. Rosinen, getrocknete Pflaumen, Weintrauben) müssen in der Regel gemieden werden. Neben Früchten und Fruchtprodukten enthält auch Honig oder der übliche Haushalts- oder Kochzucker (er besteht aus Rüben- oder Rohrzucker) Glucose und Fructose.

Besonders problematisch sind moderne in der Lebensmittelindustrie intensiv verwendete Hilfsstoffe wie Inulin oder Sorbit. Inulin ist ein Kohlenhydrat, das aus Fructose aufgebaut ist. Sorbit ein chemischer Abkömmling der Glucose, der im Körper in Fructose umgewandelt und als Zuckeraustauschstoff vor allem bei Diabetiker-Produkten verwendet wird. Beide sind bei Fructoseintoleranz belastend. Auf industrielle Lebensmittel mit einem Zusatz von Fructose, Inulin oder Sorbit sollte generell verzichtet werden.

Wie wird die Fructoseintoleranz behandelt?

Ein Hinweis vorab: Leider gibt es kein Medikament oder Wundermittel, das eine Fructoseintoleranz beseitigen würde. Wenn Sie etwas gegen Ihre Fructoseintoleranz tun möchten (und das sollten Sie!), dann hilft nur eine Auseinandersetzung mit Ihrem Speiseplan. Sie müssen herausfinden, wie viel Sie wovon vertragen.

Die Toleranzgrenze von einem Gramm Fructose bei Menschen mit Fructoseintoleranz ist ein auf Erfahrungen basierender Richtwert. Bei jedem einzelnen Betroffenen sollte nach Möglichkeit die persönlich duldbare Fructosemenge in Abhängigkeit von der Leberfunktion bestimmt werden. Da für den Erfolg einer fructosearmen Diät jedoch Labor-Parameter fehlen, die Ihnen helfen könnten, Ihre individuelle Menge der Fructoseaufnahme festzustellen, sollten Sie mit dem Verzehr fructosehaltiger Lebensmittel in jedem Fall sehr vorsichtig sein, um die negativen Auswirkungen möglichst gering zu halten. Wie bei der Lactoseintoleranz ist Fructose in der Nahrung zu meiden. Fruchtzucker ist ein Zucker, der in der Natur häufig vorkommt, v.a. in Obst, Honig und in geringerem Maß auch in Gemüse. „Versteckte" Fructose ist jedoch in vielen Lebensmitteln, besonders in industriell hergestellten, in reichlichem Maße enthalten. Je nach Schweregrad müssen fructosehaltige Nahrungsmittel nicht komplett gemieden werden. Bei der gastrointestinalen Fructoseintoleranz, wo es zu Verdauungsbeschwerden kommt, kann im Einzelfall eine Aufnahme von Fructose von nicht mehr als 10 g pro Mahlzeit toleriert werden. Generell sollten Lebensmittel mit Fructose langsam gegessen werden (Saft nicht auf einmal trinken!). Die Zufuhr von Sorbit(ol) und Inulin ist zu vermeiden. Häufig wird Fructose besser vertragen, wenn sie nach einer reichhaltigen Mahlzeit z.B. als Dessert genossen wird.

Einen hohen Anteil an freier Fructose findet man in Früchten (z.B. Äpfeln, Birnen, Mangos, Wassermelonen), getrocknetem Obst (z.B. Feigen, Rosinen), Fruchtsäften, Hülsenfrüchten (enthalten Fructose in Form von Mehrfachzuckern), Soft-Drinks (z.B. Cola hat einen Gehalt an Fructose von bis zu 25 g/Liter), Honig und Diabetiker-Produkten.

Bei den schwersten Formen der Fructoseintoleranz sind alle zuckerhältigen Lebensmittel wie Süßigkeiten aller Art, Obst- und Gemüsekonserven, alle nicht ausdrücklich erlaubten Obst- und Gemüsesorten, Fruchtsäfte, Weißbrot, Vollkornbrot, Pumpernickel, Haushalts-, Invert- und Diabetikerzucker, Honig, Marmelade, Mayonnaise, Ketchup, Fertigsaucen ebenso zu meiden wie alle inulinhaltigen Lebensmittel wie Topinambur oder Artischocken oder alle mit Sorbit (Sorbitol) hergestellten Lebensmittel (Zutatenliste beachten, Sorbit ist der E-Nummer 420 zugeordnet!)

Für alle Leserinnen und Leser, die an dieser Stelle erschrecken, weil sie eine Fructoseintoleranz bei sich schon seit Längerem vermuten: Verzagen Sie nicht – auch wenn Sie viel „Gutes“ meiden sollten, bleiben viele ganz ausgezeichnete Nahrungsmittel für Sie über. Und vielleicht stellen Sie ja sogar fest, dass Sie den köstlichen und natürlichen Geschmack vieler Nahrungsmittel ganz neu wiederentdecken! (Sie finden erste köstliche gesunde Rezepte im Anhang.)

Um der Qual durch Blähungen, Durchfälle und sonstige Verdauungsbeschwerden zu entgehen, gehen viele Betroffene relativ freiwillig eine Einschränkung in der Lebensmittelauswahl ein, da der Gewinn an Lebensqualität durch die Beseitigung der Bauchbeschwerden beträchtlich ist. Ein kleiner weiterer Trost: Patienten mit Fructoseintoleranz haben meist ein ausgezeichnetes kariesfreies Gebiss.

Generell erlaubt sind selbst zubereitete Breikost, grüne Bohnen, Kopfsalat, Feldsalat, Chicoree, Löwenzahn, Spargel, Gurken, Spinat, Erbsen, Pilze, Rettich, Radieschen, Tomaten, Rhabarber, Zitronen. Begrenzt sind auch Kartoffeln erlaubt, wenn diese mindestens 10–20 Tage gelagert, dann geschält, zerschnitten und einen Tag gewässert wurden.

Ein Vitamin- oder Ballaststoffmangel ist bei Fructoseintoleranz nicht generell vorprogrammiert, da viele Gemüsesorten fructosearm sind, sodass sie ohne Probleme verzehrt werden können. Gravierende Vitaminmangelzustände sollten damit ausgeschlossen sein. Wenn die Fructoseintoleranz so stark ausgeprägt sein sollte, dass bereits Gemüse zu Beschwerden führt, muss die Nahrung eventuell durch Multivitaminpräparate ergänzt werden.

Sehr gut verträglich ist meist gekochtes Obst (Kompotte, Mus, Konservenobst, Marmeladen), vorzugsweise mit Traubenzucker gesüßt. Gut verträgliche Obstsorten sind Papayas, Beerenfrüchte, Kiwis, Mandarinen, Orangen, Zitronen, Zuckermelonen. Generell schlecht verträgliche Obstsorten sind Dörrobst, Birnen, rohe Äpfel, Zwetschken, Weintrauben, Marillen, Pfirsiche und reine Fruchtsäfte.

Wenn Sie Ihre Fructoseintoleranz langfristig in den Griff bekommen möchten, werden Sie Ihre Einkaufsgewohnheiten ändern (müssen). Achten Sie beim Einkauf stets auf das Etikett – darauf verbergen sich viele unliebsame „Überraschungen“!

Generell gilt, dass die Zuckeraustauschstoffe Sorbitol (E420), Isomalt (E953), Mannit (E421), Xylit (E967), Laktit (E966) und Maltit (E965) bei übermäßigem Verzehr abführend wirken können. Diese Zucker-Ersatzstoffe blockieren die Aufnahme von Fruchtzucker, wenn sie gleichzeitig mit dem Fruchtzucker in der Nahrung aufgenommen werden. Die Beschwerden können sich dadurch verstärken. Besonders zuckerreduzierte Waren, „Light“- und Wellness-Produkte werden meist mit Fruchtzucker, Sorbit oder einem anderen Zuckeralkohol hergestellt. Dies liegt daran, dass die Zuckeraustauschstoffe im Gegensatz zur Glucose wesentlich langsamer aufgenommen werden. Das bedingt einen Wassereinstrom in das Darmlumen und es kann zu Durchfällen kommen.

Wichtige Tipps, die Sie noch beachten sollten: Wie bei der Lactoseintoleranz gilt auch hier, kleine Mahlzeiten werden besser vertragen als voluminöse, „Gut gekaut ist halb verdaut", viel trinken – speziell das Trinken von Kräutertees (Fenchel, Melisse, Käsepappel, ...) und Wasser ist hilfreich. Bauchmassagen im Uhrzeigersinn helfen gegen Blähungen und Krämpfe ebenso wie Bewegung und Ausdauersport.

Zur Ernährung bei Fructose- und/oder Lactoseintoleranz beachten Sie bitte auch die Listen im Anhang!

Bewegung – Weniger ein Zustand als eine Haltung,
und sie gedeiht mit der Freude am Leben.

[Thomas von Aquin]

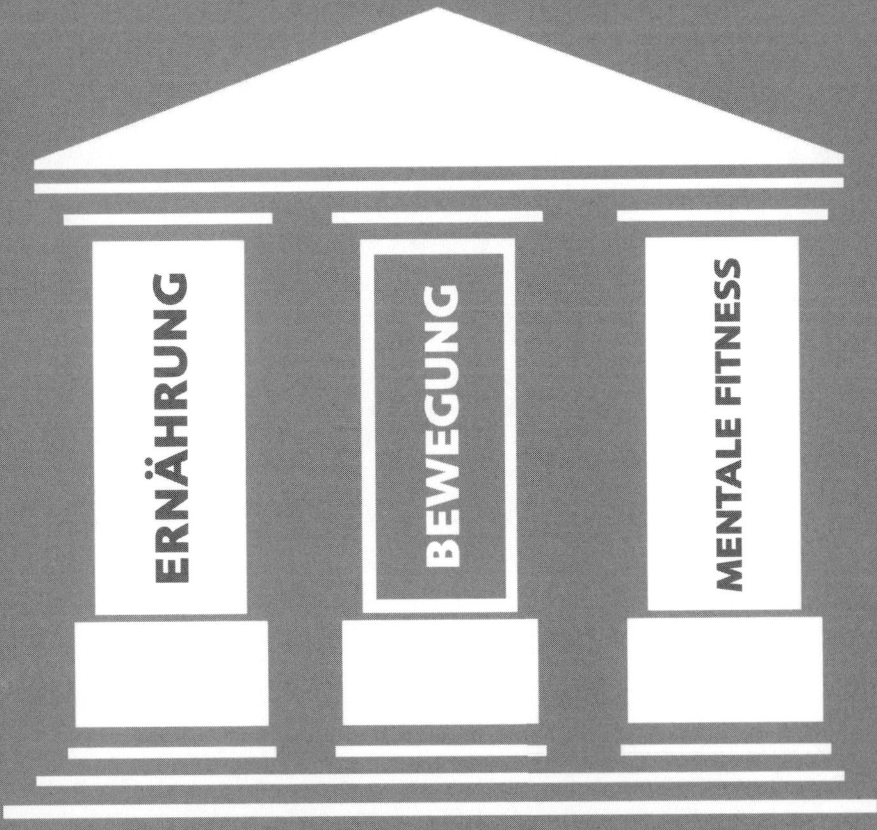

Wundermittel Bewegung

Bewegung – Energie des Lebens

Gehen wir ein Stück zurück in unserer Geschichte, so müssen wir uns klar eingestehen, dass wir unseren Lebensstil alleine in den letzten 100 Jahren extrem geändert haben. Meine Großmutter erzählte mir, dass es für sie nach dem Ersten Weltkrieg noch selbstverständlich war, alltägliche Besorgungen quer durch Wien zu Fuß zu erledigen. Transportmöglichkeiten gab es nur spärlich und außerdem waren sie zu teuer. Nach dem Zweiten Weltkrieg war es nicht viel anders. Mit dem Leiterwagen wurden verschiedene Lebensmittel aus den Gebieten rund um Wien von den Familien selbst in die Stadt gebracht. Maschinen waren eine Seltenheit. Die Wäsche wurde auf der Waschrumpel gewaschen. In den Fünziger- und Sechzigerjahren war der Besitz eines Motorrades bereits ein riesiger Fortschritt und ein Zeichen des Wohlstands. Dennoch wurde es kaum für alltägliche Verrichtungen verwendet. Die überwiegenden Angelegenheiten wurden weiterhin zu Fuß oder manuell erledigt. Wenn die Wäsche in einer manuell zu drehenden Trommel gewaschen werden konnte, so war dies bereits eine deutliche Erleichterung. Heute transportieren uns Autos oder öffentliche Verkehrsmittel. Eine Waschmaschine ist ebenso fast Selbstverständlichkeit wie eine Küchenmaschine oder eine Heizung mit zentraler Brennmaterialzufuhr.

Für den menschlichen Körper war die Entwicklung vom Vierfüßlergang zum aufrechten Gang eine evolutionsgeschichtliche Herausforderung. Die Dramatik der „Entwicklung“ der Bewegungsarmut in den letzten hundert Jahren ist wahrscheinlich diesem Geschehen gleichwertig – mit einem wesentlichen Unterschied: Für die Entwicklung des aufrechten Ganges hatte der „Mensch“ Jahrtausende Zeit, die Entwicklung zum überwiegend Sitzenden erfolgte in nicht einmal einem Jahrhundert. An der Universität von Tennessee untersuchte man die Lebensgewohnheiten der Amish – einer Bevölkerungsgruppe, die für ihr stark im Agrarbereich verwurzeltes Leben und die Ablehnung des technischen Fortschritts bekannt ist. Unter anderem fand man dabei heraus, dass die Männer dieser Bevölkerungsgruppe rund 18.000 Schritte pro Tag machen, die Frauen etwa 14.000. Der durchschnittliche Amerikaner macht etwa 5.000 Schritte. Eigene Beobachtungen zeigen, dass sich viele Österreicher und Deutsche auch nicht wesentlich mehr bewegen. Gleichzeitig sind nur 4% der Amish von Übergewicht betroffen, die restliche amerikanische Bevölkerung zu etwa 33%. Moderne Empfehlungen des Bewegungsminimums belaufen sich auf etwa 10.000 Schritte pro Tag.

Neben den Fortbewegungs- und Arbeitsaspekten der Geschichte sollten wir auch die Lebensfreude, die durch Bewegung ausgedrückt wird, nicht vergessen. Beobachten Sie doch nur ein Kind, wenn es über eine Wiese tollt und sich freut oder mit dem Hund um die Wette läuft – dies ist ebenso Freude pur wie der Tanz vieler Völkerstämme.

Gleich ob wir die Definition von Gesundheit durch Freud, „Gesundheit ist die Fähigkeit, lieben und arbeiten (bewegen) zu können“, oder jene der chinesischen Philosophie, „Gesundheit ist das harmonische Verhältnis von Yin und Yang (Bewegung)“, betrachten: Bewegung ist immer ein essenzielles Thema. Ist Bewegung nicht oder nur eingeschränkt möglich, so sind traurige Verstimmung, Gereiztheit, verminderte Belastungsfähigkeit und Krankheitsanfälligkeit die Folge. Gleichzeitig zeigen verschiedenste moderne Studien, dass Bewegung all diese Symptome – selbst bei einer endogenen Depression – verbessern kann. Leider belegen sie auch, dass es bereits bei Jugendlichen zu einer beängstigenden Abnahme der körperlichen Leistungsfähigkeit kommt. Dies bedingt, dass sämtliche Enzymstrukturen des menschlichen Körpers zur Energiebereitstellung – welche etwa bis zum 14. Lebensjahr gestützt durch Bewegung entwickelt werden müssen – nicht ausreichend entwickelt werden können! Wir wissen heute, dass Referenzwerte aus den Siebzigerjahren bei Weitem nicht mehr erreicht werden! Immer frühzeitigeres Auftreten des metabolischen Syndroms, erhöhtes Cholesterin, Diabetes Mellitus oder Herz-Kreislauf-Erkrankungen, sind die Folgen.

Die logische Konsequenz daraus? Wir müssen unseren Lebensstil überdenken und ändern.

Ein wesentliches Element ist dabei mehr Bewegung. Natürlich ist es einfacher, Kinder zu Bewegung zu motivieren – dies können Eltern am besten, wenn Sie sich selbst „bewegen". Leider sind die Eltern dabei kaum Vorbilder, denn statistisch gesehen stellt der Durchschnittsösterreicher sein Bewegungsprogramm zwischen dem 25. und 27. Lebensjahr ein. Dies führt dazu, dass etwa alle 10 Jahre bis zu 4 kg an Muskelmasse verloren werden, ab dem 30. Lebensjahr gehen alle 10 Jahre 4–6% der nervalen Funktionseinheiten verloren. Bedenkt man, dass ein Mann etwa 45% seines Gewichtes an Muskelmasse haben sollte, eine Frau etwa 30 bis 35%, so braucht man weder Mathematiker noch Arzt zu sein, um zu erkennen, dass dies zu massiven Beeinträchtigungen der Funktionsfähigkeit des menschlichen Körpers führt. Die Defizite fallen natürlich zu Beginn kaum auf. Wenn die ersten Anzeichen (Kraftverlust, Ungeschicklichkeit, ...) merklich spürbar werden, ist aktives Gegensteuern zwar immer möglich, allerdings braucht es wesentlich mehr Geduld und Ausdauer, als wenn man es gar nicht so weit hätte kommen lassen. Bedenken wir, dass etwa 60% der österreichischen Bevölkerung angeben keinen Sport zu machen, so können wir auch die sozioökonomische Bedeutung rasch erahnen.

Für nichts gilt „use it or lose it" oder einfach „wer rastet, rostet" so sehr wie für unseren Bewegungsapparat. Dabei sind die Effekte von Bewegung nicht nur für die Muskelmasse essenziell.

Kraft, muskuläre Ausdauer, Grob- und Feinkoordination, Reaktionsfähigkeit sowie die Tiefensensibilität – die bewusste oder unbewusste Wahrnehmung des Körperzustands und der Lage des Körpers im Raum – sind in ihrer Ausprägung abhängig von regelmäßiger Bewegung. Wussten Sie, dass Sie durch Immobilität bis zu 30% Ihrer Muskelmasse in nur einer Woche verlieren können? Leider braucht der Aufbau dieser verlorenen Muskulatur weit mehr als eine Woche. Studien haben gezeigt, dass bei Kreuzbandrissen und sechswöchiger Immobilisierung selbst nach einem Jahr noch eine 10%ige Seitendifferenz, das heißt ein Unterschied der Muskelkraft im Vergleich zwischen rechtem und linkem Bein nachzuweisen ist.

Aber auch Mobilität und Flexibilität unseres gesamten Bewegungsapparats – Knochen, Knorpel, Bänder, Muskulatur – leiden unter zu geringer Beanspruchung.

Haben unsere Großmütter erst im Alter von 75 Jahren unter den Folgen der Osteoporose gelitten, so leiden heute fünfzigjährige Frauen und sechzigjährige Männer unter diesem Problem. Studien gehen davon aus, dass osteoporotische Knochenbrüche und daraus resultierende Kosten sich innerhalb der nächsten 50 Jahre verdoppeln werden. Gleichzeitig verlieren wir angelernte Bewegungsmuster.

Bewegung trainiert aber nicht nur unsere Muskulatur. Jede Bewegung, nicht nur Herz-Kreislauf-Training, vergrößert das Schlagvolumen und das Atemzugvolumen und verbessert die Elastizität der Gefäße und beugt somit der Arterienverkalkung vor. Selbst auf das Gehirn gibt es nachgewiesene positive Effekte: Neben Verbesserung der Konzentration und des Einfallsreichtums – getreu dem Satz „mens sana in corpore sano" – spielt Bewegung auch eine wichtige Rolle für die psychische Ausgeglichenheit und emotionale

Belastbarkeit. Eigenschaften, die in unserer Zeit wichtiger denn je geworden sind.

Leben ist Bewegung

Bewegung hat immer einen positiven Einfluss auf das Leben. Doch ab wann werden diese Effekte wahrnehmbar?

Generell unterscheiden wir aus medizinischer Sicht Alltagsbewegungen, Übungen, Training und Sport.

Unter *Alltagsbewegung*, im Englischen besser als Non Exercise Activity Thermogenesis (NEAT) bezeichnet, erfolgt keine Änderung des Muskelaufbaus und der funktionellen Kapazität der Muskulatur. Es ist daher durch sie keine Verbesserung von Muskelkraft und muskulärer Ausdauer zu erwarten. Gleiches gilt für das einfache Üben, allerdings bewirkt es bereits eine Verbesserung der neuromuskulären Koordination, die für uns notwendig ist, um rasche zielbestimmte Handlungen in harmonischen und effizienten Bewegungen durchzuführen.

Als Bewegung lassen sich daher im Allgemeinen Alltagsbewegungen, Freizeitaktivitäten, Gartenarbeit, Spazierengehen sowie Sportarten mit Bewegung und ohne Training summieren.

Aus medizinischer Sicht wird außerdem zwischen Training und Sport unterschieden. Training führt zu einer Verbesserung der Muskelmorphologie mit einer Erhöhung der Myofibrillenzahl (zusammenziehende Elemente der Muskulatur) sowie der Mitochondrien (Energiekraftwerke). Daraus resultiert eine Steigerung der funktionellen Kapazität sowie der Kraft und der muskulären Ausdauer. Die Effekte des Trainings zeigen sich in einer Verbesserung der maximalen Leistungsfähigkeit.

Sport hingegen ist jedoch keine physiologische Kategorie

eines Bewegungstyps. Sport ist vielmehr eine Summe verschiedener neuromuskulärer Bewegungsmuster vereint mit Kraft und Ausdauer entsprechend den Bedürfnissen der jeweiligen Sportart. Aus gesundheitsspezifischer Sicht sind die verschiedensten Sportarten immer auf ihre Trainingselemente und deren Auswirkungen für ein gesundes Leben zu betrachten. Sport kann viele Formen der Bewegung beinhalten oder auch gar keine. Segelfliegen oder Schach spielen bedarf zum Beispiel kaum einer Bewegung. Ebenso gibt es Sportarten, die zwar Elemente der Bewegung enthalten, jedoch per se praktisch keinen Trainingseffekt bewirken. Dies sind zum Beispiel Golf, Tennis, Alpinski. Andere Sportarten beinhalten sowohl beträchtliche Bewegungselemente als auch Trainingselemente, so zum Beispiel Athletik oder die verschiedenen Ausdauersportarten – Laufen, Radfahren oder Schwimmen.

Sport – eine Methode, Krankheiten durch Unfälle zu ersetzen?

Ist Sport generell „gesund“? Jährlich gibt es in den Alpen oder am Meer bei der Sportausübung zahlreiche Unfälle und sogar Todesfälle! Studien zeigen, dass Ultra-Langstrecken-Läufe, wie jüngst J. Somauroo Liverpool auf einem Kongress präsentierte, Herzmuskelzellen bei Spitzenathleten schädigen können!

Für Bewegung gilt das Gleiche wie für Medikamente: Die Dosis macht's, ob Gift oder Medizin.

Die Teilnahme an Ultra-Marathons ist aus medizinischer Sicht problematisch, da das dafür notwendige Trainingspensum über die Jahre mit einer erhöhten Gesamtmortalität belastet ist. Um aus medizinischer Sicht einen Marathon laufen zu können, ist im jahrelangen Training ein Laufpensum von etwa 50 Kilometern wöchentlich nötig, was bei einem 70 Kilo schweren Mann einem Kalorienverbrauch von etwa 3.500 Kilokalorien pro Woche entspricht. Für einen Ultra-Marathon sind zumindest 80 Kilometer pro Woche günstig (ca. 5.600 Kilokalorien pro Woche). Vergleichsweise liegt das optimale Trainingspensum für den Gesundheitssport bei 3 x 45 bis maximal 3 x 60 Minuten aerobem Training pro Woche. Dies entspricht einem Verbrauch von etwa 1.500 bis 2.100 Kilokalorien pro Woche.

Den zahlreichen positiven Aspekten des Sports – Förderung von Gesundheit und Lebensqualität, aber auch von sozialen Kontakten – lassen sich negative gegenüberstellen. Dennoch überwiegen in Summe eindeutig die positiven Aspekte.

Die Folgen von Trainingsmangel oder Detraining sind mannigfaltig. Hatten Sie schon einmal für einige Wochen einen Gips? Wenn ja, so war der Muskelschwund nach der Gipsabnahme sicher nicht zu übersehen. Immerhin können in einer Woche bis zu 30% der Muskelmasse verloren gehen. Wieso? Es kommt zu einem relativen Überwiegen der eiweißabbauenden Vorgänge. Beim stets parallel stattfindenden Eiweißaufbau und Eiweißabbau benötigt der Eiweißaufbau einen adäquaten Stimulus, der Eiweißabbau ist hingegen konstant weiterlaufend. Durch den Abbau von Myofibrillen, den kontraktilen Einheiten der Muskulatur, kommt es zu einem Verlust an Muskelmasse. Der Verlust des Sauerstoffspeicherproteins Myoglobin und somit an Myofibrillen führt zu einer Erhöhung des Anteils der weißen Muskelfasern. Die Verminderung der Anzahl der Mitochondrien, der Kraftwerke der Muskelzelle, bedingt eine Verminderung der Energiebereitstellung. Gleichzeitig kommt es zu einer Verminderung der Kapillaren, welche wieder eine Verminderung der peripheren Durchblutung bedingt.

Wenn Sie für einige Tage oder gar Wochen ans Bett gefesselt waren, dann wissen Sie, wie sensibel der Kreislauf nach einer so langen Phase der Immobilisierung reagiert. Schwindel, Schwäche und Kraftverlust sind unübersehbar. Nun, beim Detraining sind die Folgen nicht so dramatisch sichtbar, aber im Wesentlichen ähnlich ablaufend.

Je weniger Sauerstoff transportiert werden kann, desto geringer ist auch die Leistungsfähigkeit der Muskulatur. Das maximale Schlagvolumen des Herzens wird durch die Verminderung des maximalen Herzminutenvolumens (jener Menge Blutes, die in einer Minute durch das Herz in unseren Körper gepumpt wird) sowie durch die Reduktion des Blutvolumens und die Verminderung der Hämoglobin-Menge bewirkt. Hämoglobin ist ein Eisenbindungsprotein, das den Sauerstoff in der Lunge an sich bindet und an die Zellen transportiert. Mehr an Sauerstoff im Gewebe bedeutet eine bessere Energiebereitstellung, da diese unter anderem über oxidative Prozesse gesteuert wird. Gibt es jedoch weniger Hämoglobin, so kommt es zu einer Verminderung der Ausdauerleistungsfähigkeit. Daher kann Trainingsmangel in jedem Alter zum Verlust der Mobilität führen. Die gute Nachricht ist: Die Folgen von Detraining sind in jedem Alter durch Training wiedergutzumachen. Die schlechte Nachricht: Der Abbau geht wesentlich rascher als die Wiedererlangung der verlorenen Fähigkeiten. Dies gilt nicht nur für die Muskulatur oder die Funktionen des Herz-Kreislauf-Systems. Knochen, Knorpel oder neuromuskuläre Steuerung gewinnen durch Bewegung. Für den Knochen gilt, ähnlich wie für die Muskulatur, dass stets knochenaufbauende und knochenabbauende Prozesse parallel laufen. Wenn der Knochen in seiner Belastungsfähigkeit nicht genutzt wird, verliert er an Festigkeit. Für seine optimale Festigkeit sind axiale Belastungen – also zum Beispiel Gehen oder Springen – sowie hohe muskuläre Spannungsspitzen unerlässlich. Auch Sehnen, Bänder oder die Gelenkskapsel profitieren von Bewegung durch Vergrößerung ihres Querschnitts und der Zugfestigkeit sowie der Straffheit der Strukturen. In Summe ergibt dies eine erhöhte Zerreißfestigkeit und somit Belastbarkeit, die wiederum vor Verletzungen schützt. Auch der

Knorpel profitiert von Bewegung. Bei wechselnden dynamischen Belastungen nehmen Knorpelzellgröße, Knorpelzellenzahl und Knorpeldicke zu. Im Tierexperiment konnte bereits nach einem kurzen (10 min) Lauf eine Dickenzunahme des Knorpels beobachtet werden. Diese bildet sich allerdings nach einer Stunde zurück. Ein dreiwöchiges Lauftraining führt jedoch zu einer Vergrößerung der Chondrozyten (Knorpelzellen) und Zellenvermehrung. Bereits nach einem 15-wöchigen Lauftraining kommt es zu einer Zunahme der Knorpeldicke um 11%!

Es kann daher nicht bestritten werden, dass die positiven Effekte von Bewegung und Sport die negativen bei Weitem überwiegen. Die Folge ist einfach und eindeutig mehr Lebensqualität, weniger Schmerzen, größere geistige und körperliche Wendigkeit. Und dies ist letztlich entscheidend, denn es ist nicht lustig, sich überlegen zu müssen, ob einem der Weg aus dem Wohnzimmer zu lange wird, ob man die Wohnung noch verlassen kann. Bewegen wir uns nicht, so merken wir die Defizite nicht unbedingt sofort.

Wir wünschen uns alle Gesundheit, meist mehr als Geld und andere Güter, aber leider wissen wir sie oft erst zu schätzen, wenn sie uns abhanden gekommen ist.

Beginne nicht mit einem guten Vorsatz, sondern mit einer kleinen Tat

(dt. Sprichwort)

Haben Sie längere Zeit keine Bewegung gemacht? Oder wollen Sie einfach wissen, wo Sie mit Ihrer physischen Leistungsfähigkeit und Ihrem Gesundheitsrisiko stehen? Dann sollten Sie sich einen Rundum-Check gönnen. Der Body-Mass-Index (BMI), das von der Weltgesundheitsorganisation WHO empfohlene Maß für Übergewicht, gibt weder über die Leistungsfähigkeit noch hinsichtlich der Gefährdung, an einem Schlaganfall, Herzinfarkt oder anderen Risiken zu sterben, eine Auskunft. Zuletzt wird diesbezüglich das Verhältnis Taillenumfang–Körpergröße, kurz WtHR genannt (aus dem Englischen für waist-to-height-ratio), empfohlen. Aber auch dieser Parameter ist für eine differenzierte Aussage hinsichtlich der Verfassung unseres Körpers eindeutig zu wenig. Ausdauerleistungsfähigkeit, Muskelkraft oder Verschleiß der Gelenke werden dadurch in keiner Weise erfasst.

Bewegung und Sport sind gesund. Eine retrospektive Untersuchung der Uni Klinik Innsbruck zeigt jedoch, dass mangelhafte Vorbereitung auf intensive körperliche Anstrengung in Kombination mit den Auswirkungen der Höhenlage und den kalten Temperaturen bei Wintersport-Touristen, die sonst nur Schreibtischjäger sind, zu einem Anstieg von Herzinfarkten, besonders in den ersten beiden Urlaubstagen führen. Gleichzeitig wissen wir, dass ein 75-jähriger trainierter Mensch genauso leistungsfähig sein kann wie ein untrainierter 25-jähriger. Nutzen wir daher diese Chance!

Der Physical Acitivity Readiness Questionnaire PAR-Q (bereits 1980 im Br J Sports Med. diskutiert) ist für den Start in den Sport schon wesentlich effizienter. Dieser Fragebogen ist eine gute Orientierungshilfe dafür, in welchem Umfang Untersuchungen vor neuerlicher Aktivität notwendig sind. Beantworten Sie sich folgende Fragen:

1. Hat Ihnen jemals ein Arzt gesagt, Sie hätten „etwas am Herzen", und Ihnen Bewegung und Sport nur unter medizinischer Kontrolle empfohlen?
2. Haben Sie Brustschmerzen bei körperlicher Belastung?
3. Haben Sie im letzten Monat Brustschmerzen gehabt?
4. Haben Sie schon ein- oder mehrmals das Bewusstsein verloren oder sind Sie ein- oder mehrmals wegen Schwindel gestürzt?
5. Haben Sie ein Knochen- oder Gelenkproblem, das sich unter körperlicher Aktivität verschlechtern könnte?

6. Hat Ihnen jemals ein Arzt ein Medikament gegen hohen Blutdruck oder für ein Herzproblem verschrieben?
7. Ist Ihnen, aufgrund persönlicher Erfahrung oder ärztlichen Rats, ein weiterer Grund bekannt, der Sie davon abhalten könnte, ohne medizinische Kontrolle Sport zu betreiben?

(Physical Acitivity Readiness Questionnaire PAR-Q)

Haben Sie keine Frage mit Ja beantwortet, so sind für sportliche Aktivitäten mittlerer Intensität im Allgemeinen keine ärztlichen Vorsorgeuntersuchungen notwendig. Ergänzend ist es auch sinnvoll, folgende Fragen zu stellen. Wenn Sie eine der folgenden Fragen mit *JA* beantworten müssen, sollten Sie vor Durchführung eines leistungsdiagnostischen Tests Ihren Arzt konsultieren.

- Sind Sie starker Raucher (> 15 Zigaretten pro Tag)?
- Haben Sie erhöhten Blutdruck, der regelmäßig über 160/90 mm Hg liegt?
- Liegt Ihr Ruhepuls (morgens vor dem Aufstehen) über 90 Schlägen/Minute?
- Sind Sie öfter kurzatmig oder liegt bei Ihnen eine Atemwegserkrankung vor?
- Fühlen Sie sich, vor allem bei geringen Belastungen, öfters unwohl, z.B. Schwindel, Schmerzen in der Brust, Abgespanntheit?

Bei Männern ab dem 45. Lebensjahr, bei Frauen ab dem 55. Lebensjahr sollte bei „schweißtreibender Intensität“ ihrer sportlichen Aktivität eine ärztliche Untersuchung dennoch erfolgen. Haben Sie eine oder mehrere Fragen mit *JA* beantwortet, so ist eine allgemeine Bewegungsempfehlung nicht mehr ausreichend und Sie sollten sich mit Experten beraten. Dies sollten Sie auch auf alle Fälle tun, sofern Sie eine der modernen „Fun Sportarten“ wie „trickbiking, bungee jumping“ oder Ähnliches ausüben wollen. Für Wettkampfsportler gilt ja auch, dass sie zumindest jährlich eine sportärztliche Untersuchung absolvieren – ein Auto geben wir ja auch regelmäßig zum Service.

Was sollte ein Basis-Check beinhalten?

Generell ist ein solcher Basis-Check eine optimale Chance, eine gesundheitsspezifische Bestandsaufnahme zu tätigen. In guten Gesundheitszentren, größeren Fitnesszentren oder sportmedizinischen Zentren können Sie diese Tests fast im One-Stop-Verfahren bewältigen. Öfter, als man glaubt, haben auch sportinteressierte Kollegen gute Partner an der Hand, die ihre medizinischen Leistungen mit sportspezifischen Leistungen gut abrunden können.

Folgende Untersuchungen und Tests sollten jedenfalls in einem Basis-Check enthalten sein:

Medizinischer Basis-Check

Körperliche Untersuchung:

- Körperfett-Bestimmung
- Body-Mass-Index (BMI) oder waist-to-height-ratio (WtHR)
- Basis-Labor von Blut und Harn
- Spirometrie
- ev. Herzultraschalluntersuchung
- ev. Ultraschall der Halsschlagadern
- Belastungs-EKG inkl. Ruhe-EKG

Orthopädischer Basis-Check

- Muskelfunktionstest
- klin. Stand-/Ganganalyse
- Gelenksstatus

Leistungsdiagnostischer Basis-Check
- Cooper-Test
- Conconi-Test
- Lactatdiagnostik
- Spiroergometrie

Ziel sollte eine klare Aussage über den aktuellen *Gesundheitszustand* und die *Sporttauglichkeit* sein.

Medizinischer Basis-Check – Wie fit sind Sie?

Die körperliche Untersuchung gibt einen ersten groben Aufschluss hinsichtlich allgemeiner klinischer Auffälligkeiten. Sie beinhaltet üblicherweise neben der Erhebung von Körpergröße, Körpergewicht, Body-Mass-Index (BMI) oder waist-to-height-ratio (WtHR), Blutdruck und der Herzfrequenz in Ruhe auch das Abhören von Herz und Lunge sowie die klinische Untersuchung des Bauchraums. Diese Untersuchungen ergeben bereits erste Hinweise auf gesundheitliche Risikofaktoren. Ebenso ist die Erhebung von Basis-Laborwerten wichtig. Besteht zum Beispiel eine Blutarmut, werden Sie bei jeder kleinen Belastung außer Atem kommen und Ihre Trainingsleistung wird sich kaum verbessern. Blutarmut kann verschiedenste Ursachen haben. Ein einfacher Eisenmangel durch Mangelernährung oder zu reichlichen Kaffeekonsum kann dafür ebenso verantwortlich sein wie eine chronische Blutung bei einer chronischen Gastritis. Eine Spirometrie oder Lungenfunktionstestung deckt womöglich erste Zeichen von Asthma oder anderen Atemwegserkrankungen auf. Ein Ruhe-EKG dient zur Erkennung von Störungen des Herzrhythmus, der Erregungsausbreitung und -leitung, der Herzwandverdickung oder eines vielleicht asymptomatischen alten Herzinfarktes.

Die Bestimmung des Körperfettanteils gibt erste Rückschlüsse auf den Trainingszustand. Sie ist wie eine Herzultraschalluntersuchung (Echocardiografie) oder eine Ultraschalluntersuchung der Halsgefäße (Carotissonografie) nicht zwingend in einer Gesundenuntersuchung enthalten. Eine Herzultraschalluntersuchung zur Bestimmung und Beurteilung von Größe, Struktur und Funktion des Herzens, einschließlich der Herzklappen, oder eine Ultraschalluntersuchung der Halsschlagadern zur Beurteilung des Risikos für Gefäßerkrankungen wird Ihr Arzt bei Verdacht allfälliger Risikofaktoren ebenso veranlassen wie ein Belastungs-EKG. Das Belastungs-EKG unterscheidet sich von anderen leistungsdiagnostischen Testverfahren nicht nur durch die Ableitung eines EKGs während der stufenförmigen Belastung – üblicherweise am Fahrrad. Die Belastungsprotokolle – Dauer und Schwere der Belastungsstufen sowie Belastungsintensität – sind primär so ausgelegt, dass allfällige Erkrankungen erkannt werden können, ohne ein gesundheitliches Risiko des Patienten einzugehen. Daher kann es nicht zwingend einen leistungsdiagnostischen Test ersetzen. Eine erste Orientierung hinsichtlich des Trainingspulses kann jedoch im Bedarfsfall abgeleitet werden, denn das Training der Ausdauer des Herz-Kreislauf-Systems benötigt einen anderen Puls als zum Beispiel das Training zum Schmelzen unnötiger Fettdepots.

Orthopädischer Basis-Check – Gibt es bereits Beschwerden?

Eine Untersuchung der Gelenke auf Abnützungen, Instabilitäten sowie auf Kraft und Verkürzungen der Muskulatur hilft dabei, jenen Sport auszusuchen, der auch lange Freude bereiten kann. Ungleichgewichte im muskulären System sind oft die Basis von Überlastungsschäden wie z.B. der „Maus“-Finger, die Rotatorenmanschette, der Spreizfuß. Neben Muskelfunktionstests gehören zum orthopädischen Basis-Check auch die Beurteilung von Gelenksachsen und der Stabilität der Gelenke. Es ist zu überprüfen, ob Abnützungen der Gelenke bereits vorliegen – nicht um Bewegung zu untersagen, sondern um sie richtig zu dosieren! Sie fahren ja auch nicht mit zu wenig Luftdruck im Reifen! Sollten Sie bereits Beschwerden im Alltag oder bei Belastung haben, so wird Ihr Arzt vielleicht unterstützende Untersuchungen oder einfach für den Start eine Heilgymnastik anordnen. Auch eine Videoanalyse kann bei Bewegungsstörungen sinnvoll eingesetzt werden.

In der Beurteilung wird leider die sogenannte Propriorezeption zu wenig berücksichtigt.

Die Propriorezeption gehört zur Gruppe der körpereigenen Rückmeldungen. Im Falle der Propriorezeption informieren die Nerven das Gehirn über die Stellung der Lage im Raum. Dieses veranlasst bei Bedarf entsprechende Ausgleichsbewegungen. Der Einsatz eines propriozeptiven Trainings erfolgt, um diese Rückmeldung des Körpers gezielt zu nutzen. Propriorezeption erfährt in den letzten Jahren im sportlichen Krafttraining eine stetig zunehmende Aufmerksamkeit mit dem Ziel eines tiefensensiblen Muskelzuwachses. Die Muskulatur soll durch die körpereigene Rückmeldung gezielter zur Entwicklung angeregt werden. Gleichzeitig kommt es bei einem propriozeptiven Krafttraining zur Entwicklung der Bewegungskoordination.

Wenn die Propriorezeption nicht ausreichend entwickelt ist, erhöht sich das Risiko von Fehlbelastungen der Gelenke und des Bewegungsapparat sowie das Risiko von Verletzungen.

Im Bereich der Krankengymnastik und Rehabilitation von Bewegungsstörungen ist die Propriorezeption eine bereits langjährig bekannte Methode, ebenso im Bereich der orthopädischen Schuheinlagen. Durch spezielle orthopädische Einlagen kann man eine bessere Bewegungsstabilität erzielen.

Testen Sie doch einmal Ihre persönliche Propriorezeption. Stellen Sie sich locker mit hüftbreiten Beinen – in den Knien leicht gebeugt – hin, schließen Sie die Augen. Verlagern Sie Ihr Gewicht auf ein Bein und heben Sie das entlastete Bein hoch. Neigen Sie den Kopf zum Nacken hin. Je früher Sie zu wackeln beginnen, umso mehr sollten Sie Ihr Gleichgewicht und Ihre Propriorezeption trainieren. Gehen Sie dazu zum Beispiel barfuß über verschiedene Bodenstrukturen oder balancieren Sie über Baumstämme. Es gibt viele Möglichkeiten, diese Fähigkeiten zu trainieren. Eine andere Möglichkeit, sich einen Überblick über die eigene Propriorezeption zu verschaffen, ist es, sich hüftbreit vor einen hohen Spiegel zu stellen und langsam mehrere halbe Kniebeugen (bis in Sitzhöhe) zu machen. Bleiben Ihre Kniegelenke stets auf einem Fleck oder wackeln sie im Raum herum? Was tun Ihre Sprunggelenke? Können Sie sie gut stabilisieren oder knicken Sie mit den Knöcheln zum Boden hinunter? Tipps, wie Sie besser werden können und wie man es richtig macht, finden Sie im Trainingsteil.

Sollten Sie diesen orthopädischen Basis-Check erst in einigen Wochen machen können, so hören Sie ruhig einmal in sich selbst hinein:

- Hat mich in letzter Zeit ein Gelenk oder der Rücken öfters geschmerzt?
- Bin ich in letzter Zeit öfter gestolpert?
- Hat mich bei längerem Spazierengehen mein Knie oder meine Leistenbeuge geschmerzt?
- Schmerzt mich die Schulter, wenn ich etwas aus höher gelegenen Fächern herausholen muss?
- Habe ich Probleme, auf einem Bein zu stehen? Bitte beidseits testen.

Können Sie alle Fragen ruhigen Gewissens mit *NEIN* beantworten, so haben Sie ein relativ geringes Risiko, Probleme mit Ihrem Bewegungsapparat zu bekommen – wenn Sie die Zeit bis zu Ihrem orthopädischen Basis-Check für Aktivität nützen. Müssen Sie eine oder mehrere Fragen mit *JA* beantworten, so starten Sie lieber mit dem Fahrrad – hohem Lenker und Sitz – oder einfach mit Walking, vulgo flottem Gehen. Bei Gangunsicherheit sind Nordic-Walking-Stecken sehr vorteilhaft – auch wenn Sie Nordic

Walking noch nicht richtig gelernt haben. Sie geben einfach Sicherheit.

Der Leistungsdiagnostische Basis-Check – Wo sind die Grenzen?

Mit Leistungschecks können im Trainingsalltag unterschiedliche Ziele verfolgt werden. Das Testergebnis kann nebst der angestrebten Umschreibung Ihres momentanen Leistungszustandes auch für die Trainingsteuerung nützlich sein, biologische Abläufe deutlich machen und Leistungsvergleiche ermöglichen.

Je nach Menschentyp kann ein solches Testverfahren als sinnvolle Motivationshilfe oder im Spitzensport als „Peitsche“ gebraucht werden, um den Sportler zu Höchstleistungen anzuspornen und gezielt in den Trainingsprozess eingebaut zu werden. Betrachtet man die leistungsbestimmenden Elemente verschiedener sportlicher Aktivitäten, so kann man den Test an diese sportartspezifischen Bedürfnisse anpassen. Einen Läufer wird man daher nicht am Fahrrad oder Ruderergometer testen. Gleichzeitig macht es wenig Sinn, einen völlig untrainierten Neueinsteiger auf ein hochspezifisches Laufband zu stellen. Hier ist nach unserer Erfahrung das Fahrrad absolut ausreichend. Wenn im Zuge der regelmäßigen Aktivität der Wunsch entsteht, auf ein bestimmtes Ziel hin zu trainieren, muss ohnehin für eine gezielte Trainingsplanung eine neuerliche Testung erfolgen und diese kann dann am Laufband gemacht werden. Generell gilt, dass ein gewähltes Verfahren zur Prüfung der körperlichen Leistungsfähigkeit eine möglichst hohe Aussagekraft, möglichst geringen Zeitaufwand und eine möglichst universelle Einsetzbarkeit haben sollte.

Die Möglichkeiten der Ausdauerleistungsdiagnostik

Die Testung des Dauerleistungsvermögens hat eine jahrzehntelange Tradition, da sie einerseits große gesundheitliche Bedeutung hat, andererseits für zahlreiche Sportarten eine wichtige Grundvoraussetzung darstellt. Immer wieder erleben wir, dass völlig untrainierte Menschen nach Jahren der Inaktivität von einem Tag auf den anderen mit dem Laufen beginnen. Dies kann nicht nur die Gelenke überlasten, es kann auch ernsthafte gesundheitliche Probleme (z.B. Verletzungen, Herzmuskelschäden, ...) verursachen.

Der Ausdauertest erfolgt grundsätzlich immer nach einem weitgehend gleichen Grundprinzip. Der Test beginnt auf einer lockeren Belastungsstufe. Die Belastungsintensität wird in zuvor definierten Schritten bis zur völligen Erschöpfung gesteigert. Je nach Testverfahren werden Herzfrequenz, Lactat-Milchsäure im kapillaren Blut, subjektives Empfinden nach Borg und/oder Atemgaswerte bestimmt. Die Ausdauertests lassen sich aufgrund der gemessenen physiologischen Parameter in vier Gruppen einteilen:

1. Einfache Feldtests (z.B. 12-Minuten-Lauf – Cooper-Test)
2. Herzfrequenztests (z.B. Conconi-Test)
3. Lactattests – Milchsäurebestimmung; Bestimmung des Trainingszustandes und der Leistungsfähigkeit, Ermittlung der aeroben und anaeroben Schwelle
4. Messung der maximalen Sauerstoffaufnahme (VO_2max); Ermittlung des Trainingszustandes und der Ausdauer-Leistungsfähigkeit durch zeitgleichen Belastungstest und Lungenfunktionstest

Lactattest und Messung der maximalen Sauerstoffaufnahme können je nach Sportart am Fahrrad, Laufband, Rudergerät, Rollstuhlergometer oder Handkurbelergometer durchgeführt werden.

Um Verfälschungen zu vermeiden, sollten vor derartigen Leistungstests folgende Regeln beachtet werden:

- Zwei Tage vor dem Test sollte kein intensives oder langes Training erfolgen, damit der Test ohne Ermüdung durchgeführt werden kann. Ein lockeres Training ist jedoch durchaus möglich. In den Nächten vor dem Test sollte auf ausreichend Schlaf geachtet werden. Ebenso ist genügend Zeit zur Testdurchführung wichtig.
- Die Ernährungsgewohnheiten sollten in den letzten 48 Stunden vor dem Test immer gleich auf die Konstanthaltung der Glykogenspeicher ausgerichtet sein. Zwei Stunden vor dem Test sollte nichts gegessen werden. Wenn es unbedingt notwendig ist, dann nur kleine Speisen.
- Wegen tageszeitlicher Schwankungen der physischen Leistungsfähigkeit sollten Wiederholungstests möglichst zu gleichen Testzeitpunkten durchgeführt werden.

Rauchen, Alkohol und physische Anstrengungen in den Tagen vor dem Test können das Ergebnis negativ beeinflussen. Bei einem unmotivierten Sportler lohnt sich der Arbeitsaufwand nicht.

Bei Spitzenathleten, bei denen die Tests auch in relativ kurzen Abständen durchgeführt werden und die Leistungsschwankungen klein sind, müssen die Rahmenbedingungen möglichst standardisiert werden, um Veränderungen erfassen zu können. Durch Wind, Niederschläge, Höhenlage, extreme Temperaturen und wechselnde Luftfeuchtigkeit werden die Testergebnisse ebenso wesentlich beeinflusst. Deshalb ist bei schlechten Bedingungen eine Verschiebung des Tests nötig.

Einfache Feldtests (12-Minuten-Lauf – Cooper-Test)

Der nach dem amerikanischen Arzt Dr. Kenneth Cooper benannte *Cooper-Test* besteht darin, die größtmögliche Distanz zu ermitteln, die eine Person in zwölf Minuten laufend zurücklegt. Er ist einfach durchführbar und trotzdem ein aussagekräftiger und jederzeit wiederholbarer Ausdauertest. Sie benötigen außer einer Uhr mit Sekundenzeiger lediglich eine Strecke von 400 m oder ein ebenes Gelände mit Distanzmarken, sodass Sie Ihre gelaufene Entfernung möglichst genau bestimmen können. Wenn Sie diesen Test für sich durchführen, so gilt das Gleiche wie beim eigentlichen Training – erst aufwärmen, locker dehnen, Arme kreisen, im Stand locker bewegen. Wenn Sie den Test beginnen, so achten Sie darauf, nicht mit voller Geschwindigkeit zu starten. Es geht nicht darum, eine tolle Zeit zu laufen, sondern zwölf Minuten möglichst gleichmäßig durchzulaufen. Wenn Sie am Ende in den letzten Minuten meinen noch unausgeschöpfte Reserven zu haben, können Sie noch immer beschleunigen.

Übrigens, machen Sie lieber keine Experimente mit neuen Schuhen oder ungewohnter Kleidung, das könnte das Ergebnis beeinflussen!

Die Auswertung des Tests ist relativ einfach. Ist zum Beispiel eine 50-jährige Frau 1.550 m gelaufen, so ist ihr Ergebnis ein gutes, bei einer 20-jährigen Frau ist es jedoch gerade noch okay. Bei einem 35-jährigen Mann wäre es mäßig bis schwach.

Frauen				Alter	Männer			
♥♥♥	♥♥	♥	ϟ		♥♥♥	♥♥	♥	ϟ
2600	2150	1850	<1550	bis 30	2800	2400	2000	<1600
2500	200	1650	<1350	30-39	2650	2250	1850	<1550
2300	1850	1500	<1200	40-49	2500	2100	1650	<1350
2150	1650	1350	<1050	ab 50	2400	2000	1600	<1300

Da der Cooper-Test durch Willen und Motivation weit im anaeroben Bereich beendet werden kann, sollten Sie am nächsten Tag gut auf Ihr Befinden achten. Muskelkater und

Gelenksschmerzen auf allen Ebenen können Zeichen der Überforderung sein. Vielleicht haben Sie Ihr Letztes gegeben und haben so Ihren Körper überfordert. Lassen Sie sich in diesem Fall von einem Experten beraten.

Dieser einfache Test gibt dem Hobbyläufer in der Verlaufsbeobachtung während des Jahres eine ausreichende Aussage über die Entwicklung seiner Ausdauerleistungsfähigkeit. Wird der Test gut eingeteilt (die meisten beginnen zu schnell) und mit maximaler Anstrengung durchgeführt, ergibt sich eine gute Reproduzierbarkeit. Die Nachteile des 12-Minutenlaufes bestehen darin, dass er als Maximaltest generell von den Teilnehmern nicht gern gemacht wird und für ältere Leute und Untrainierte belastend ist. Ebenso können keine Trainingsempfehlungen abgeleitet werden.

Herzfrequenztests

Der Puls, also die Herzfrequenz, ist ein sehr guter Indikator für die Belastung des Menschen beim Training. Die Herzfrequenz eignet sich auch ausgezeichnet für die Steuerung des Trainings.

ATP oder Adenosintriphosphat ist der Energielieferant des Muskels. Die Voraussetzung für jede körperliche Arbeit ist ein reibungsloser ATP-Nachschub. Der menschliche Körper hat vereinfacht gesehen zwei Möglichkeiten, Energie für die muskuläre Arbeit zur Verfügung zu stellen: eine aerobe und eine anaerobe. Dauerleistungen vermag die Muskulatur nur dank zweier Stoffwechselmechanismen zu vollbringen. Beim einen verbrennt die Muskulatur Traubenzucker, Glucose, sowie die aus Fetten stammenden Fettsäuren unter Sauerstoffverbrauch – dies wird als aerobe Energiegewinnung bezeichnet. Diese Form der Energiegewinnung bedarf einer ausreichenden Sauerstoffzufuhr. Kommen wir außer Atem und wird somit nicht genügend Sauerstoff in die Muskelzelle transportiert, so ist dieser Energiegewinnungsprozess vorerst erschöpft – er verbraucht mehr ATP, als der aerobe Energiegenerator liefern kann. Nun tritt der anaerobe Stoffwechsel in den Vordergrund. Das passiert immer dann, wenn nicht genug Sauerstoff zur Energiegewinnung zur Verfügung steht. Die benötigte Energie steht dabei schnell zur Verfügung, die Energieausbeute ist aber gering, da das Zuckermolekül nicht vollständig zerlegt wird. Es entsteht Milchsäure (Lactat), die schnell zur Ermüdung führt, wenn sie sich verstärkt anhäuft. Der anaerob-laktazide Stoffwechsel nutzt die Nahrungskohlenhydrate unökonomisch. Bei erschöpfenden Anstrengungen mit einer Belastungsdauer von etwa einer Minute wird der anaerob-laktazide Stoffwechsel ausgereizt. Mit einem Anteil von maximal 70% an der Gesamtenergieproduktion wird ein Höhepunkt etwa 45 Sekunden nach Beginn der harten zusätzlichen körperlichen Belastung erreicht. Im Spitzenbereich werden bei Auslastung des anaerob-laktaziden Stoffwechsels Lactatkonzentrationen bis zu 25 mmol/Liter im Blut gemessen, Untrainierte erreichen ein Lactat von 7–8 mmol/l. Lactat (Milchsäure) wird in Muskelfasern und Blut angereichert. Die Folge: Der Organismus wird buchstäblich sauer, die im Stoffwechsel unentbehrlichen Enzyme werden gehemmt und dem Sportler werden die Beine schwer. Das Lactat kann im kapillären Blut gemessen werden und gibt uns Aufschluss über den Belastungs-/Erschöpfungszustand der Muskulatur.

Da die aeroben und anaeroben Vorgänge mit unterschiedlicher Ausprägung parallel laufen, unterscheiden wir drei Belastungsbereiche:

1. Aerober Bereich: Lactatspiegel unter 2 mmol/l (= Millimol pro Liter) – in diesem Bereich erfolgt beispielsweise regeneratives Training (Mol ist eine Stoffmenge. Millimol ist ein Tausendstel Mol)
2. Aerob-anaerober Bereich: Lactatspiegel 2–4 mmol/l – in diesem Bereich erfolgt beispielsweise regeneratives Grundlagenausdauertraining
3. Anaerober Bereich: Lactatspiegel über 4 mmol – in diesem Bereich erfolgen beispielsweise Sprintleistungen.

Die Ausdauerleistungsfähigkeit ist in diesem Bereich sehr begrenzt, da die Energiegewinnung ohne Sauerstoff nur in begrenztem Umfang erfolgen kann.

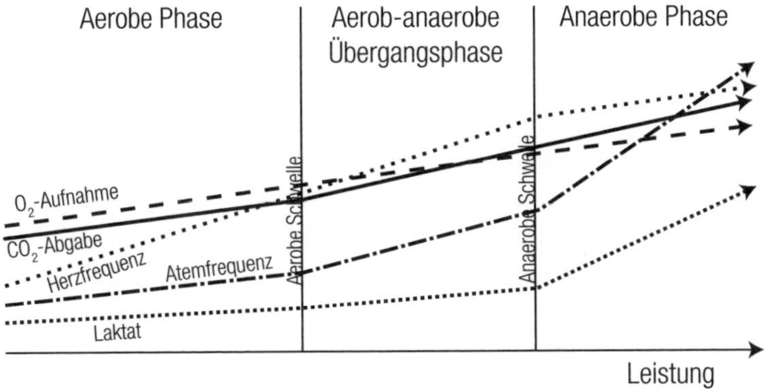

Um Belastungen des Herz-Kreislauf-Systems sowie den Trainingsprozess optimal steuern zu können, bedient man sich der Bestimmung der aeroben und der aneroben Schwelle. Sprinter (100-m-Lauf, ...) müssen beispielsweise eine gut trainierte anaerobe Energiegewinnung haben. Für Ausdauerleistungen dagegen ist dieser Trainingsbereich weitgehend uninteressant. Hier muss vorzugsweise an der aeroben Schwelle sowie im aerob/anaeroben Bereich trainiert werden.

Die Grenze bei 2 mmol/l wird als aerobe Schwelle, jene bei 4 mmol/l als anaerobe Schwelle bezeichnet. In diesem Bereich erfolgt im Leistungssport Intervalltraining und Schwellentraining.

Ab der aeroben Schwelle (ca. 2 mmol Lactat/Liter Blut) kann die benötigte Energie nur durch zusätzliche Energiegewinnung auf dem anaerob-laktaziden Stoffwechselweg bereitgestellt werden. Dadurch steigt der Lactatspiegel rascher an. Bei Belastungsintensitäten unterhalb dieser Schwelle erfolgt die Energiegewinnung fast ausschließlich aerob; der Lactatspiegel bleibt in der Nähe des Ruhewertes.

Der aerob-anaerobe Übergangsbereich liegt zwischen der aeroben und anaeroben Schwelle. Die Lactatbildung nimmt mit steigender Belastungsintensität zwar zu, Lactatbildung und Lactatabbau stehen jedoch weitgehend im Gleichgewicht. Die anaerobe Schwelle liegt etwa bei 4 mmol/l. Sie ist weitgehend vom Trainingszustand abhängig. Bei Belastungsintensitäten an dieser Schwelle liegt ein maximales Lactatgleichgewicht vor – Lactatbildung und Lactatabbau stehen gerade noch im Gleichgewicht. Dieser Zustand wird auch Steady-state genannt. Eine höhere Belastungsintensität führt zu einem starken und raschen Anstieg des Lactatspiegels. Die vorwiegend anaerobe Energiegewinnung führt zur schnellen Erschöpfung durch Übersäuerung.

Die aerobe Leistungsfähigkeit ist neben dem Trainingszustand unter anderem durch die Lungenfunktion und den Hämoglobingehalt des Blutes limitiert, die anaerobe Arbeit durch gespeicherte Energiereserven aus dem Muskel, Training und Kondition.

Im mittleren Leistungsbereich ist eine individuelle Trainingssteuerung durch die Bestimmung der anaeroben Schwelle (ANS) sinnvoll. Die anaerobe Schwellengeschwindigkeit ist die Laufgeschwindigkeit an der anaeroben Schwelle. Das bedeutet, dass jene Belastung/Herzfrequenz, die Sie bei einem Lactatwert von etwa 4 mmol/l gehabt haben, in etwa der empfehlenswerten Trainingsintensität entspricht. Da die Herzfrequenz entsprechend der jeweiligen Tagesverfassung schon bei niedrigeren Trainingsintensitäten oder erst bei höheren Belastungen ansteigt, wird sie im medizinisch orientierten Training zur Steuerung der Belastungsintensität bevorzugt. Durch kontinuierliche Bestimmung der Herzfrequenz können selbst Patienten nach Herzinfarkt oder Lungentransplantation gefahrlos trainiert werden. Sämtliche nachfolgenden Testverfahren dienen zur Erhebung dieser aeroben/aneroben Schwelle.

Conconi-Test

Dieser Test, benannt nach dem italienischen Professor Francesco Conconi, wurde erstmals 1982 als Feldtest zur Ermittlung der anaeroben Schwelle auf Basis der Herzfrequenzmessung bei Läufern vorgestellt. Mit Herzfrequenzmessungen kann man sowohl testen als auch steuern, weshalb die Herzfrequenz ein wichtiges Element in der Trainingsberatung des Ausdauersportlers darstellt. Der Conconi-Test liefert mit relativ geringem Aufwand eine gute Schätzung der Ausdauerfähigkeit. Man misst dabei das Herzfrequenzverhalten bei zunehmender Belastung und nutzt die Tatsache aus, dass die Herzfrequenz-/Geschwindigkeitsbeziehung zuerst weitgehend linear verläuft, um dann im intensiven Bereich häufig weniger stark anzusteigen. Der Herzfrequenzanstieg verläuft daher zu Beginn über weite Bereiche linear zur Belastungssteigerung. Bei weiter steigender Belastung kommt es jedoch zu einem flacheren Anstiegsverlauf. Dieser Abknick wird auch Deflektionspunkt (Vd = velocity deflection) genannt. Nach Conconi stimmt die dabei erreichte Herzfrequenz mit der anaeroben Schwelle überein. Am einfachsten wird er auf einer 400-m-Rundbahn durchgeführt. Der Läufer absolviert die Rundbahn mit genau vorgeschriebenem Tempo. Das Lauftempo wird je nach Belastungsprotokoll alle 200 (– 1000) Meter um 0,5 km/h gesteigert. Die Testperson läuft das stufenweise gesteigerte Tempo bis zur Erschöpfung. Am Ende jeder Belastungsstufe wird die Pulsfrequenz aufgezeichnet.

Diese Ursache der Knickbildung ist wissenschaftlich noch nicht geklärt und tritt nicht immer konstant auf, was die Interpretation des Tests erschwert. Ein großes Problem des Conconi-Tests ist, dass es für Untrainierte im Freien sehr schwer ist, das vorgegebene Tempo mit konstanter Ge-

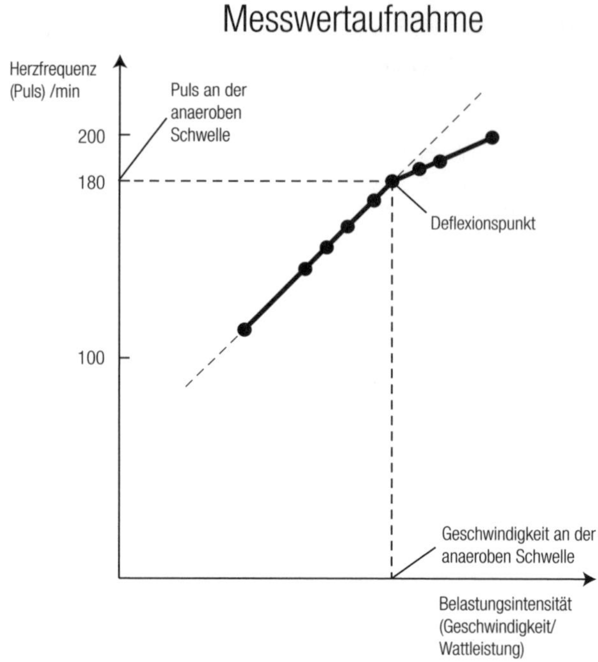

Bestimmung des Deflexionspunktes

schwindigkeit zu laufen. Daraus resultieren Herzfrequenzsprünge, die die Auswertung erschweren. Das Laufband ist hier oft wesentlich einfacher in der Anwendung.

Auswertung der Testresultate
Für die Erfassung des Deflexionspunktes und somit der anaeroben Schwelle werden Laufgeschwindigkeit und Herzfrequenz in einem Diagramm aufgetragen. Die Laufgeschwindigkeit lässt sich mit folgender Umrechnungsformel ermitteln: Geschwindigkeit = 720/t

[t = Laufzeit pro 200 Meter in Sekunden] Die Herzfrequenz am Deflexionspunkt entspricht der oberen Trainingsherzfrequenz an der anaeroben Schwelle.

Nach einem zweimonatigen Training kann der Test wiederholt werden, um die Leistungsentwicklung gezielt anpassen zu können. Eine Verschiebung der Herzfrequenzkurve nach rechts geht üblicherweise mit einer Verbesserung der Schwellengeschwindigkeit einher. Die Ausdauerfähigkeit ist daher verbessert. Wenn die Kurve nach links verschoben ist, entspricht dies einer Verschlechterung der Ausdauerfähigkeit.

Lactattests

Ein sowohl im Leistungssport als auch in der modernen Rehabilitation gerne eingesetzter Test der Leistungsfähigkeit ist der Lactattest, der ebenfalls dabei hilft, das Training besser zu steuern. Er kann sowohl am Ergometer als auch im Feld erfolgen. Eine kontrollierte Durchführung erfolgt am einfachsten am Fahrradergometer. Dabei wird das Tempo kontinuierlich gesteigert, die Herzfrequenz gemessen und Blut aus dem Ohrläppchen entnommen. Das Lactat wird im Blut ermittelt und gibt als Stoffwechselendprodukt des Muskelstoffwechsels über die Ermüdung Auskunft. Die Lactatkurve zeigt bei gleichmäßig ansteigender Belastung typischerweise einen runden, exponentiellen Verlauf. Durch den Lactatwert und die dabei erzielte Herzfrequenz kann man – abhängig vom Trainingsziel – die optimalen Trainingszonen bestimmen. Beträgt die Herzfrequenz zum Beispiel an der aeroben Schwelle (2 mmol/l) 110, so wird für ein Training zum Fettabbau bzw. ein regeneratives Training die Trainingsherzfrequenz mit 110 angegeben. Beträgt sie an der anaeroben Schwelle (4 mmol/l) 135, so wird die Trainingsempfehlung für ein extensives, also sehr ausgedehntes Grundlagenausdauertraining etwa 120 Puls, für ein Schwellentraining 130 bis 140 Puls sein.

Der maximale Blutlactatspiegel (40–90 s nach dem Belastungsende) nach einem anaeroben Test ermöglicht ein grobes Abschätzen der anaeroben Leistung. Die Lactatelimination – also die Abfallsgeschwindigkeit des Lactatspiegels – kann als Maß für den Trainingszustand gewertet werden. Eine schnellere Senkung des Blutlactatspiegels kann durch aktive Erholung (lockeres Ausgehen, Bäder, ...) erzielt werden.

Die Lactatkinetik bedarf gut geregelter Durchführungsbedingungen. Tiefere Lactatwerte werden zum Beispiel bei leeren Glykogenspeichern (z.B. nach einem langen Ausdauertraining oder Sympathikuserschöpfung – langfristige Stressbelastungen) erzielt. Bei korrekter Durchführung von Lactatmessungen sind genauere Angaben über den Leistungszustand, die Trainingsintensitäten und die Leistungsentwicklung möglich als mit alleiniger Herzfrequenzmessung. Wichtig ist dabei auch eine ausreichend lange Dauer der einzelnen Belastungsstufen (vier Minuten und länger), da durch sie die Erreichung eines Steady-state und reproduzierbare Ergebnisse gesichert werden.

Physical Working Capacity – PWC 170

Wird ein Stufentest durchgeführt und kann keine Lactatbestimmung erfolgen, so ist die Bestimmung der Physical Working Capacity (PWC) eine weitere bewährte Methode zur Bestimmung der physischen Leistungsfähigkeit und Trainingsempfehlung auf Basis der Herzfrequenz. Unter der PWC versteht man die in Watt angegebene mechanische Leistung eines Menschen bei einer Herzfrequenz von 170 Pulsschlägen pro Minute normiert auf das Körpergewicht (Nowacki, Schäfer 1985). Sie macht Aussagen über das Dauerleistungsvermögen der jeweiligen Person. Die PWC kann aber auch bei einem Puls von 130 (PWC_{130}) und oder 150 (PWC_{150}) angegeben werden. Typische Werte für untrainierte, normalgewichtige Personen sind 2,5 W/kg bei Frauen und 3,0 W/kg bei Männern.

Grundsätzlich lässt sich ein fahrradergometrischer Test maximal, also bis zur Erschöpfung der Testperson, oder submaximal, also bis zu einer annähernd erschöpfenden Belastung, durchführen. Im Fitnessbereich wird der Test nur in seltenen Fällen – bei sportlichen, jungen Personen – maximal, sonst aber nur bis zum Erreichen submaximaler Belastungen durchgeführt. Damit vermeidet man extreme körperliche Belastungen – die Aussage zur Leistungsfähigkeit ist dennoch ausreichend genau.

Hf max. = 220 – Lebensalter in Jahren,

Hf submax. = 170 – ½ Lebensalter in Jahren.

Die Höhe der Pulssteigerung bzw. der „Puls-Sprünge" bei der jeweils nächsten Belastungsstufe, gibt Auskunft über die Leistungsfähigkeit des Herz-Kreislauf-Systems. Je schneller der Puls während des Tests ansteigt, umso schlechter ist die Testperson trainiert. Denn dann muss sich das Kreislaufsystem bereits bei geringen Belastungen enorm „anstrengen" und die Testperson ist schon frühzeitig erschöpft.

Die Beurteilung der Leistungsfähigkeit auf dem Fahrradergometer erfolgt relativ, das heißt abhängig vom Körpergewicht. Das bedeutet, dass die beim Zielpuls erreichte absolute Leistung in Watt noch durch das Körpergewicht geteilt werden muss. Damit erhält man dann die maßgebliche relative Leistung in Watt/kg Körpergewicht. Dieses Verfahren ist erforderlich, da die absolute Leistungsfähigkeit eines großen, schweren Menschen selbstverständlich größer ist als die eines kleinen, leichten, sodass nur die relative Leistung einen Vergleich aller Personen ermöglicht.

Häufig wird zusätzlich zur Bewertung der Leistung beim Zielpuls auch das Pulsverhalten nach Belastungsende (sog. „Erholungspuls") bewertet. Ein Rückgang der Herzfrequenz (Puls) 5 Minuten nach submaximaler Belastung unter 20 Pulsschlägen ist schlecht, bei 30–35 Pulsschlägen ausreichend, bei 45–50 Pulsschlägen sehr gut und über 50 Pulsschläge ausgezeichnet. Die genannten Bereiche stellen eine Orientierungshilfe dar, können jedoch je nach Rahmenbedingungen variieren.

Messung der maximalen Sauerstoffaufnahme (VO_2max)

Eine weitere Möglichkeit der Leistungsdiagnostik stellt die Spiroergometrie dar. Bei ihr werden Atemparameter während stufenweiser Belastung bestimmt. Der wesentliche Zielparameter ist hierbei die maximale Sauerstoffaufnahme (VO_2max). Diese Testung ist relativ aufwendig und wird daher nur in größeren sportmedizinischen Institutionen oder Spitälern durchgeführt. Die zur Sauerstoffmessung benötigten Masken werden von den zu testenden Personen meist schlecht akzeptiert. Die zusätzliche Bedeutung der VO_2max-Messung für den Sportler und Trainer als Leistungsprädiktor ist umstritten. Es gibt sowohl Studien, die zeigen, dass die Bestimmung der VO_2max Vorteile in der Trainingssteuerung bringt, ebenso aber gibt es Studien, die belegen, dass durch ihre Bestimmung kein wesentlicher Vorteil in der Steuerung der Trainingsprozesse besteht.

Parallel zur maximalen Sauerstoffaufnahme können auch weitere Atemparameter, z.B. O_2-Verbrauch, CO_2-Produktion, ..., bestimmt werden. Im Allgemeinen gilt, dass die aerob-anaeroben Schwellen durch die Spiroergometrie besser überprüfbar sind. Männer im Alter von 20 Jahren sollten eine maximale Sauerstoffaufnahme von 44–50 ml Sauerstoff pro Kilogramm Körpergewicht haben, Frauen in diesem Alter 38–42 ml Sauerstoff pro Kilogramm Körpergewicht. Ab dem 30. Lebensjahr nimmt die Sauerstoffsättigung um 1% pro Lebensjahr ab. Ausdauersportler können bis zu 95 ml Sauerstoff pro Kilogramm Körpergewicht aufnehmen. Patienten mit einer schweren Herzschädigung müssen vergleichsweise mit weniger als 14 ml Sauerstoff pro Kilogramm Körpergewicht auskommen. Die Bedeutung der Messung der maximalen Sauerstoffaufnahme für den Hobbysportler ist vernachlässigbar.

Übersicht über die Vor- und Nachteile der wichtigsten Ausdauertests

Testart	Vorteile	Nachteile
Einfache Feldtests (12-Minuten-Lauf)	kurz, einfach durchzuführen, bei entsprechender Motivation ein gutes Maß für die Ausdauer	Maximaltest, Trainingsempfehlungen sind daraus nicht ableitbar
Herzfrequenztests (Conconi-Test)	Einfach und rasch durchführbar, Bestimmung der maximalen Herzfrequenz, Abschätzung der aeroben Leistungsfähigkeit und Trainingsempfehlungen möglich	Maximaltest, in bis zu 20% kein Deflection Point in der Herzfrequenzkurve erkennbar
Lactattests	Genaue Erhebung der anaeroben Schwelle, gute Dokumentation der Leistungsentwicklung, genaue Trainingsempfehlungen	Größerer materieller und finanzieller Aufwand
Messung der max. Sauerstoffaufnahme (VO_2max.)	aerob-anaerobe Schwelle gut überprüfbar, max. Sauerstoffaufnahme (VO_2max.)	hohe Kosten für Geräte und Materialien, störungsanfällige Geräte

Der Einsatz der verschiedenen Tests sollte auf Fragestellung und Ausdauerleistungsniveau angepasst werden, um ein vernünftiges Verhältnis zwischen Aufwand und Ergebnis zu gewähren.

Nicht jeder muss einen Marathon laufen

Haben Sie bisher zu den Bewegungsmuffeln gehört oder nutzen Sie jede Möglichkeit, um hinauszukommen? Wollen Sie einfach gesundheitsorientiert wieder in Schwung kommen oder ist es Ihr Ziel, im Alltag, in der Freizeit oder beim Sport leistungsfähiger zu werden? In jedem Fall macht es Sinn, sich ein gutes Trainingsprogramm zusammenzustellen, mit Auswahl der individuell richtigen Bewegung und der richtigen Dosierung. Auch wenn Sie verschiedene Bewegungsformen wählen, ist dies kein Problem. Wenn es Ihnen Spaß macht, können Sie einen Tag laufen, einen Tag Rad fahren und einen Tag ins Fitness Center oder zum Turnverein gehen. Spaß am Sport ist wichtig und ebenso Motivationsfaktor wie die regionale Verfügbarkeit und eine gute Ausrüstung. Zu dieser Ausrüstung gehört auch die „Ausstattung“ des eigenen Körpers. Wenn die gewählte Sportart und die Fähigkeiten Ihres Körpers gut aufeinander abgestimmt sind, kann kaum mehr etwas schiefgehen.

Sie meinen, Sport ist nur mühsam, verursacht unangenehmes Schwitzen und am nächsten Tag tut alles weh? Das muss so nicht sein. Der Anfang ist immer ein bisschen anstrengend. Motivierte Trainer können Ihnen sehr gut über die ersten Anlaufschwierigkeiten hinweghelfen. Generell ist das Training in der Gruppe meist wesentlich lustiger. Seien Sie auch nicht besorgt, dass Sie jemand wegen Ihrer Ungeschicklichkeit belächeln könnte. Jeder hat einmal angefangen. Ein gutes Bad, eine heiße Dusche oder eine belohnende Massage helfen allfälligen Muskelkater zu minimieren.

Die Begriffe Ausdauer, Koordination, Propriorezeption und Kraft sind im Breitensport bereits etabliert. Im Leistungssport werden jedoch zusätzliche Faktoren – mit je nach Sportart unterschiedlicher Bedeutung – ergänzend beachtet. Zu den fünf Konditionskomponenten Ausdauer, Kraft, Schnelligkeit, Beweglichkeit und Koordination kommen weitere wichtige Leistungskomponenten wie Taktik, Psyche, Gesundheit, Konstitution, Talent und Umfeld (bis hin zur

Ernährung) hinzu. Je nach Sportart muss unterschiedlich gewichtet werden. Für einen Marathonläufer ist beispielsweise die Ausdauer, für den Gewichtheber die Kraft eine leistungsbestimmende Komponente. Bei anderen Sportarten ist das Beherrschen der Technik in Kombination mit guten konditionellen Grundvoraussetzungen zentral, wie zum Beispiel beim Kunstturnen. Taktisch-kognitive Elemente sind vor allem bei den Mannschaftssportarten wichtig. Bei nahezu allen Sportarten – insbesondere auf Wettkampfniveau, ist die psychische Stabilität entscheidend für die Leistung. Talent, ein optimales Umfeld mit entsprechender moralischer und materieller Unterstützung sowie die Sicherung der beruflichen Tätigkeit ist im Leistungssport – auf Freizeitniveau ebenso wie im Spitzensport – essenziell. Eine optimale Betreuung des Sportlers sollte alle diese Faktoren im Auge behalten, um bei Defiziten an der richtigen Stelle ansetzen zu können.

Nachdem viele Menschen das natürliche Gefühl für richtige Bewegung durch die Monotonie der Aktivitäten und den Mangel an Bewegung – Sitzen, Autofahren, asphaltierte Wege statt Waldwegen – verloren haben, müssen wir die Grundlagen gesunder Bewegung (Kraft – Ausdauer – Koordination) zur richtigen Dosierung nicht nur kennen, sondern auch verstehen und erarbeiten.

Ein Schlauer trimmt die Ausdauer

Gleich welche Form der Bewegung, gleich welchen Sport Sie wählen, ohne eine vernünftige Basisausdauerleistungsfähigkeit – oder einfacher Kondition – werden Sie keine Freude an Bewegung haben. Das Herz ist ein Muskel und pumpt unser Blut durch den Körper. Ist seine Leistungsfähigkeit gut, so kann mehr Blut durch die Gefäße gepumpt werden und die Sauerstoffversorgung ist besser, indirekt dadurch auch die

Energiebereitstellung. Glücklicherweise lässt sich der Herzmuskel wie jeder Muskel trainieren und dadurch wird die Herzleistung besser.

Einfach nur bis zum Umfallen Rad zu fahren oder zu laufen ist jedoch nicht ausreichend. Dies kann Ihre Leistung langfristig sogar verschlechtern und das Verletzungsrisiko steigern. Erst wenn die Grundlagenausdauer auf ein solides Niveau gebracht ist, machen komplexe Sportarten Spaß – wie bei einem Haus, bei dem erst das Fundament gelegt werden muss. Fundament eines erfolgreichen Trainings ist die Grundlagenausdauer, die entscheidend mithilft, Verletzungs- und Krankheitsrisiko niedrig zu halten.

Daher gilt es, diese Grundlagenausdauer sicherzustellen. Die einfachste Form, diese zu trainieren, ist es, die Beine zu nutzen – beim Gehen oder am Fahrrad. Natürlich können Sie auch durch Schwimmen oder Rudern eine gute Kondition erzielen, allerdings benötigen Sie da auch schon einiges an Muskelkraft und Technik, um Spaß an der Bewegung zu haben.

Reicht es schon, beim Gehen und Radfahren nicht einfach nur die Beine zu bewegen und zu schwitzen? Je nachdem, welches Ziel Sie sich setzen, werden Sie mit einer anderen Intensität trainieren, um möglichst ökonomisch – mit wenig Zeitaufwand – ans Ziel zu kommen.

Um seinem Körper Gutes zu tun, ist es nicht nötig, bis zur völligen Erschöpfung zu trainieren. Wenn Sie zum Beispiel 70% Ihrer maximalen Leistungsfähigkeit nützen, erleben Sie bereits

- eine Verbesserung der körperlichen und geistigen Leistungsfähigkeit,
- eine biologische Verjüngung – der Haut, des Erscheinungsbildes, des Herz-Kreislauf-Systems,
- der Knochen – Verringerung des Knochenabbaus (Osteoporose),
- eine bessere Stabilität der Blutfette und des Blutzuckerspiegels.
- Auch Ihre Laune wird besser!

Für einen schnellen Start

Sollten Sie keinen leistungsdiagnostischen Basis-Check gemacht haben, so gibt es dennoch einige grundlegende orientierende Empfehlungen zur Steuerung Ihres Trainings.

Werden Sie „aktiv“! Bewegung ist auf alle Fälle besser, als nichts zu tun! Bewegen Sie sich so schnell, dass Sie gerade noch sprechen können. Starten Sie mit einem Intervalltraining. Lassen Sie ein bis zwei Minuten Aktivität (Laufen, flottes Walken, Radfahren, ...), ein bis zwei Minuten ruhiges Gehen folgen. Wiederholen Sie diesen Zyklus 5–10 Mal. Trainieren Sie zumindest zwei- bis dreimal pro Woche. Steigern Sie alle ein bis zwei Wochen die Stufe der Aktivität um eine Minute. Im Zweifelsfall beginnen Sie eher mit langsamerem Tempo, denn die letzte Wiederholung sollten Sie gleich schnell wie die erste machen können. Wenn Sie bei einer Trainingsdauer von 45 bis 60 Minuten angelangt sind, reduzieren Sie die Anzahl der Intervalle.

Wollen Sie Ihr Training besser steuern, so ist der Puls diesbezüglich eine sehr gute Hilfe. Allgemein gilt, dass die zu erwartende maximale Herzfrequenz eines Menschen durch die Formel 220 minus Alter berechnet werden kann. Ist jemand 50 Jahre alt, so hat er daher wahrscheinlich eine maximale Herzfrequenz von 170. Für ältere Menschen – bequeme Pensionäre – muss jedoch das Alter von 180 abgezogen werden. Bei jungen und sehr sportlichen Personen wird die Formel auf 170 minus halbes Alter adaptiert. Ein Zwanzigjähriger hat demnach eine zu erwartende maximale Herzfrequenz von 160.

Trainieren wir nun bei etwa 65 bis 75% dieser maximalen Herzfrequenz, so werden wir unsere Grundlagenausdauer und den Langzeitausdauerbereich erweitern. Für eine/n Fünfzigjährige/n würde daher die Trainingsherzfrequenz bei 110 bis 127 liegen. Bewege ich mich lediglich mit 50% dieser maximalen Herzfrequenz, also bei einem Puls von 85, so ist dies im Sinne der Regeneration positiv (Auslaufen nach der aktiven Phase, ...), eine Verbesserung meiner Ausdauerleistungsfähigkeit werde ich jedoch nicht erzielen. Für die Entwicklung des Kraftausdauerbereiches muss die Intensität des Trainings bei 75–85% der maximalen Herzfrequenz liegen. Mit fünfzig Jahren bedeutet dies immerhin eine Trainingsherzfrequenz von 128–145. Da kommt man schon ordentlich ins Schwitzen.

Eine andere, etwas genauere Berechnung der Trainingsherzfrequenz für das Grundlagenausdauertraining ist die Karvonen-Formel:

(Maximalpuls minus Ruhepuls) mal 0,7 plus Ruhepuls ist der Trainingspuls.

Durch die Berücksichtigung des individuellen Ruhepulses wird der aktuelle Trainingszustand bereits besser berücksichtigt. (Ihren Ruhepuls ermitteln Sie entweder morgens im Bett oder nach fünf bis zehn Minuten im Sitzen.)

Bei einem fünfzigjährigen Mann mit einem Ruhepuls von 85 lautet daher die Berechnung (170–85) × 0,7 + 85. Der Trainingspuls ist demnach 144. Hätte dieser Mann einen Ruhepuls von 60, so wäre sein Trainingspuls nur mehr 137.

Im Training darüberliegende Pulsfrequenzen sind lediglich im Leistungssport für Wettkampf und Spitzenbelastungen sinnvoll. Für Herzpatienten sind diese Formeln ungültig. Bei ihnen sollte eine Trainingsempfehlung immer anhand einer Fahrradergometrie mit EKG-Kontrolle gegeben werden.

Die Herzfrequenz können Sie entweder an der Halsschlagader selbst messen – dafür müssen Sie jedoch kurz stehen bleiben – oder Sie leisten sich eine Pulsuhr, die bereits recht kostengünstig im Sporthandel erhältlich ist. Lassen Sie sich aber unbedingt die erste Einstellung Ihres Trainingsbereiches im Sportgeschäft machen. Die Anleitungen sind meist wie bei einem Handy geschrieben – unendlich lange und komplex.

In jedem Fall wichtig ist lockeres Aufwärmen, bevor Sie losstarten – gleichgültig ob zu Fuß oder am Fahrrad. Durch das Aufwärmen wird die Belastbarkeit und Elastizität von Knorpel und Sehnen ebenso verbessert wie durch das bessere Angebot an Sauerstoff für die Muskulatur.

Ein einfaches Grundschema für das Aufwärmen ist es, die Gelenke vom Kopf bis zur Zehe in jede Richtung zehn Mal locker und langsam durchzubewegen, mit den Armen zu kreisen, die Hüften zu schwingen. Sie dürfen dabei ruhig ein bisschen ins Schwitzen kommen.

Sollten Sie einen leistungsdiagnostischen Basis-Check gemacht haben, so haben Sie eine entsprechende Trainingsherzfrequenz bei der Auswertung erhalten. Bei derartigen Checks wird die Trainingsherzfrequenz weniger anhand der maximalen Herzfrequenz bestimmt, da die Orientierung an der aeroben und der anaeroben Schwelle wesentlich genauer ist.

Dabei stellt sich selbst unter medizinischen Experten die Frage, wann die maximale Herzfrequenz und damit eine maximale Auslastung erreicht ist. Die Angaben in der Literatur gehen vom Erreichen der geschätzten maximalen Herzfrequenz anhand der Formel (220 – Alter), spezifischen EKG-Veränderungen, einer Plateaubildung in der O_2-Kurve der Spiroergometrie bis hin zur Einschätzung des Untersuchers. Auch der Anstieg des Lactatspiegels über 6 mmol/l wird diskutiert. Eine für uns sehr effiziente Lösung, weil auch ohne technische Hilfen umsetzbar, ist die Einschätzung entsprechend dem subjektiven Anstrengungsgrad nach Borg. Der Trainierende gibt dabei seine gerade aktuelle Belastung in Zahlen zwischen 6 und 20 an. Erfahrungswerte zeigen, dass bei einer Belastungsangabe von 13 (mäßig anstrengend) etwa die aerobe Schwelle – also 2 mmol/l – erreicht ist. Die anaerobe Schwelle (etwa 4 mmol/l) liegt bei einem Wert von 18, also zwischen „sehr anstrengend“ und „sehr, sehr anstrengend“.

Anstrengung nach Borg		subj. Belastungsempfinden	% d. max. Herzfrequenz	% d. max. Sauerstoffsättigung	Lactat bei Untrainierten	Lactat bei Trainierten	Erholungsdauer	Trainingsform
6–7	sehr, sehr leicht	sehr locker, gemütlich, ruhig	70–80%	45–55%	unter 2,5 mmol/l	um 1 mmol/l		Regenerativ
8–9	sehr leicht							
10–12	leicht	locker, Plaudertempo	80–85%	55–70%	2,5–3,5 mmol/l	um 1 mmol/l	1/4–1 1/2 Tage	lockerer Dauerlauf (60–240 Min)
13–14	mäßig anstrengend	Sprechen noch möglich	85–90%	70–80%	3,5–4 mmol/l	2–3 mmol/l	1/2 –2 Tage	Mittelschneller Dauerlauf (30–90 Min)
15–16	anstrengend	beschleunigte Atmung	90–95%	80–90%	3,5–7 mmol/l	3–5 mmol/l	1–3 Tage	Schneller Dauerlauf (15–60 Min))
17–18	sehr anstrengend	schwere Atmung, schwere Übersäuerung	95–100%	90–100%	7–12 mmol/l	5–10 mmol/l	2–4 Tage	Intervalltraining
19–20	sehr, sehr anstrengend							

Propriorezeption – faszinierendes Zusammenspiel des Körpers

Neben der Ausdauer sind Propriorezeption und Gleichgewicht wichtige Faktoren für die Vermeidung von Verletzungen. Bewegung ist ein komplexes Zusammenspiel zwischen den Nervenrezeptoren in Muskeln, Sehnen, Bändern und Gelenkkapseln, Rückenmark und Gehirn. Die kontinuierliche Wahrnehmung über die Stellung eines Gelenkes im Raum wird stets mit den Zielvorgaben verglichen und adaptiert. Gleichzeitig müssen die arbeitenden Muskeln immer die richtige Spannung und Weichheit haben, um eine zielgerichtete Bewegung sicherzustellen und außerdem das Gewicht des Beines (oder Armes) gegen die Schwerkraft halten zu können. Werden diese Rezeptoren nicht regelmäßig gefordert, also trainiert, so geschehen die Anpassungsreaktionen verlangsamt und wir stolpern leichter oder überlasten unsere Muskulatur durch fehlenden Ausgleich der Belastung auf die verschiedenen Muskeln. Im Zuge von Verletzungen oder Operationen kommt es ebenso zu einer ansehnlichen Beeinträchtigung dieser Wahrnehmung und Regulation. Die Nervenrezeptoren in Muskelspindeln und Sehnen sind einerseits durch lokale Verletzungsreaktionen – wie Schwellung, Entzündungen – gestört, andererseits kommt es durch den Schmerz zu Fehlinformationen, die eine harmonische Bewegung massiv beeinträchtigen. Diese Bewegungsstörung dauert länger als die eigentliche Wundheilung.

Wie gut ist Ihre Propriorezeption? Können Sie noch Seilspringen oder mit geschlossenen Augen sicher eine Minute auf einem Bein stehen? Dann können Sie dieses Kapitel mit seinen Übungen überspringen. Wenn nicht, sollten Sie beim Start in die Aktivität ein bisschen Zeit für das Training der Propriorezeption einplanen, um Stürze zu vermeiden. Wie? Ursprünglich haben wir dies ohne viel Zutun im Alltag gemacht – wenn wir über unebene Wege im Dunkeln gegangen sind oder über Baumstämme balancierten. Da diese alltäglichen Möglichkeiten heute kaum mehr präsent sind, können Sie auch mit einem kleinen selbst gebastelten Schaukelbrett üben. Am einfachsten legen Sie auf eine leere verschraubte PET-Flasche ein etwa 60 x 30 cm großes Holzbrett (etwa 2 cm dick) und versuchen darauf wie auf einer Wippschaukel zu balancieren. Dies hilft Ihnen, die Balance in einer Ebene zu trainieren. Wenn Sie dies bereits optimal beherrschen, können Sie statt einer Flasche einen alten Ball unter das Brett legen – nun müssen Sie bereits in zwei Ebenen das Gleichgewicht stabilisieren können. Ein Therapiekreisel fordert letztlich bereits alle drei Bewegungsebenen. Übrigens, es gibt im guten Sportartikelhandel und in Spielwarengeschäften Balanciergeräte, die neben dem Training den Spaß fördern. Neben den verschiedenen Schwierigkeitsstufen der MFT-Geräte können Sie von einfachen Kugelspielen bis hin zu Labyrinth-Irrwegen nahezu alles erhalten. Beachten Sie aber bitte, dass das komplizierteste Gerät für den Einstieg nicht unbedingt das geeignetste ist, das teuerste Gerät nichts hilft, wenn es nicht regelmäßig verwendet wird. Im Urlaub können Sie natürlich auch andere Möglichkeiten nutzen – waten Sie im knietiefen Wasser, gehen Sie mit geschlossenen Augen über einen Beachvolleyballplatz oder balancieren Sie auf dessen Einfassung. Lassen Sie Ihrer Fantasie freien Lauf und Sie werden viel Spaß dabei haben. Oder beobachten Sie einfach Kinder am Spielplatz. Vor allem auf Robinsonspielplätzen, wo Kinder vom Schwingen auf Seilen, über Seilbrücken bis hin zum Springen von einem Stein zum anderen vieles ausprobieren können, finden Sie viele Möglichkeiten und Ideen für Ihr Training. Ich lade unsere Gäste immer ein, solide gebaute Spielplätze ruhig auch wieder einmal selbst zu nutzen.

Hier noch ein paar Anregungen:

Im Turnsaal können Sie den obersten Kastenteil auf vier Medizinbälle legen und darauf balancieren – vor, zurück und zur Seite. Das ist wirklich herausfordernd. Wenn Sie dies gut können, machen Sie Kniebeugen, fangen Bälle oder üben einfaches Springen am Stand auf dem Kastendeckel. Auch ein Stoß weicher Matten oder eine Kybun-Matte kann dafür gut verwendet werden. Oder legen Sie mehrere Medizinbälle im Raum auf und gehen Sie von einem zum anderen. Üben Sie lieber zu Hause, dann besorgen Sie sich einen Sitzball, der nur halb aufgeblasen ist. Legen Sie den Ball vor einen schweren Sessel oder Tisch – damit Sie sich bei Bedarf abstützen können. Steigen Sie auf den Ball und versuchen Sie das Gleichgewicht zu halten. Klappt dies sehr gut, so können Sie Kniebeugen machen oder einen Ball hochwerfen und wieder fangen. Lassen Sie Ihrer Fantasie freien Lauf!

Sollte dem Trainingsbedarf eine Verletzung vorausgegangen sein – zum Beispiel wenn Sie umgeknöchelt sind –, so sollte das Training zu Beginn etwas systematischer erfolgen.

Stellen Sie sich hüftbreit hin, verschränken Sie die Arme vor der Brust und suchen Sie sich einen Punkt an der Wand, den Sie fixieren. Gehen Sie auf dem gesunden Bein in den Einbeinstand und beugen Sie das andere Bein im Knie (Fußsohle schaut nach hinten). Das Kniegelenk des Standbeins ist ebenfalls leicht gebeugt. Achten Sie darauf, dass der Rücken gerade und aufgerichtet ist. Balancieren Sie 30 Sekunden auf dem Bein, machen Sie eine Minute Pause. Machen Sie zunächst 5 Wiederholungen auf jeder Seite. Steigern Sie die Übungen in mehreren Schritten (40, 50, 60 Sekunden) auf 1 Minute Dauer mit 30 Sekunden Pause bei 10 Wiederholungen. Rasch werden Sie merken, dass die Muskeln in Ihrem Bein sehr intensiv arbeiten. Benötigen Sie zu Beginn etwas mehr Sicherheit, dann halten Sie sich erst mit einer Hand an einem Sessel oder der Wand leicht fest. Mit der Zeit werden Sie immer sicherer stehen. Dann ist der Zeitpunkt gekommen, die Anforderungen zu steigern. Machen Sie mit dem Standbein leichte Kniebeugen – zu Beginn ändern Sie die Beugung nur in einem kleinen Bewegungsumfang, z.B. 10–20 Grad. Später können Sie das Knie bis 90° beugen. Oder stellen Sie sich mit dem Standbein auf eine weiche Unterlage, z.B. eine mehrfach gefaltete Decke oder ein Mini-Trampolin. Können Sie auch diese Übungen sehr gut, so probieren Sie die gleiche Übung – auf festem Boden – mit geschlossenen Augen. Seien Sie nicht frustriert, wenn dies zu Beginn nur einige Sekunden möglich ist. Die Augen sind ganz wichtig zur Unterstützung unserer Raumorientierung. Fallen diese aus, so ist unser Nervensystem alleine auf die Rezeptoren in unseren Muskelspindeln und Sehnen angewiesen. Das ist eine Herausforderung. Sollte Ihnen dies zu unheimlich sein, so können Sie beim Balancieren einfache Aufgaben mit den Händen, z.B. einen Knopf annähen, einen Ball gegen die Wand werfen und auffangen, ein Kreuzworträtsel lösen oder Ähnliches, machen. Hierdurch wird die Aufmerksamkeit von der Bewegung im Knie abgelenkt werden. Dadurch muss die Haltearbeit automatisiert werden, so wie im Bewegungsalltag.

Sollten Sie meinen, dass Sie für derartige Spiele schon zu alt sind und ein Training für Ihr Gleichgewicht und Ihre Propriorezeption nicht mehr nötig ist, so müssen wir Sie enttäuschen. Ein Drittel aller Menschen über 65 Jahre stürzt mindestens einmal im Jahr. Die Sturzgefährdung nimmt ab dem 70. Lebensjahrzehnt weiter rapide zu. Das kann überall passieren: auf der Straße, im Geschäft oder im Garten. Etwa 20 Prozent der Betroffenen fallen so unglücklich, dass sie sich schwerwiegende Verletzungen zuziehen und auf Dauer pflegebedürftig werden. Möchten Sie das? Experten empfehlen als beste Vorsorge bei Gleichgewichtsstörungen und Schwindel vorbeugendes Training. Hat man einmal mehrere Stürze – 3, 4, 5 – hinter sich, so steigt die Angst, neuerlich zu fallen. Deswegen bleiben viele ältere Menschen zu Hause. Dieser Rückzug führt dazu, dass die Betroffenen unter Einsamkeit leiden, depressiv werden und sich mehr und mehr isoliert fühlen.

Natürlich kann sich hinter einer Sturzneigung neben einer Beeinträchtigung des Gleichgewichtssinnes auch eine andere Erkrankung verbergen – zum Beispiel Muskel- und Gelenkerkrankungen, neurologische Störungen wie ein Morbus

Parkinson oder Stoffwechselerkrankungen wie etwa ein Diabetes mellitus. Eine rechtzeitige Abklärung ist daher wichtig.

Auch bei altersbedingten Strukturveränderungen des Gleichgewichtsorganes, die einen zwar gutartigen, aber unangenehmen Lagerungsschwindel beziehungsweise Drehschwindel auslösen können, der auf die typische altersbedingte Störung des Gleichgewichtsorgans im Innenohr zurückgeht, gilt das Motto: „Besser vermeiden als verarzten.“ Körperliches Training – in Form von Übungen für Kraft, Koordination und Balance – trägt entscheidend dazu bei, auch die Sturzgefahr durch Schwindel zu vermindern. Darüber sind sich auch die Experten für Hals-Nasen-Ohrenheilkunde einig.

Bewegungskoordination – speichern Sie viele Bewegungsmuster

Oben angeführtes Training gilt nicht nur für die Sturzprophylaxe, sondern auch für die Koordination menschlicher Bewegungen. Koordination ist hier im Sinne kybernetischer Regelkreise zu verstehen – ähnlich einem Heizsystem, bei dem ein Fühler den realen IST-Wert ermittelt, mit einem SOLL-Wert vergleicht und gegebenenfalls Änderungen vornimmt. Nervenrezeptoren nehmen die Stellung bzw. eine Bewegung wahr, vergleichen sie mit alten Bewegungsmustern und nehmen allenfalls Korrekturen vor. Haben wir ein Bewegungsmuster lange nicht verwendet, muss ein neues –, eventuell in Anlehnung an bestehende erarbeitet werden. Je mehr Bewegungsmuster wir ständig bereit haben, umso rascher und effektiver können wir auf allfällige Änderungsbedürfnisse reagieren. Eine Vielzahl an Bewegungsmustern besitzen wir aber nur dann, wenn wir uns viel bewegen und ständig Herausforderungen an den Körper stellen. Dies gilt für das Laufen ebenso wie für den Aufschlag beim Tennis oder das Annähen eines Knopfes. Unser Körper ist ein Meister der Ökonomie. Dinge, die wir nicht regelmäßig nutzen, geraten immer mehr an den Rand unseres Bewusstseins, bis sie gänzlich verloren gehen. Werden hingegen Bewegungen oftmals ausgeführt, werden sie zunehmend sicherer bis automatisiert. Denken Sie nur an Ihre ersten Fahrstunden. Wie schwierig war es damals, gleichzeitig den Verkehr zu beobachten, die Kupplung zu treten, Gas zu geben und zu lenken? Denken Sie heute noch nach, wann Sie was beim Autofahren machen müssen?

Kraft – Wappnen Sie sich gegen Widerstände

Kraft erinnert uns meist an muskelbepackte Männer. Dabei geht eigentlich ohne muskuläre Kraft nichts in unserem Alltag! Wenn wir Stiegen steigen, benötigen wir Kraft, wenn wir einen Stapel Teller aus einem Küchenkasterl heben, benötigen wir Kraft. Sogar wenn wir Zähne putzen oder vom Sessel aufstehen, geht nichts ohne Kraft. Haben wir ausreichend Kraft, so gehen all diese Dinge mühelos. Haben wir Defizite, weil wir uns einfach nicht bewegen wollen, nach einer Gipsabnahme oder weil wir einfach längere Zeit ans Bett gefesselt waren, so können Aktivitäten des Alltags zur Mühsal werden.

Kraft ist die Fähigkeit der Muskulatur, Widerstände zu überwinden, ihnen entgegenzuwirken bzw. sie zu halten. Je nach Sportart werden unterschiedliche Muskeln beansprucht und daher ist der Bedarf der Muskelkraft unterschiedlich. Die Kraft eines einzelnen Muskels zu bestimmen, ist aufwendig und sollte mit Unterstützung eines erfahrenen

Trainers oder Sportmediziners durchgeführt werden. Die Intensität des Krafttrainings wird meist in Prozent in Bezug auf die Maximalkraft angeben. Die Maximalkraft ist die höchstmögliche Kraft, die das Nerv-Muskel-System bei maximaler willkürlicher Kontraktion auszuüben vermag. Doch wie kann ich ohne aufwendige Apparaturen diese Maximalkraft bestimmen? Hier helfen zwei relativ einfache Mittel. Im Test muss der zu testende Muskel/die zu testende Muskelgruppe so viel Gewicht bewältigen, dass die Bewegung gerade einmal vollständig ausgeführt werden kann.

Je nach Ziel des Krafttrainings werden Gewicht und Wiederholungszahl einer Übung bestimmt. Hohes Gewicht hat normalerweise eine geringe Wiederholungszahl, dafür einen großen Muskelzuwachs zur Folge. Geringere Gewichte mit hohen Wiederholungszahlen hingegen bewirken eine Verbesserung der muskulären Ausdauerleistungsfähigkeit. Auch die Pausenlänge steht in einem engen Zusammenhang mit dem Trainingsziel. Immer wenn der Bereich der inter- und intramuskulären Koordination angesprochen werden soll – wie zum Beispiel im rehabilitativen Training –, ist eine Erschöpfung des Muskels unerwünscht. Hier gilt der Grundsatz „Viel hilft viel" absolut nicht. Für Neueinsteiger reichen absolut ein bis zwei Kräftigungseinheiten pro Woche. Selbst Spitzenathleten müssen nach jedem intensiven Krafttraining einen Tag Regeneration einlegen – zum Beispiel einen Tag den Oberkörper trainieren, am nächsten Tag Beine und Becken und am dritten Tag wieder den Oberkörper trainieren.

Das Krafttraining ähnelt einer Pyramide: Es gibt eine Anfangsstufe, die in der Literatur gerne als Aktivierung und Bahnung bezeichnet wird. Auf dieser Stufe soll der Körper vorsichtig an die Belastung gewöhnt werden. Es folgt das Kraftausdauertraining. Dieses soll eine Grundlage für die kommenden Trainingseinheiten schaffen. Eine vergrößerte Ermüdungsresistenz der Muskulatur wird durch entsprechende Belastungen erreicht. Ein an diese Trainingsphase anschließendes sogenanntes „Hypertrophietraining", das als Ziel den möglichst großen Muskelzuwachs hat, ist im normalen Gesundheitssport unbedeutend. Inter- und intramuskuläre Koordination zur Verbesserung des Zusammenspiels verschiedener Muskelgruppen (intermuskulär) und zur Verbesserung der Koordination der einzelnen Muskelfasern innerhalb eines Muskels (intramuskulär) mit hohen Intensitäten ist im Gesundheitssport ergänzend zu dem bereits genannten koordinativen und propriozeptiven Training nicht nötig. Vielmehr wird eine gute Ausdauerleistungsfähigkeit der Muskulatur angestrebt. Viele Stiegen steigen zu können, bei der Gartenarbeit mehr als nur eine Scheibtruhe transportieren zu können oder beim Tennisspielen nicht schon nach der ersten viertel Stunde erschöpft zu sein – das ist das Ziel.

Am einfachsten ist natürlich eine Einschulung durch einen Sportwissenschafter, Fitnessbetreuer oder Physiotherapeuten. Danach kann man entsprechende Übungen überall machen – im Fitnessstudio oder zu Hause. Einen positiven Effekt merken wir immer – wir werden bei körperlicher Effektivität einfach weniger müde.

Es gibt verschiedene Kontraktionsformen der Muskulatur. Um die verschiedenen Angebote der Trainingsformen besser verstehen und umsetzen zu können, seien sie hier kurz erläutert:

Isometrische Muskelanspannung: Muskelkontraktion, bei der die Muskulatur vermehrt Spannung entwickelt, ohne ihre Länge zu ändern; Beispiel: Tauziehen, Ilse-Buk-Übungen (Siebzigerjahre)

Konzentrische Muskelbelastung: Muskelkontraktion, bei der sich der Muskel unter gleichzeitiger Spannungszunahme verkürzt und zur Bewegung des Körpers bzw. von Körperteilen führt; Beispiel: Heben

Exzentrische Muskelbelastung: Muskelkontraktion, bei der die Muskulatur unter gleichzeitiger Spannungsentwicklung verlängert wird. Beispiel: Bewegung im Verlauf von Abbremsvorgängen – bergabgehen, Haltearbeit beim langsamen Absenken eines Gewichtes

Selten sind Bewegungen isoliert zu betrachten, denn all diese Kontraktionsformen spielen zusammen.

Soll der Muskel-Sehnen-Apparat an Belastungen neu gewöhnt werden, um die Verletzungshäufigkeit zu reduzieren, so wird im klassischen Krafttraining mit niedriger Intensität – ca. 30% der maximalen Kraft –, kontinuierlichem Krafteinsatz und langsamem Tempo geübt. 20–30 Wiederholungen pro Serie sind ausreichend. Solche Übungen können sowohl mit Kraftmaschinen, Zusatzgewichten oder dem eigenen Körpergewicht gemacht werden. Ein Training besteht meist aus ein (Einsteiger) bis drei (sehr gute Sportler) Serien.

Beim Kraftausdauertraining, das die Ermüdungsresistenz der Muskulatur durch eine hohe und lange Belastung verbessert, liegt die Intensität bei 30–65% der maximalen Kraft. Die Übungen werden mit einem langsamen bis zügigen Tempo gemacht. Eine Serie umfasst üblicherweise 20–50 Wiederholungen. Hanteltraining und Kraftmaschinen eignen sich dafür ebenso wie das Training mit dem eigenen Körpergewicht (z.B. Kniebeugen, Bauchmuskelübungen, ...), Zusatzgewichte im Alltagssport (Beinbandagen beim Walken, ...), Rudern oder das Schwimmen von Mittel- und Langdistanzen. Nur im Anfangsstadium des Trainings gibt es einen messbaren Einfluss auf die Maximalkraft. Gibt es Defizite in der Kraftausdauer im Alltag, so sind Rückenschmerzen, Probleme beim Stiegensteigen usw. langfristig vorprogrammiert.

Die subjektive Ermüdung in Zusammenhang mit der Wiederholungszahl ist ein wichtiger Parameter zur Orientierung: Bei Übungen mit dem Oberkörper sollte die Ermüdung bei etwa 20–30 Wiederholungen eintreten. Bei Übungen mit den Beinen sollte die Belastungsdauer länger sein, das Gewicht daher niedriger.

Konzentrisch-mechanische Arbeit ist dabei ebenso wichtig wie exzentrisch-bremsende Arbeit. Isometrische Kontraktionen der Muskulatur, wie sie in den 1970er-Jahren trainiert wurden, sind bei der Haltearbeit wichtig, jedoch nur ein schmales Spektrum dessen, was unsere Muskulatur wirklich täglich leisten muss.

Reines isometrisches Training hat sich als Trainingsform nicht durchgesetzt. Zwar besticht es durch seinen geringen Zeit- und Geräteaufwand und kurzfristig raschen Kraftzuwachs, allerdings stagniert der Kraftzuwachs rasch und es kann durch die Gefahr der Pressatmung zu Blutdruckspitzen kommen. Diese sind insbesondere im rehabilitativen Training unerwünscht.

Um Krafttraining mit höheren Gewichtsbelastungen (erfahrungsgemäß 60–75% der Maximalkraft) möglichst sicher durchzuführen, sollten Sie Überkopfarbeit mit Hanteln nur nach einer ausreichenden Einschulung und mit Kontrolle der Übungen durchführen. Fehler bei der Durchführung solcher Übungen spiegeln sich häufig in Problemen mit der Wirbelsäule. Sehr starke Fremdbelastung (z.B. Partnerübungen) sollten Sie ebenso vermeiden wie länger andauernde statische Belastungen. Jugendliche sollten ein Maximalkrafttraining erst nach der Knochenreifung durchführen.

Generell sollten Sie sich ganz genau überlegen, was Sie Ihrem Körper zumuten. Manche Freizeitsportler absolvieren ein Trainingsprogramm, das sich von jenem eines Leistungssportlers kaum mehr differenziert. Neben einem normalen 40-Stunden-Job ohne sport-medizinische Betreuung ist dies fahrlässig. Also suchen Sie sich, wenn Sie so intensiv trainieren wollen, einen Experten Ihres Vertrauens, um Folgeschäden zu vermeiden. Viele Menschen erbringen in ihren beruflichen Aktivitäten schon Spitzenleistungen – ohne Training, ohne Regenerationsphasen, ohne Betreuung. Bei Ihren sportlichen Hobbys sollten Sie es daher vernünftig angehen.

Welches Training ist vernünftig?

Bevor Sie mit mehr Bewegung beginnen oder aber auch wenn Sie Ihr Training überdenken wollen, sollten Sie Ihr Ziel des Trainings festlegen. Wollen Sie einfach gesund bleiben, abnehmen oder bei einem Marathon oder einem anderen sportlichen Wettkampf mitmachen, eine Bergtour machen oder den Kilimandscharo bezwingen? Je nachdem werden Sie in Ihrem Trainingsplan andere Schwerpunkte setzen. Für gezielte Gewichtsreduktion kann ein Training von zwei bis drei Stunden pro Woche bereits deutliche Veränderungen bringen. Für eine Vorbereitung auf den Kilimandscharo müssen Sie schon etwas mehr Zeit investieren.

Die Kunst einer ökonomischen Trainingssteuerung besteht darin, die optimale Mischung aus langen und langsamen sowie kurzen und intensiven Einheiten zu finden. Die Praxis zeigt, dass im Training meist zu schnell gelaufen wird, wodurch einem nicht nur schneller die Luft ausgeht und der aerobe statt des anaeroben Bereichs trainiert wird, sondern auch das Verletzungsrisiko steigt. Für den Durchschnittsschreibtischtäter sollte bei der *Trainingsplanerstellung* darauf geachtet werden, dass ein Großteil des Trainings im moderaten Fettverbrennungsbereich abgewickelt wird. Höhere Belastungen dienen nur, um die Grundlagen zu stabilisieren. Der intensive Trainingsbereich ist eigentlich ausschließlich Spitzensportlern vorbehalten. Daher *übertreiben Sie es nicht!* Abhängig vom Grundlagenniveau sind anfangs 30 bis 60 Minuten pro Trainingseinheit vollkommen ausreichend. Übrigens: Alter ist kein Bewegungslimit – es gibt 75-jährige, die fitter als so manche Zwanzigjährige sind. Allerdings ist gerade bei älteren Menschen intensives Aufwärmen sowie das Einplanen längerer Erholungsphasen bei guter Trainingsplanung besonders wichtig.

Jedes gezielte gesundheitsorientierte Training sollte für einen optimalen Erfolg alle Grundlagen umfassen: Ausdauer – Kraft – Propriorezeption und Koordination:

- Ausdauer: am besten pulskontrolliert an der aerob-anaeroben Schwelle; Gehen, Nordic Walking, Laufen, Radfahren, ...
- Propriorezeption: Koordination; Bewegung auf weichem Untergrund, Balancieren auf einem Brett auf einer leeren Pet-Flasche, spielen mit Qi-Gong-Kugeln, ...
- Muskuläre Kräftigung: Gewichtstraining; Thera-Band-Übungen, Holzhacken, ...

Als Sportarten für ein Ausdauertraining eignen sich alle Belastungsformen, bei denen eine konstante Intensität (Herzfrequenz) über einen längeren Zeitraum aufrechterhalten werden kann: Laufen, Nordic Walking, Radfahren, Schwimmen, Schilanglauf oder rasches Gehen. Wenigstens zwei- bis dreimal die Woche 20 bis 30 Minuten sind ausreichend. Besonders am Anfang achten Sie darauf, eine Intensität zu wählen, bei der Sie – mit Ihrem Trainingspartner – gerade noch plaudern können. Eine exaktere Methode ist natürlich die Kontrolle der Belastung durch die Pulskontrolle mittels Pulsuhr. Am effektivsten ist eine Mischung aus aerobem und anaerobem Training. Nutzen Sie die letzten fünf Minuten, um nochmals richtig zu beschleunigen. Da dürfen Sie schon ein bisschen außer Atem kommen.

Die Länge der Belastungsphase richtet sich nach Ihrem Trainingsziel. Um Fett abzubauen, sollten Sie zum Beispiel mindestens 30 Minuten trainieren, für Kreislaufausdauer mindestens 15–20 Minuten. Mit fortschreitender Kondition sollte sich die Trainingsdauer auf jeden Fall verlängern.

Am Anfang und Ende des Trainings stehen etwa zehn Minuten Auf- bzw. Abwärmen. Es macht Knorpel und Sehnen elastisch und belastbar und bringt Sauerstoff in die Muskeln. Die Abwärmphase gewinnt immer mehr an Bedeutung. Wie wissenschaftliche Untersuchungen beweisen, haben gut auf- und abgewärmte Sportler nicht nur die geringste Verletzungsanfälligkeit, sondern regenerieren auch schneller und sind auf lange Sicht gesehen die leistungsfähigsten Athleten. Was für den Leistungssportler gilt, trifft auch auf den Freizeitsportler zu.

Joachim Ringelnatz drückte den Wert sportlicher Aktivität sehr treffend aus: „Sport stärkt Arme, Rumpf und Beine, kürzt die öde Zeit, und er schützt uns durch Vereine vor der Einsamkeit.“ Warum sollten wir dieses Potenzial nicht auch im 21. Jahrhundert nützen?

In jeder Lebenssituation: Bewegung ist möglich

Fit, fleißig, fröhlich oder doch eher fett, faul, fernsehsüchtig?

Bewegung lässt uns länger leben und gesünder alt werden! Das Alter ist Ihnen gleichgültig? Nun, wie oft haben in der letzten Woche Schultern und Rücken geschmerzt, Müdigkeit und Konzentrationsverlust um sich gegriffen? Sind Sie vielleicht beim Stiegensteigen außer Atem gekommen? Bewegung zahlt sich auch jetzt mit zwanzig, dreißig oder fünfzig aus, denn die Folgen von Bewegungsmangel können in jedem Alter täglich schmerzen – in Hüfte, Knie, Nacken, ...

Bereits 1996 erschien im European Journal of Clinical Nutrition ein Artikel, der bewies, dass ab dem 40. Lebensjahr der Tagesenergieumsatz um sechs Prozent pro Dekade abnimmt. Davon sind lediglich drei Prozent auf die altersbedingte Reduktion des Grundumsatzes zurückzuführen. Die anderen drei Prozent sind durch die altersbedingte Verminderung der Bewegung bedingt. Durch diese verminderte Bewegung ergibt sich ein geringerer Energieverbrauch. Altern und verminderte Bewegung bedingen ebenfalls eine verminderte maximale Sauerstoffsättigung – durchschnittlich sechs bis zehn Prozent pro Dekade. Gleichzeitig belegen zahlreiche Studien, dass bereits ein Kalorienverbrauch von 1150 Kalorien pro Woche durch sportliche Aktivität bestehende Atherosklerose (Arterienverkalkung) im Fortschreiten hemmt, ein Bewegungsausmaß von mehr als 2200 Kalorien sogar die Rückbildung fördern kann. Auch eine aktuelle Studie der Universität Bath zeigt, dass ein zusätzliches Plus von nur 15 Minuten täglicher mäßiger bis heftiger körperlicher Aktivität ausreichen, um bei Jungen und Mädchen im Alter von 14 Jahren eine Reduktion der Fettgewebemasse um zehn bis zwölf Prozent zu erzielen. Jede noch so geringe Steigerung des Bewegungsumfanges lohnt sich! Nutzen Sie daher auch die kleinen Bewegungsmöglichkeiten des Alltags!

Lassen Sie das Auto, wann immer es geht, in der Garage stehen. Gehen Sie kürzere Strecken zu Fuß oder fahren Sie mit dem Fahrrad. Bewältigen Sie den Weg zur Arbeit und zum Einkaufen ohne Auto oder steigen Sie zumindest früher aus Straßenbahn oder Bus aus. Machen Sie es sich zur Gewohnheit, zumindest bis zum dritten Stock Treppen statt Lift zu nutzen. Unser „Hobby“ ist es zum Beispiel, schneller als der Lift sein zu wollen. Je nach Gepäck schaffen wir dies auch oft.

E-Mails sind zwar eine tolle Erfindung, aber die Kommunikation im eigenen Haus nicht nur darüber oder mittels Telefon zu führen, hat viele Vorteile. Besuchen Sie Ihre Kollegen – dies fördert nicht nur die soziale Kommunikation und damit die Vermeidung von Missverständnissen, es bringt wieder ein bisschen Bewegung in den Arbeitsalltag, entspannt Ihren Rücken und nährt die Gelenke. Außerdem steigern solche Bewegungspausen auch die Konzentration. Seien Sie bei Bewegung ruhig unrationell. Nicht jeder Arbeitsplatz, der ökonomisch eingerichtet ist, ist für Ihren Körper gut. Der Klassiker hinsichtlich eines katastrophalen Arbeitsplatzes ist für mich der des Zahnarztes. Außer der Bewegung des Kopfes und der Hände ist keine Bewegung mehr notwendig, nachdem von einem Behandlungsplatz zum nächsten gewechselt wurde. Die Folgen sind massive Überlastungen der Halswirbelsäule. Wir kennen keinen Zahnarzt, der nach fünf bis zehn Jahren beruflicher Tätigkeit keine Probleme mit der Halswirbelsäule hat. Versuchen Sie daher Ihren Arbeitsplatz so zu gestalten, dass

Sie zwischendurch gezwungen sind aufzustehen – zum Beispiel um einen Ausdruck aus dem Kopierer zu holen. Wann immer es geht, machen Sie ausladende Bewegungen, greifen Sie hoch, strecken Sie sich, spüren Sie den Raum, den Sie einnehmen, steigern Sie Ihre Elastizität. Wenn Sie durch die Türe gehen, nützen Sie die Gelegenheit, einfach einen Arm hochzustrecken und den Türstock zu ergreifen. Dehnen Sie Ihren Körper nach vorne, genießen Sie die Spannung und lassen Sie wieder locker. Wiederholen Sie diese Übung auf jeder Seite dreimal. Wenn Sie Ihrem Nacken und den Schultern noch etwas Gutes tun wollen, dann machen Sie noch folgende Übung: Stellen Sie sich hüftbreit hin und greifen mit dem rechten Arm weit über den Kopf. Die linke Hand fasst den rechten Ellbogen und zieht den Arm hinter dem Kopf zur anderen Seite – sanft dehnen Sie damit die Schulter- und Rumpfmuskulatur und mobilisieren gleichzeitig das Schultergelenk. Halten Sie diese Position für zwei bis drei Atemzüge und wechseln Sie die Seite. Dehnen aktiviert und durchblutet.

Gegen Verspannungen im Rücken stellen Sie sich mit dem Gesicht zu einer Tür, fassen Sie die Türklinke mit beiden Händen, gehen Sie mit den Füßen so weit zurück, bis der Oberkörper locker vorgebeugt und der Kopf zwischen den Schultern ist. Versuchen Sie nun die Wirbelsäule fest zu einem Katzenbuckel zu formen. Halten Sie die Spannung fünf bis sieben Sekunden. Danach lassen Sie wieder locker. Beim Hochziehen einatmen, Spannung halten und beim Durchsinken ausatmen und entspannen. Nach zwei bis drei Wiederholungen Arme und Schultern locker ausschütteln. Zur Kräftigung der Gesäß- und Lendenmuskulatur können Sie zum Beispiel die Türklinke umfassen und abwechselnd das linke und rechte Bein so weit als möglich gestreckt nach rückwärts hochheben, fünf bis sieben Sekunden die Spannung halten. Sie sollten besonders die Gesäß- und Lendenmuskulatur spüren. Nach jeder Anspannung lassen Sie das Bein wieder locker nach vorne schwingen. Nach drei bis vier

Wiederholungen das Bein wechseln. Erfreuen Sie sich an Ihrem Körper und an der Bewegung.

Oder stehen Sie beim Telefonieren doch einmal auf einem Bein. Scheint Ihnen dies zu einfach – ohne sich am Schreibtisch anlehnen zu müssen –, schließen Sie die Augen oder „missbrauchen" Sie Ihr Sitzkissen zum Stehen. Das fordert Ihren Gleichgewichtssinn schon deutlich mehr. Natürlich können Sie dasselbe auch beim Zähneputzen oder in der Küche üben. Diese Übungen sind nicht nur im Sport wichtig. Sie helfen auch im Alter noch ungehindert – ohne zu stolpern – über Stiegen und Teppiche gehen zu können. Wenn Sie wenigstens einmal täglich auf jeder Seite den Einbeinstand für eine Minute trainieren, werden Sie bis ins hohe Alter viel Freude an Bewegung haben und sich Stürze und Ihre Folgen ersparen.

Finden Sie rechtzeitig zu einem aktiveren Lebensstil, so können Sie durch gesteigerte Durchblutung nicht nur Verspannungen verhindern. Der beste Beweis ist kurzes intensives Anspannen zum Beispiel der Faust über ein bis zwei Minuten und anschließendes Lockerlassen. Rasch merkt man ein wohlig warmes Gefühl.

Dinge, die langsam und sorgfältig gemacht werden müssen, sollten Sie mit besonders viel Muskelspannung ausführen. Wenn Sie Ordner oder Dosen stapeln, spannen Sie Arm- und Schultermuskeln gezielt an. Bemühen Sie sich die Spannung und jeden Millimeter der Bewegung wahrzunehmen. Beim Stiegensteigen lenken Sie Ihr Augenmerk und Ihre Konzentration auf Bein-, Gesäß- und Bauchmuskeln – geben Sie Ihnen Spannung und Aktivität. Generell gilt: Wenn Sie bestimmte Muskeln besonders trainieren und ihr Erscheinungsbild formen möchten (Brustmuskeln, Gesäßmuskeln o.a.), dann unterstützen Sie das im Alltag durch isometrische Aktivitäten – einfach Anspannen, Spannung halten und Entspannen der jeweiligen Muskeln.

Übrigens, einer der besten Fitnesstrainer kann ein Hund sein. Wer zweimal täglich mit seinem Liebling eine zügige

Runde von mindestens zwölf Minuten geht, hat schon viel gewonnen. Ein anderer natürlicher Aktivator ist Hunger! Eine 2009 in Nature – einer der renommiertesten wissenschaftlichen Zeitungen – publizierte Studie zeigte, dass der alte Spruch „Am Morgen wie ein Kaiser, am Mittag wie ein König, am Abend wie ein Bettelmann" auch wissenschaftlich nachvollziehbar seine Wertigkeit hat. Denn: Um gesund zu bleiben, braucht der Körper Fastenzeiten zwischen den Mahlzeiten. Die genannte Studie beschäftigte sich mit dem Protein Foxa2. Dieses sorgt als Transkriptionsfaktor dafür, dass andere Gene aktiviert werden. Foxa2 kommt unter anderem in der Leber vor, wo es die Fettverbrennung beeinflusst. Steuerelement für die Aktivität von Foxa2 ist Insulin, und zwar sowohl in der Leber als auch im Hypothalamus, einer Hirnregion, die Tagesrhythmus, Schlaf, Nahrungsaufnahme und Sexualverhalten steuert. Nimmt der Mensch Nahrung auf, schütten die Beta-Zellen der Bauchspeicheldrüse Insulin aus. Dieses hemmt die Aktivität von Foxa2. Im nüchternen Zustand, also beim Fasten, fehlt Insulin, und Foxa2 ist aktiv. Im Hirn fördert Foxa2 die Bildung von Hirnbotenstoffen, die verschiedene Verhaltensweisen auslösen: den Wunsch nach Nahrungsaufnahme und damit verbunden spontane Bewegung. Bei Tieren kann man heute noch beobachten, dass sie, wenn sie Hunger haben, aufmerksamer, körperlich aktiver sind. Kurz: Sie jagen, suchen nach Nahrung. „Wer einer Katze oder einem Hund vor der Fütterung zuschaut, kann dies sehr gut beobachten." Bei Hunger ist Foxa2 aktiv. Und wir bewegen uns fünfmal mehr – verlieren Fettgewebe und bilden größere Muskeln aus. Zucker- und Fettstoffwechsel laufen auf Hochtouren und die Blutwerte sind deutlich verbessert – wenn wir die Bewegung nicht für den Gang zum Eiskasten nutzen. Derzeit ist dies nur im Tierexperiment nachgewiesen, die Wahrscheinlichkeit, dass es beim Menschen ähnlich ist, ist jedoch sehr groß. Fazit: Der Körper braucht Fastenperioden, um gesund zu bleiben. Daher nicht „Daueressen" mit ständigen kleinen

Zwischenmahlzeiten. Lieber wenige Male richtig essen und dazwischen auch dem Hunger Raum lassen. Bei jeder Mahlzeit wird Insulin ausgeschüttet, wird Foxa2 unterdrückt und somit die Motivation zur körperlichen Aktivität ebenso vermindert wie die Verbrennung von Zucker und Fett. Übrigens, in der chinesischen Medizin gibt es einen Spruch, der unserem sehr ähnlich ist: Frühstücke alleine, das Mittagessen teile mit deinem Freund, das Abendessen schenke deinem Feind.

Sport – natürliches Anti-Aging oder Well-Aging

In der Medizin wird viel in die Suche nach Wegen, unser Leben zu verlängern, investiert. Gleichzeitig boomt der Anti-Aging-Markt – also ein Markt gegen das Altern. Wir lehnen diesen Begriff ab. Jede „Anti"-Haltung kostet viel Kraft, die anderweitig sinnvoller eingesetzt werden kann. Wie wollen wir alt werden, aber nicht alt sein? Viele versprechen uns ewige Jugend und Schönheit durch Fettabsaugung, Botox und Co. Doch wann ist man alt, was macht Altern aus? Zählt das biologische Alter? Sind es gewisse Verhaltensweisen, die jemanden alt erscheinen lassen? Ist es der Verlust der Spannkraft der Haut? Ist es der allmähliche Gedächtnisverlust oder die Steifheit der Gelenke?

Aus medizinischer Sicht gibt es Parameter, die sich im Alter verändern – die Vitalkapazität der Lunge nimmt ab, die muskulären Funktionen (Kraft, Ausdauer, Koordination) sowie die Belastungsfähigkeit des Knochens, das Gedächtnis und die Konzentration lassen nach. Auch hormonelle – endokrine – Veränderungen lassen sich nachweisen.

All dies soll durch Nahrungsergänzungsmittel und Botox verändert werden können? All diese Dinge sind nicht ohne potenzielle Nebenwirkungen. Jüngst erzählte eine Kollegin von einer Patientin, die Mühe hatte, ihre Augenlider zu heben. Die Untersuchung ergab keinen Anhaltspunkt. Nach einem längeren Gespräch war die Ursache dennoch klar: Botox zur Besänftigung der Stirnfalten wurde einige Wochen zuvor gespritzt. Dieses Muskelgift war abgesunken und hatte den Lidmuskel gelähmt. Irgendwie denkt man dabei doch an den Zauberlehrling: „Die Geister, die ich rief, werd' ich nun nicht los."

Eine jüngste Studie zeigt zum Beispiel, dass Calcium das Skelett zwar schützt, aber in größeren Mengen eingenommen die Blutgefäße gefährden kann. Im besten Fall wird ein „Zuviel" an Calcium über den Harn wieder ausgeschieden, im ungünstigen Fall wird es aber in der Gefäßwand abgelagert und begünstigt somit Herz-Kreislauf-Erkrankungen. Das Risiko, einen Herzinfarkt zu erleiden, kann dadurch bis zu 30 Prozent erhöht werden. Dennoch ist – um Knochenabbau vorzubeugen – neben Bewegung eine ausreichende Calciumzufuhr im Rahmen einer gesunden und vollwertigen Ernährung unverzichtbar. Gaben von Calciumpräparaten sind nur dann, wenn die Calciumzufuhr mit der Ernährung nicht ausreicht, empfehlenswert. Die empfohlene Tageszufuhr von Calcium liegt für Erwachsene zwischen 450 und 1000 Milligramm (mg). Milchprodukte, Grünkohl, Petersilie, Mandeln, Sesam und Mohn enthalten beispielsweise viel Calcium.

Well-Aging heißt hingegen für uns sich mit den Grundgesetzen des Lebens zu arrangieren. Die Kunst liegt darin, diese Gesetze zu verstehen, sich mit ihnen auszusöhnen, damit wir ihre Geheimnisse und Kräfte nutzen können. Heute weiß wirklich jede/r – wenn er/sie es wissen will –, dass eine ausgeglichene und angemessene Lebensweise mit entsprechend sinnvoller Bewegung, natürlicher Ernährung, Vermeidung von zu viel Stress und künstlichen Reizen, erholsamem Schlaf die Basis gesunden Alterns ist. Ebenso sind ein intaktes soziales Netz (Freunde, Familie, ...) und eine lebensbejahende Einstellung zu Gesundheit, Leistungsfähigkeit und Wohlbefinden wesentliche Elemente für ein lebensbejahendes Altern. Alle Dysbalancen – zu viel gleich wie zu wenig – kosten uns Lebenskraft und lassen uns schneller altern. Daher ist es besser, im Sinne des Well-Aging die Lebenskraft zu kultivieren. Unser Lebensenergiekonto, mit dem wir bei unserer Geburt ausgestattet worden sind, lässt sich durch ein entsprechendes Bewusstsein immer wieder erneuern. Gleich in welchem Alter Sie damit beginnen – unser Körper gibt uns immer wieder die Chance, verlorene Funktionen zu optimieren und wiederzuerlangen. Selbst Achtzigjährige können einen Muskelzuwachs erzielen, ihre Kondition verbessern und neue Strahlkraft bekommen. Erst kürzlich erzählte eine fünfundachtzigjährige Patientin, dass sie vor zwei Jahren noch unter beträchtlicher Müdigkeit, Antriebslosigkeit und Schwäche gelitten hat. Seither macht sie regelmäßig Bewegung und verbessert ihre Ernährung. Heute strahlt sie vor Lebendigkeit und Lebensfreude. Ihre geliebten Museumsbesuche kann sie heute wieder in vollen Zügen genießen.

11 Anti-Aging Secrets

1. *Regelmäßiges Training hält uns – wenn es wohl dosiert ist – jung und vital. Leben ist Bewegung.* Auch für unseren Körper gilt: Wer rastet, der rostet. Eine Studie mit deutschen Leistungssportlern zeigt, dass Zellen langsamer altern, wenn über einen längeren Zeitraum Ausdauertraining betrieben wird. Im Rahmen der Studie der Universitäten Homburg und Saarbrücken wurden die Leukozyten-Telomere von 104 Profi-Sportlern, mit denen nicht sportlich aktiver Personen verglichen.

Es zeigte sich, dass die Telomere (die Chromosomenenden) der Sportler besser vor dem Abbau geschützt sind und somit die betroffenen Zellen langsamer altern. Eine andere Studie aus Leipzig zeigt, dass Ausdauertraining selbst noch Senioren mit bestehender Herzschwäche hilft. Ein vierwöchiges Ausdauertraining verbessert bereits die Leistungsfähigkeit des Herzens, selbst wenn eine chronische Herzschwäche (Herzinsuffizienz) bekannt ist. Dieses Training führt bei älteren gesunden Probanden sowie bei Patienten mit Herzschwäche zu einer Verbesserung der Funktion des Endothels, der innersten Wandschicht von Blutgefäßen, sowie seiner Vorläuferzellen. Dies beeinflusst den Sauerstoffaustausch zwischen Gewebe und Blut; die Fließfähigkeit des Blutes spielt eine Rolle bei Entzündungsvorgängen. Funktionsstörungen der innersten Wandschicht der Gefäße haben krankmachende Veränderungen (Verdickung der Gefäßwand, Änderung der Oberfläche der Gefäßauskleidung ,...) zur Folge und gehen den makroskopischen Gefäßveränderungen – also solchen, die so groß sind, dass man sie sogar mit bloßem Auge erkennen kann – voraus. Patienten mit chronischer Herzinsuffizienz, die mit Sport beginnen möchten, sollten allerdings einige Punkte beachten. Ein Belastungstest – Ergometrie oder Spiroergometrie – sollte die Belastbarkeit überprüfen und die Basis für die Festlegung der Trainingsintensität darstellen.

2. *Die Reduktion der Kalorienaufnahme um 20–40 Prozent verzögert die Alterungsmechanismen des Körpers.* Eine Studie der Universität Essen bringt es auf einen einfachen Nenner: „Weniger Kalorien und mehr Sport und der Herzschutz wird wiederhergestellt." Regelmäßige körperliche Betätigung führt dazu, dass mehr Antioxidantien gebildet werden, die freie Radikale in den Zellen abfangen können. Radikale sind Atome oder Moleküle mit mindestens einem ungepaarten Elektron.

Durch dieses ungepaarte Atom sind sie besonders reaktionsfreudig. Infolge der verschiedenen Stoffwechselprozesse entstehen in der Zelle aus molekularem Sauerstoff sogenannte freie Radikale – kurzlebige Molekülfragmente, wie beispielsweise das Hydroxyl-Radikal OH. Diese freien Radikale sind die Ursache der Alterung der Zellen. Sie schädigen für die Funktion der Zelle wichtige Moleküle, wie die DNA, die RNA und eine Vielzahl von Proteinen und Lipiden. Je nach Menge der geschädigten Zellkomponenten wird der Alterungsprozess auf verschiedensten Ebenen beschleunigt. Die Zellen selbst produzieren Radikalfänger oder Antioxidantien (Stoffe, die freie Radikale unschädlich machen können). Ascorbinsäure, Carotin, Polyphenole oder Flavonoide sind über die Nahrung aufgenommene Antioxidantien. Training bedingt nicht nur eine generelle Verbesserung der Leistungsfähigkeit des Menschen. Es erzielt auch eine Verbesserung der Anpassung der Zelle an Phasen der Sauerstoffarmut im Zuge von Belastungen, wodurch zum Beispiel die Wucht eines Herzinfarktes abgefedert werden kann. Dies nennt man ischämische Präkonditionierung. Kommt es dann zu einem richtigen Herzinfarkt, sind dessen Auswirkungen deutlich geringer. Die gute Nachricht dabei ist, dass schon leichte körperliche Betätigung ausreicht, um den maximalen Effekt zu erzielen. Bisherigen Couch-Potatoes sei gesagt, „die positive Wirkung von mehr Bewegung lässt sich auch im höheren Alter noch erreichen, selbst wenn man vorher nie Sport gemacht hat".

3. *Nützen Sie das Potenzial ausgewogener Nahrungsmittel* – sie sind reich an natürlichen Vitaminen, Antioxidantien und Flavonoiden, optimieren die Abwehr- und Repairmechanismen des Körpers. Flavonoide sind sekundäre Pflanzenstoffe, denen besonders antioxidative Eigenschaften zugeschrieben werden. Wissenschafter haben festgestellt, dass einige Bioflavonoide eine

antioxidative Potenz besitzen, die jene der bekannnten Antioxidantien um ein Vielfaches übersteigt. Obst, Gemüse, Nüsse, Fische sollten Sie regelmäßig in Ihren Speiseplan einplanen. Nicht umsonst haben Menschen, die täglich gelbe Gemüse- und Obstsorten essen, ein signifikant vermindertes Risiko, an Lungen- und Magenkrebs zu erkranken. Natürliche Hauttonika – Vitamin B –, volles Korn, Milch und Weizenkeime sowie Zink aus Algen und Meeresfrüchten sind ebenso wirksam wie die Flavonoide roter und gelber Gemüsearten oder die Enzyme der natürlichen Fruchtsäuren aus Ananas, Papaya oder Feigen.

4. *Vermeiden Sie unnötige Belastungen mit Giftstoffen in Nahrung und Umwelt,* bevorzugen Sie natürliche, unbehandelte Produkte.
5. *Reichliches Trinken pflegt nicht nur die Nieren, es gibt auch der Haut vermehrte Spannkraft.* Trinken Sie Wasser und Tee. Grüner Tee hat eine Fülle natürlicher Antioxidantien. Die Polyphenole des Tees sind zum Beispiel bis zu hundertmal effektiver als Vitamin C oder fünfundzwanzigmal effektiver als Vitamin E. Deshalb hat Tee eine nachweislich anticancerogene Wirkung, die das Herzinfarktrisiko oder Atherosklerose reduziert. Bei Frauen gilt es als erwiesen, dass das Risiko der Osteoporose mit bereits einer Tasse pro Tag reduziert ist.
6. *Vermeiden Sie das Rauchen!* Es schädigt nicht nur die Lunge, die Haut wird rascher welk, unsere Zellen altern rapide durch die vermehrten Angriffe der freien Radikale.
7. *Meiden Sie übermäßige Sonnenbäder* – dies schützt nicht nur vor verschiedensten Hauttumoren, sondern mindert auch die Hautalterung.
8. *Genießen Sie ausreichenden und regelmäßigen Schlaf.* Hormonsysteme, die unsere Schlafmuster regulieren, regeln und maximieren unsere Verteidigungs- und Repairsysteme.

9. *Täglich 30 Minuten „Zeit für mich" bringen innere Ruhe und Gelassenheit.* Nützen Sie täglich die Kraft positiver Gedanken. Stress – körperliche und seelische Belastungen – vermindert die Kraft unseres Immunsystems und erhöht die Menge freier Radikale in unserem Körper. Qi Gong ist ein bewährtes Mittel zur Stressreduktion. Übrigens, nehmen Sie sich einmal im Jahr eine Stunde Zeit, um Ihre persönlichen Werte und Ziele für das nächste Jahr festzulegen. Halten Sie sie schriftlich fest. Trachten Sie danach, diese Ziele auch zu verwirklichen. Konkretisieren Sie einzelne Schritte, beachten Sie Ihre eigenen Kompetenzen. Gewähren Sie sich auch selbst Achtung – was kann ich, was habe ich gut gemacht? Pflegen Sie bewusst persönliche Beziehungen. Achten Sie auf den Umgang mit eigenen Gefühlen. Entdecken Sie Ihre eigene Kreativität!
10. Die Dusche als Jungbrunnen regt morgens den Kreislauf an (kalt) oder entspannt abends den Körper (warm). *Duschen tut wohl.*
11. *Genießen Sie eine Sesamölkur.* Sie dient der Förderung der Regenerationsprozesse und ist eine Empfehlung der chinesischen Medizin: Sesamöl im Wasserbad auf 50 Grad erwärmen, abkühlen lassen, den Körper damit einölen.

Botox und verschiedene Operationen können Falten kurzfristig straffen, einem Leistungsverlust können sie nicht entgegenwirken. Wollen Sie Selbstbestimmtheit und Eigenständigkeit bewahren, so sind Bewegung und Training die einzige Möglichkeit der Prophylaxe und Therapie der schwächebedingten Pflegebedürftigkeit. Das Gute an der Sache: Trainierte sind in jedem Alter leistungsfähiger als Untrainierte. Außerdem bleibt die Trainierbarkeit bis zum Lebensende erhalten.

Sollten Sie sich dennoch zu einem operativen Eingriff entschließen, zum Beispiel um extrem hängende Oberlider, die das Gesichtsfeld einschränken, zu reduzieren oder weil Sie massiv Gewicht abgenommen haben und die Haut nun einfach um drei Nummern zu groß ist, so sollten Sie diese mit dem plastischen Chirurgen und jenen, die Sie postoperativ betreuen, gut vorbesprechen. Eine effektive postoperative Rehabilitation mit individuell abgestimmten Massagen, Cremen oder Ernährungsempfehlungen sind dabei ebenso wichtig wie eine gezielte Nachbetreuung – nur so ist sichergestellt, dass der gewonnene Erfolg lange erhalten bleibt.

Tanzen – ein Weg zu mehr Fitness oder einfach nur schön?

All die Vorzüge der beschriebenen Bewegungsarten kennen Sie schon, aber Laufen, Walken, Fitnessstudio machen einfach keinen Spaß? Haben Sie schon einmal ans Tanzen gedacht? Tanzen ist Ausdauersport. Tanzen ist nicht nur Unterhaltung sondern auch körperliches Training – egal ob auf einem Ball, bei einer Party oder zu Hause.

Verbessert man durch Tanzen die Fitness?

Es gibt verschiedenste Formen des Tanzens: klassischen Tanz, Jazz-Tanz, Hip-Hop oder Bauchtanz. Muskulatur, Gelenke und Knochen, aber auch Kreislauf und Atmung werden immer gefordert. Beim Tanzen findet eine natürliche Aktivierung der Muskulatur statt. Durch das Tanzen wird die Herzfrequenz gesteigert und der Fettstoffwechsel angeregt. Ob dies relevant für die Gesundheit ist, entscheiden vorwiegend Tanzintensität und Dauer. Wer lediglich übers Parkett schlurft, darf sich keine zu großen positiven Effekte erwarten. Bei einem Wiener Walzer, einem Boogie oder gar einem Rock'n Roll wird Ihr Kreislauf so richtig in Schwung gebracht. Bei eineinhalb Stunden Tanzen bewegt man sich durchschnittlich eine Stunde effektiv. Beim Tanzen kann es schon einmal passieren, dass man seine eigenen konditionellen Fähigkeiten überschätzt. Die Musik beflügelt und lässt Müdigkeit schwinden. Es ist ratsam, bewusst mit langsamerer Musik zu starten, um den Körper auch aufzuwärmen. Vergessen Sie nicht – je komplexere Schrittkombinationen, je mehr Hebefiguren, umso mehr entspricht es echtem Leistungssport. Auch wenn dies vor zwanzig Jahren kein Problem war, sollten Sie sich langsam an Ihre Höchstform herantasten – damals waren Sie wahrscheinlich in besserem Trainingszustand. Regelmäßiges Tanzen kann die Blutfette ebenso senken wie Laufen oder Nordic Walking. In Studien wurde bereits nachgewiesen, dass die Sauerstoffaufnahme durch regelmäßiges Tanzen verbessert wird. Tanzen steigert nicht nur die Kondition, es lässt Kalorien purzeln. 10 Minuten moderates Tanzen verbraucht 35 Kalorien, ein flotter Boogie sogar 60 Kalorien, so viel wie 10 Minuten Tennis.

Tanzen beeinflusst die Körperwahrnehmung. Die Körperhaltung wird durch Tanzen deutlich verbessert. Falsche Haltung verursacht nicht nur Rücken-, Nacken- und Kopfschmerzen, sondern hat auch sehr großen Einfluss auf das Wohlempfinden. Die Haltung ist beim Tanzen von besonderer Bedeutung, denn der Tanz kann nur durch eine aufrechte Haltung und die damit verbundene Ausstrahlung wirken. Können Sie sich vorstellen bei einem Walzer schlaff dahinzutapsen? Aufrichtung und Spannung der Rückenmuskulatur sind Basis eines wunderbaren Gesamteindruckes. Haltungskorrektur und Bewusstmachen von Fehlhaltungen gehören daher zu jedem guten Tanztraining.

Regelmäßiges Tanzen hilft nicht nur die Fitness zu verbessern, es reduziert auch das Verletzungsrisiko. Gleichgewicht und Orientierungsfähigkeit werden beim Tanzen ständig benötigt. Gleichgewicht und Koordination werden im Alltag zunehmend nicht trainiert – wer geht noch über unebenen Boden oder muss über schmale Wege balancieren? Gute Koordination lässt Bewegungen ökonomischer und präziser erfolgen und vermindert das Sturz- und Verletzungsrisiko. Die natürlichen Bewegungsmuster werden durchbrochen und komplexe Bewegungszusammenhänge erlernt. Arme, Beine, aber auch der Rücken werden in ihrer Gesamtheit hinsichtlich Raumwahrnehmung trainiert.

Blasen sind die häufigsten Verletzungen beim Tanzen. Gelegentlich kann es auch zu Zerrungen von Bändern und Muskulatur kommen. Knie und Sprunggelenk sind besonders sensibel. Ebenso kann es zu Sehnenscheidenentzündungen, vorwiegend der Achillessehne kommen. Risikofaktoren hierfür sind die Überschätzung der eigenen Fähigkeiten. Wählen Sie den richtigen Tanzstil. Tanzstile mit hohem Impact – Boogie, Salsa, Rock'n Roll – sind für den Start weniger empfehlenswert. Außerdem sind sie für Menschen mit Rheuma nicht geeignet.

Je komplexer Ihr Tanzprogramm wird, umso intensiver sollten Sie aufwärmen. Beim lockeren Gesellschaftstanz reicht es, locker in den Knien zu federn, mit den Sprunggelenken und dem Becken zu kreisen, locker auf der Stelle zu gehen. Ein langsamerer Tanz – zum Beispiel ein englischer Walzer – bringt den Kreislauf in Schwung. Wenn Sie allerdings alle Aufmerksamkeit durch Hebefiguren auf sich ziehen wollen, so sollten Sie intensiver, inklusive Dehnübungen aufwärmen. Sollten Sie gelegentlich Knieschmerzen oder Kreuzschmerzen entwickeln, so muss die Stabilität der Beinachse und der Lendenwirbelsäule überprüft werden. Einfache Kräftigungsübungen können hier gute Abhilfe schaffen.

Wie bei jedem Sport helfen richtige Ernährung und richtiges Trinken die Leistung zu verbessern. Essen Sie nicht zu schwer und trinken Sie ausreichend – Wasser, Tee, Fruchtsäfte. Je rascher der Takt der Musik, umso eher sollten Sie sich ruhig zwischendurch einmal eine kleine Pause gönnen. Sie ersparen sich so manchen Muskelkater.

Tanzen hilft jedem, seinen eigenen Körper wiederzuentdecken und wieder eine positive Einstellung zu finden. Durch Tanzen kann Lebensfreude entdeckt und gestärkt sowie neues Wohlbefinden aufgebaut werden. Die Bewegung zur Musik kann beflügeln, die Befindlichkeit verbessern und die Leistung steigern. Das Gehirn setzt Glückshormone, sogenannte Endorphine, frei. Der Rhythmus reißt einen mit und die Alltagssorgen können vergessen werden. Somit unterstützt Tanzen den Kampf gegen Stress auf sehr angenehme Weise.

Wie Sie sehen, birgt Tanzen unterschiedlichste Aspekte für die Gesundheit. Es bringt Kräftigung und Mobilisierung von Körper und Geist, vermittelt ein positives Lebensgefühl und ist Balsam für die Seele. Die mehr oder weniger rhythmischen Bewegungen zu schneller oder auch getragener Musik sind das Beste, was man für sich tun kann. Allerdings ist Leistungsdruck beim Tanzen fehl am Platz, wichtig ist die Freude an der gemeinsamen Bewegung. Mit Abwechslung der verschiedenen Tanzstile kommen Sie mit viel Spaß zum Ziel – Verbesserung der Kondition, der Rückenmuskulatur und Minderung von Stressfolgen.

Sie suchen die Herausforderung? Klettern ist nicht nur in den Bergen spannend!

Im Zeitalter des „no risk, no fun“ gewinnt Klettern immer mehr Interessenten. Dabei muss es gar nicht immer die hochalpine Route sein, die diesen Spaß auslöst. In den letzten Jahren haben Indoor-Kletterwände stetig an Beliebtheit gewonnen. Warum? Klettern als Sportart ist äußerst gesund. Aber natürlich birgt es auch Gefahren in sich, erfordert ein Herantasten, ein Lernen und letzten Endes ein Sammeln von Erfahrungen. Keinesfalls sollten Sie sich in irgendetwas hineinstürzen, was Sie nicht einschätzen können. Richtig und regelmäßig ausgeführt, ist Klettern eine sehr gesunde Sportart, die vor allem aber nicht nur den Rücken stützt.

Sportklettern in der Halle ist ein etablierter Freizeitsport, der sich den Trendsportcharakter erhalten hat. Hallenklettern hat im Gegensatz zum Klettern am Naturfels zahlreiche Vorteile:

- hohe Sicherheitskriterien der künstlichen Kletterwände
- Fehlen der unberechenbaren Naturgefahren – zum Beispiel Steinschlag, ...
- Witterungsunabhängigkeit und dadurch Ganzjährigkeit – zu fast jeder Tages- und Nachtzeit
- hohe Verfügbarkeit und schnelle Erreichbarkeit – auch in der Stadt

Gerade das Bouldern (Klettern ohne Seil in einer Höhe, von der gefahrlos auf dicke Matten abgesprungen werden kann) ist ein guter Einstieg in dieses neue Abenteuer. Das Klettern in Absprunghöhe ist die beste Form zum Erlernen und Perfektionieren der richtigen Klettertechniken.

Klettern in der Sporthalle kann in jedem Alter und in jedem Fitnesszustand gestartet werden, da es optimal an die individuellen Fähigkeiten angepasst werden kann. Darum wird es heute auch gerne für medizinisches Training empfohlen. Nur wenige wissen, dass Klettern schon länger therapeutisch eingesetzt wird. Jeder Mensch, der seine Arme und Beine nutzen kann, ist in der Lage zu klettern. Das „Bewegungsmuster“ Klettern erinnert sehr stark an das Krabbeln. Die Grundlage jeder Bewegung ist eine gute Stabilisation des Rumpfes – gleich ob man einen Sessel hochhebt oder zur Seite springt. Vor jeder Bewegung versucht der Körper den Rumpf zu stabilisieren. Bei chronischen Wirbelsäulenbeschwerden wurde nachgewiesen, dass die Arme bewegt werden und die Stabilisierung des Rumpfes einige Hundertstelsekunden zurückhängt. Durch Klettern kann dieses „falsche" Bewegungsmuster korrigiert werden. Klettern ist das perfekte Ganzkörpertraining, bei dem sämtliche Muskeln mitspielen. Damit sich der Kletterer in der Wand halten kann, müssen die Muskeln der Hände, Arme, Schultern, des Bauchs, Rückens, der Beine, Füße aktiv werden. Alle Muskeln haben beim Klettern eine Stützfunktion im Sinne der aufrechten Körperhaltung. So wird diese gefordert und spielerisch trainiert. Klettern fördert Koordination, Kraft, Beweglichkeit, Gleichgewicht und Reaktionsvermögen. Körperwahrnehmung und Konzentration werden gestärkt. Grundsätzlich ist Klettern auch zum Stressabbau geeignet. Alle Menschen können von einem Training an der Kletterwand profitieren, gleichgültig ob Sie gesund sind oder unter Alltagsbeschwerden des Rückens leiden.

Die Möglichkeit, die eigenen Grenzen auszuloten und einen gesicherten Umgang mit Angst zu erfahren, ist ein wesentlicher Faktor des Erfolges. Neben der gezielten Koordination von Armen und Beinen gehören zum Klettern einfach Mut, Willenskraft und psychische Ausdauer. Der Aspekt der Selbstwertsteigerung durch die Verbesserung der Körperwahrnehmung, die kontrollierte Überwindung der eigenen Grenzen macht sich gerade bei depressiven Patienten positiv bemerkbar. Klettern fördert die Beweglichkeit und kräftigt die Muskeln des Schultergürtels und auch des unteren Rückens. Durch die beim Klettern ausgeübten Greif-, Zug- und Steigbewegungen wird die sensorische Integration, das Zusammenspiel von sensorischen und motorischen Impulsen, gefördert. Überkreuzte Bewegungen tragen zu einer besseren Verschaltung zwischen den Gehirnhälften bei. Gleichzeitig werden propriozeptive Reize gesetzt, die zu einem besseren Gleichgewicht beziehungsweise einer Haltungsanpassung der Muskulatur führen. Ein riesiger Vorteil dieser Sportart ist die Motivation zur Mitarbeit: Klettern macht Spaß und fordert zum Weitermachen auf. Es führt zu einer deutlichen Verbesserung der motorischen Fähigkeiten und steigert Koordinationsfähigkeit, Kraft, Schnelligkeit und Beweglichkeit.

Selbst Kinder mit Haltungsschäden können durch Klettern zu gezielten therapeutischen Tätigkeiten motiviert werden. Zusätzlich kommt es zu einer Verbesserung der Gelenkstabilisation sowie einer allgemeinen Verbesserung der psychischen Fähigkeiten. Gleichgewicht halten, reagieren und ausgleichen durch Verlagerung des Körperschwerpunktes fördert und fordert Bewegungs- und Körpergefühl. Aktive Beweglichkeit gilt als Voraussetzung für kraftsparendes und elegantes Klettern. Der Witz dabei: Allein durch die Tätigkeit des Kletterns selbst passt sich der Körper schon an die im Sportklettern erforderliche Beweglichkeit an – ohne spezielles Training. Die aktive Beweglichkeit wird somit bereits über das Erlernen der Klettertechniken gesteigert und verbessert außerdem noch Ihre Motorik in Alltagssituationen.

Sportklettern kann im Gegensatz zu zahlreichen anderen Sportarten unmittelbar abgestimmt auf die individuelle Leistungsfähigkeit betrieben werden. Da Kletterer verschiedener Niveaus miteinander agieren können, ist das Hallenklettern eine besonders soziale Kontakte fördernde Freizeitbeschäftigung. Der Spitzenkletterer kann sich sowohl mit einem Anfänger gemeinsam oder individuell an den künstlichen Wänden sportlich betätigen. Dies kann gelingen, weil in einer Halle die Kletterrouten von „leicht" bis „extrem schwer" dicht nebeneinander gesetzt werden können, was in freier Natur kaum vorzufinden ist.

Da Klettern vornehmlich aus zielgerichteten Bewegungen, die den gesamten Bewegungsapparat beanspruchen, besteht, müssen auch jene Teile des Körpers eingesetzt werden, die sonst nur eingeschränkt benutzt werden. Beim Schreiben z.B. trainiere ich keine Armmuskulatur, beim Sitzen keine Bein- oder Fußmuskulatur, ... Bewegungsmuster, die dem Körper nicht mehr präsent sind, können so aktiviert werden. Deswegen ist Klettern auch eine ideale Ergänzung heilgymnastischer Übungen. Dabei ist es nicht nur eine gesundheitsfördernde Maßnahme, sondern es führt zu langfristigen Verhaltensänderungen. Die Koordination der Muskelabläufe verbessert sich. Neben körperlichen Störungen (Skoliosen, Bandscheiben- und Kniegelenksproblemen oder neurologischen Störungen) können beim Klettern auch psychische Veränderungen behandelt werden (zum Beispiel Angstblockaden, Aufmerksamkeitsstörungen, Beziehungsprobleme in Partnerschaft oder Familie, ...). Der „Fun Factor" hilft auch hier, das nötige Training beizubehalten.

Klettern ist bereits eine bewährte Methode, nicht nur um Rückenschmerzen vorzubeugen, sondern auch um sie zu behandeln. Immerhin leiden siebzig Prozent unserer Bevölkerung an Haltungsschäden. Unsere einseitige Schreibtischtäterschaft, ewiges Sitzen – dafür sind wir einfach nicht geschaffen.

Das Kreuz mit dem Kreuz

Neben Schreibtischjobs mit stundenlanger Fehlhaltung und durch Sorgen gebeugte Rücken führt auch falsches Training zu Störungen der muskulären Balance. Viele Sportarten, etwa Tennis oder Squash, belasten den Bewegungsapparat überwiegend einseitig. Manche Menschen trainieren wieder im Studio nur die vordere Körperseite, weil sie im Spiegel besser sichtbar ist. Dies führt zu verstärkter Muskelspannung in den überforderten Körperteilen und einer zunehmenden Schwäche der antagonistischen Muskeln, also der Gegenspieler. Schmerzen versucht man auszuweichen, indem Schonhaltungen eingenommen werden – völlig unbewusst und automatisch. Ein Teufelskreis beginnt – die Schmerzen schaukeln sich hoch. Werden erste Warnsignale nicht ernst genommen, so lässt die Schonhaltung die Muskeln immer weiter verkümmern, die Durchblutung des Muskels, der Knochen und Bänder wird gestört, wodurch sich das Arthrose-Risiko, also das Risiko des vorzeitigen Gelenksverschleißes, erhöht. Die entstehenden Verspannungen bleiben jedoch nicht lokal beschränkt. Es ist nur eine Frage der Zeit, bis sie den ganzen Rücken, das Becken oder das Kiefergelenk erfassen. Umgekehrt kann aber auch chronische Fehlbelastung des Kiefers, zum Beispiel durch Zähneknirschen, oder der Beinachse durch einseitiges Tragen von Lasten zu funktionellen Störungen an der Wirbelsäule und im gesamten Bewegungssystem führen. Die Wirkung aller Medikamente, die bei Rückenschmerzen verschrieben werden (Schmerzmittel, Muskelentspannungsmittel, entzündungshemmende Medikamente, Antidepressiva), wird immer kürzer, dabei müsste nur ein balanciertes Training kombiniert mit Haltungskorrekturen gemacht werden. Hält die Überlastung zu lange an, können sich daraus handfeste Krankheiten entwickeln, etwa Bandscheibenvorfälle inklusive Lähmungen oder Knorpelabrieb und anschließende Gelenksteife. Nicht zu unterschätzen ist, wie sehr der Charakter, die persönliche Befindlichkeit den Rücken prägt. Sorgen lasten buchstäblich auf den Schultern, Frust oder unterdrückte Wut führt zu ständiger Anspannung der Muskulatur.

Die Medizin ist sich also darüber einig, dass Rückenschmerzen zumeist mit schlechter Haltung beginnen, die Muskeln, Sehnen, Bänder, Bandscheiben und Wirbel ungleichmäßig belastet. Eine aufrechte Haltung – das Anspannen der Bauchmuskeln und das Aufrichten des Beckens sowie das Anheben des Brustbeins – verbessert die Körperhaltung wesentlich. Achtung! Wer es übertreibt, der fällt zu stark ins Hohlkreuz. Die Muskeln in Rücken und Bauch zu trainieren, braucht Zeit. Wer meint, mit Spritzen und Operationen ginge alles schneller, weil er den menschlichen Körper mit einem Auto verwechselt, der wird auf Dauer enttäuscht sein. Dauerhafte Beschwerdefreiheit ist durch solche medizinischen Maßnahmen sicher nicht zu erwarten, da sie die Ursache – das schwache Muskelkorsett – nicht beheben. Das A und O der Bandscheibentherapie ist der Aufbau der Rücken- und Bauchmuskulatur, und zwar unmittelbar nach der akuten Schmerzphase. Wenn starke Rumpfmuskeln die Wirbelsäule entlasten, kann sich sogar eine Bandscheibenvorwölbung zurückbilden. Wird nichts unternommen, kann der kapselähnliche Faserring der Bandscheibe schließlich einreißen und Teile des Gallertkernes können austreten. Dies engt den Nerv ein und es kommt schließlich zu Empfindungsstörungen und Lähmungserscheinungen.

Es liegt daher in unserer Hand, diese Fülle an möglichen Problemen zu vermeiden oder zu lösen.

Pflicht und Kür der Gesundheit

Von Gustav Knutz stammt das Zitat „Das Leben ist wie Eiskunstlaufen: Es besteht aus Pflicht und Kür, und oft fällt die Entscheidung bei der Pflicht." Auf unsere Gesundheit angewandt bedeutet das wohl, wenn wir Grundlegendes verabsäumen, nützen auch die ausgefeiltesten Spezialanwendungen wenig.

Unser Alltag ist geprägt durch tausendfache verpflichtende Aktivitäten. Machen wir sie ergonomisch richtig, so können wir uns so manches Potenzial für die Kür bewahren.

Überprüfen Sie daher einmal Ihren Arbeitsplatz und den Schreibtisch – Tischhöhe, Sesselhöhe, Platzierung des Bildschirmes, Lichteinfall (siehe Checkliste). Die Tischhöhe und die Sitzhöhe sollten aufeinander abgestimmt sein. Fünf rechte Winkel (Ellbogen – Hüfte – Knie – Sprunggelenk – Augenhöhe) sichern eine positive Arbeitshaltung.

Die häufigsten Fehler sind:

- Der Bildschirm steht schräg auf der Seite und bedingt dadurch eine einseitige Fehlhaltung des Kopfes und damit einseitige Verspannungen.
- Der Sessel ist falsch eingestellt. Ist die Körperhaltung ständig in einer ergonomisch ungünstigen Position, so können auch kürzere Arbeitsepisoden zu diesen Un-

annehmlichkeiten führen. Ist der Sessel zu hoch, so haben die Füße keinen Bodenkontakt. Eine aufrechte Körperhaltung kann nur unter großen Mühen eingenommen werden. Durch die Ermüdung der Muskulatur kommt es zum Zusammensinken des Oberkörpers und zu vermehrten Biegespannungen im Rücken. Ist der Sessel zu niedrig, so bedingt die Tieflage des Beckens (in Relation zu den Knien) eine fehlende Beckenaufrichtung und einen Rundrücken. Gleichgültig ob in der Schule, beim Lesen zu Hause oder beim Autofahren bedeutet der Rundrücken eine deutliche Belastung der gesamten Wirbelsäulenstatik.

- Je instabiler die Sitzhaltung, je kleiner die Stabilisationsfläche, umso größer ist die Belastung der Wirbelsäule!
- Ist die Tischfläche zu hoch, muss vermehrte Haltearbeit im Schultergürtel geleistet werden. Verspannungen durch die Überlastung der Nackenmuskulatur sind die Folge. Ist die Arbeitsfläche hingegen zu nieder, so kommt es wieder vermehrt zum Rundrücken. Eine neigbare Arbeitsfläche kann zur Entlastung der Wirbelsäule beitragen.

Tipp: Wenn der Sessel nicht so richtig passt, kann es an der falschen Einstellung liegen. Manchmal hilft hier ein kleiner nierenförmiger Polster, den man zur Unterstützung zwischen schmerzenden Rücken und Lehne gibt. Besonders vorteilhaft sind solche Polster an einem breiten Band, sodass Sie individuell höhenverstellbar sind. Ein Keilpolster auf der Sitzfläche, dessen schmale Seite zu den Kniekehlen zeigt, entlastet durch die Aufrichtung des Beckens die Lendenwirbelsäule. Probieren Sie einmal einen Sitzball oder eine Sitzscheibe – Sie erlauben dynamisches Sitzen!

Ein Konzepthalter beim langen Abschreiben ist ebenso wichtig wie ein blendfreier Bildschirm oder eine gute Raumbeleuchtung, da Nacken- und Kopfschmerzen so einfach vermieden werden können. Beachten Sie daher bei der Positionierung Ihres Arbeitsplatzes, wie die Sonneneinstrahlung sich während des Tages verändert. Zur Vermeidung von Lichtreflexen sollte die Fensterfront möglichst im rechten Winkel zum Tisch sein.

Dynamisches Sitzen beugt Rücken- und Nackenschmerzen optimal vor. Ein Sitzball ist hierfür optimal geeignet. Die Couch hingegen kann man auch als den Tod des Rückens bezeichnen, insbesondere wenn sie gleichzeitig ein ausziehbares Bett ist. Ein Möbelfabrikant brachte es für mich auf einen sehr einfachen Nenner: „Wollen Sie gut sitzen oder liegen?" Die Erklärung ist dabei sehr einfach: Wenn Sie eine Liegefläche wollen, brauchen Sie eine gewisse Tiefe der Sitzfläche – diese ist immer größer als Ihre Oberschenkellänge. Dadurch hängt Ihr Rücken auf derartigen Sitzgelegenheiten immer durch.

Wie sitze ich richtig? – Eine Checkliste für den Alltag

- Der Ellbogen soll bei aufrechter Haltung beim Schreiben etwa 80–90 Grad gebeugt sein.
- Die Tastatur oder das Mauspad sollte eine Handballenauflage haben, ebenso muss ausreichend Platz für die Maus sein.
- Knie und Hüfte sollen etwa 80–90 Grad gebeugt sein.
- Die Sitzfläche sollte waagrecht oder leicht nach vorne geneigt sein, der Bezug nicht rutschend.
- Die Sessellehne sollte am Übergang Brustwirbelsäule/Lendenwirbelsäule einen Stützpolster haben.
- Die Kniekehlen sollten mindestens eine Handbreit zur Sesselkante frei sein.
- Die Fußsohlen sollen satt am Boden aufgestellt werden.
- Blickwinkel auf den Bildschirm – Bildschirm/Augen ca. 90 Grad, Abstand Augen/Bildschirm 50–70 cm.
- Vermeidung von Lichtreflexen am Bildschirm.

Übrigens, jede noch so kleine Unterbrechung der starren Haltung kann helfen schwerwiegende Probleme (ausstrahlende Schmerzen in die Hand oder Beine, Taubheit in Fingern oder Zehen, ...) zu vermeiden. Im Büroalltag lassen sich auch einfache Übungen umsetzen.

Übungen für zwischendurch

1. *Ziehen Sie zwischendurch Ihre Schultern bis an die Ohren hoch,* atmen Sie dabei tief ein und halten Sie die Spannung 10 Sekunden, danach die Schultern mit einem kräftigen Ausatmen wieder fallen lassen und 20 Sekunden entspannt im Sessel zurücklehnen.
2. *Drehen Sie Ihren Kopf so weit als möglich* nach rechts, halten Sie die Spannung kurze Zeit, dann wieder loslassen zur Mitte, nach einem kurzen Atemzug den Kopf nach links drehen, wieder Spannung halten und zurück in die Ausgangsstellung. Nun berühren Sie mit dem Kinn die rechte Schulter und kreisen mit dem Kinn nun über die Brust zur linken Schulter und wieder zurück.
3. *Dehnungsübung:* Heben Sie die Arme so, dass die Oberarme waagrecht in Schulterhöhe und die Unterarme senkrecht nach oben zeigen. Schieben Sie nun den Brustkorb nach vorne und ziehen gleichzeitig die Schulterblätter nach rückwärts zusammen. Wenn Sie es richtig machen, müssen Sie vorne im Brustmuskel Dehnung und in der Rückenmuskulatur Spannung spüren. Halten Sie die Spannung drei Atemzüge lang und lassen Sie dann die Arme locker fallen. Je öfter Sie die Übung machen, umso besser wird es Ihnen gehen.
4. *Ausgleichsübung:* Setzen Sie sich auf die Vorderkante des Sessels oder Hocker, sodass Ihre Beine locker am Boden stehen. Pressen Sie die Fersen fest gegen den Boden, richten dabei das Becken auf, stemmen Sie die Hände fest gegen die Oberschenkel und strecken Sie dabei die Lendenwirbelsäule bis zur Brustwirbelsäule.

Halten Sie diese Spannung 3–4 Atemzüge, danach lassen Sie die Spannung los, ohne die Haltung zu verändern. Greifen Sie nun mit der rechten Hand auf das linke Knie und legen Sie die linke Hand in Höhe der letzten Rippen auf die Wirbelsäule, mit dem Einatmen drehen Sie den Körper so weit als möglich nach links, achten jedoch darauf, dass die Wirbelsäule in gerader Haltung bleibt, und atmen nun dreimal ruhig und tief durch. Anschließend legen Sie die linke Hand auf das rechte Knie und die rechte Hand auf die Wirbelsäule und machen die gleiche Übung wie links.

Nützen Sie jede Gelegenheit zur Haltungskorrektur! Wenn Sie beim Spiegel vorbeigehen und einen Blick auf die Haltung werfen, nutzen Sie dies für eine Übung, die Ihr Aussehen verbessert: Bauch und Gesäß anspannen, zehn Sekunden halten und wieder loslassen. Immer und überall haben wir die Möglichkeit für kurze Übungen und bald bemerkt man, dass der Zustand des Rückens besser wird und man sich mit der Zeit wohler fühlt!

Dieses Mindestmaß an Bewegung hilft uns, das tägliche Bewegungsdefizit ein bisschen zu kompensieren. Zu einem echten Training der Rückenmuskulatur reicht es nicht.

Wenn Sie bereits unter Rückenschmerz leiden, gibt es eine gute Nachricht: Eine (immerhin im renommierten Journal Archives of Internal Medicine) publizierte Studie hat gezeigt, das Massage bei anhaltenden Rückenschmerzen eine effektive Behandlungsmöglichkeit, die auch langfristig Erfolg verspricht, ist. Auch eine Low-Level-Laser-Therapie (LLLT) kann Beschwerden unspezifischer Nackenschmerzen reduzieren. (Dabei wird mit Laserstrahlung niedriger Energiedichte für therapeutische Zwecke gearbeitet.) Altbewährte Hilfen wie Wärme, Kräuter oder Elektrotherapie dürfen dabei natürlich nicht vergessen werden.

Ziel der therapeutischen Anwendungen ist immer die Reduzierung von lokalen, oft schmerzbedingten Entzündungen, die verringerte Ableitung von schmerzhaften Nervenreizen sowie die Verringerung von Muskelermüdungen. Akupunktur ist eine seit Jahrzehnten bewährte Methode beim akuten Schmerz. Ebenso bringt sie beim chronischen Schmerz Erleichterung. Wichtig ist dabei zu beachten, dass das Setzen einer Akupunkturnadel alleine oft nicht ausreicht. Die Technik des Nadelns – stimulierend oder ableitend, mit oder ohne Moxa-Therapie (einer Spielart der Akupunktur) – ist oft entscheidend für den Erfolg. Doch vergessen Sie nicht, welche Methode auch immer Sie zur Schmerzreduktion wählen, ohne Eigenaktivität und Pflege der Muskulatur gibt es keinen dauerhaften Erfolg.

Wann wird Bewegung zu Sport?

Neben der wissenschaftlichen Unterscheidung von Bewegung und Sport gibt es auch eine Möglichkeit der Alltagsdifferenzierung: Wenn unsere körperliche Aktivität mit leicht beschleunigter Atmung und Herzfrequenz ohne starke Schweißproduktion in Alltagskleidern möglich ist, so sprechen wir von Bewegung. Wenn die Aktivität beschleunigte Atmung und erhöhte Herzfrequenz sowie je nach Belastung entsprechende Schweißproduktion hervorruft, so sprechen wir von Sport.

Heute denken wir bei Lust auf Sport meist an die klassischen Funsportarten (Skaten, Trickbike, Snowboard, Beachvolleyball, ...). Sie bedürfen jedoch vielfach eines guten Ausdauer- und Koordinationsniveaus. Dabei kann auch Laufen oder Wandern unseren Körper mehr fordern, als wir im ersten Moment annehmen. Lockeres Laufen oder Nordic Walking bringt den Körper in Schwung – ohne Risiko. Beginnen Sie langsam, ohne den Ehrgeiz, sofort alle besiegen zu müssen. Legen Sie sich einen persönlichen Fitness-Trainingsplan zurecht. Starten Sie mit einem Intervalltraining. Wechseln Sie Phasen der schnelleren Bewegung mit Phasen der langsameren Bewegung ab. Wenn Sie in der warmen Jahreszeit unterwegs sind, so gönnen Sie Ihren Beinen auch einmal barfuß zu laufen. US-Forscher haben herausgefunden, dass spezielle Laufschuhe zwar den Fuß stabilisieren, Knie- und Hüftgelenke jedoch mehr belasten als beim Barfußlauf. Dafür verantwortlich dürften vor allem der erhöhte Fersenbereich und die zusätzlichen Verstärkungen der Sohle im Mittelfußbereich sein. Bemerkenswerterweise sind die ermittelten Belastungswerte teilweise sogar höher als jene, die in früheren Studien für das Laufen mit Stöckelschuhen ermittelt worden sind.

Im Freien hilft Ihnen das Sonnenlicht auch aus mehrfacher Hinsicht die Lebensgeister zu wecken. Einerseits gilt Tageslicht als ein exogener Stimulus für den Tag-Nacht-Rhythmus (das bedeutet, die Sonne macht uns wacher, fehlende Sonne aktiviert das Schlafbedürfnis), andererseits bedingt UV-B-Licht die Umwandlung von Pro-Vitamin D in Vitamin D, das Ihr Körper braucht, um das Nahrungs-Calcium aus dem Dünndarm aufzunehmen. Dieses ist wiederum für unseren Knochenstoffwechsel essenziell. Um Osteoporose – einem Volksleiden – effektiv vorbeugen zu können, ist daher Bewegung an der frischen Luft optimal. Wer jedoch der Sonne zum Beispiel im Zuge von ewigen Sonnenbädern zu viel Zeit gönnt, dessen Freude wird begrenzt sein. Vorzeitige Hautalterung und Hautkrebs drohen als Spätfolgen.

Osteoporose – die Erkrankung unseres Jahrhunderts?

Osteoporose ist eines *der* Volksleiden schlechthin. Dabei ist der klassische „Witwenbuckel", eine Folge der Deformierung der Wirbelsäule durch Knocheneinbrüche, nicht die einzige Folge dieser Erkrankung. Auch unsere Arme und Beine können von Osteoporose essenziell betroffen sein. Häufige Folgen sind Unterarmbrüche oder Schenkelhalsfrakturen. Patienten fürchten berechtigterweise die Auswirkungen von Osteoporose auf ihre Lebensqualität. Dabei ängstigt die reduzierte Eigenständigkeit ebenso wie das Risiko zu stürzen oder die emotionalen und physischen Auswirkungen, die Osteoporose auf das Leben haben kann. Immerhin haben 79% der Patienten Angst vor einer Knochenfraktur beziehungsweise einem Knochenbruch. 70% der Patienten befürchten, dass sie in ihrer Aktivität durch Osteoporose eingeschränkt sein werden, beziehungsweise 60% der Patienten machen sich Sorgen darüber, stärker von anderen Menschen abhängig zu werden.

Osteoporose ist tückisch, denn es gibt keine Symptome, die diese Krankheit frühzeitig verraten. Man spürt nicht, dass der Knochen dünn wird. Ein unabwendbares Schicksal? Nein!

Es gibt unterschiedliche Risikofaktoren für Osteoporose. Neben dem Alter, Geschlecht und unseren Genen spielen Ernährung, Nikotin und Bewegung eine wichtige Rolle.

Frauen sind bevorzugt betroffen – auf fünf Frauen kommt ein Mann mit Osteoporose. Sie entwickelt sich schleichend über Jahre durch Bewegungsmangel und falsche Ernährung. Frauen, die täglich mehr als neun Stunden sitzen, haben im Vergleich zu jenen, die weniger als sechs Stunden sitzen, ein um bis zu 43 Prozent höheres Knochenbruchrisiko! Das heutige Risikofaktorenkonzept der Entstehung der Osteoporose zeigt, dass die Osteoporose das Endresultat lebenslanger multipler Einflüsse auf den Knochenstoffwechsel darstellt.

Bis etwa zum 35. Lebensjahr steigt die Knochendichte an. Danach beginnt, beeinflusst durch verschiedenste Faktoren, der Knochenabbau. Personen mit niedrigem Körpergewicht sind davon ebenso häufig betroffen wie blonde, blauäugige, grazile und hellhäutige Menschen. Die sogenannte „Peak bone mass“ (maximale Knochendichte) dürfte genetisch determiniert sein. Ebenso wird ein Unterschied im Vitamin-D-Rezeptor-Gen diskutiert. Osteoporose ist daher nicht einfach eine Erkrankung des Alters. Ihre Wurzeln liegen oft in der Kindheit. Es ist erwiesen, dass Kinder und Jugendliche, die sich viel bewegen dürfen, eine höhere Gesamtknochendichte erzielen. Jene, die viel Cola und Co konsumieren, eine geringere. Die Aktivitäten nach der Kindheit und Jugend sind wesentliche Modifikatoren.

Bei dem heute zur Verfügung stehenden Wissen ist Osteoporose kein unabwendbares Schicksal. Bewegungsmangel ist einer der wesentlichen Risikofaktoren, Bewegung ein ganz entscheidender Teil der Osteoporose-Therapie. Bei jeder Bewegung üben die Muskeln einen Reiz auf die Knochen aus, sodass der Knochenaufbau aktiviert wird. Dieser Zug oder Druck auf den Knochen führt zu winzigen Schwingungen an den Knochen. Dadurch erhalten die Knochen aufbauenden Zellen Impulse, das Knochengerüst zu verstärken. Jeder Schritt, jede Belastung lässt den Knochen wachsen. Selbst im hohen Alter kann so mit einem gezielten Training der Knochenschwund abgebremst oder gar gestoppt werden. Neben der richtigen Ernährung ist adäquates Training das beste Mittel, Osteoporose zu vermeiden und zu therapieren. Dabei sind Trainingsinhalte mit axialer Belastung (also senkrechte, an der Knochenachse ausgerichtete Belastungen), die höher als die Gravitation sind, für die Knochendichte wesentlich. Bewegungen ohne wesentliche axiale Komponente wie Schwimmen, Radfahren zeigen deutlich geringere Effekte auf die Knochendichte. Auch Trainingsinhalte mit variabler Beanspruchung des Knochens, wie zum Beispiel bei sportlichen Spielen, führen zu deutlicheren Steigerungen der Knochendichte als einseitige Belastungen wie Laufen. Umfangsorientierte Trainingsbelastungen, die auf möglichst lange und hohe Intensität ausgerichtet sind, können hingegen einen entsprechend negativen Einfluss auf die systemischen Knochenfaktoren haben, sodass der positive Einfluss der mechanischen Belastung abgeschwächt wird. Die Folge können Ermüdungsbrüche des Knochens oder neu wachsende Knochenecken (Exostosen) sein. Durch diese Beanspruchung nimmt die Knochenmasse zu, genauso wie die Muskelmasse. Gleichzeitig werden die Beweglichkeit und koordinativen Fähigkeiten trainiert und so das Sturzrisiko vermindert. Die positiven Auswirkungen verschiedenster Sportarten auf die Knochendichte werden durch zahlreiche Untersuchungen gut dokumentiert. Ein Mix aus Kraftelementen, Ausdauertraining und Koordinationsübungen ist in der Praxis am besten.

Schmerzen, Bewegungsverlust, das Unvermögen, tägliche Aufgaben zu erfüllen, werden zwar gefürchtet, die Bereitschaft für aktive Gegenstrategien ist jedoch noch immer gering, dabei ist Osteoporose nicht zwingend „Teil des Alterungsprozesses".

Sie können natürlich Ihre Knochendichte messen lassen. Die Diskussionen um die Einnahme von Hormonen sind in den letzten Jahren sehr intensiv gewesen. Die Entscheidung, ob eine Einnahme sinnvoll ist, muss mit dem Arzt Ihres Vertrauens getroffen werden. Auf jeden Fall aber ist es empfehlenswert, sich intensiv mit den Alternativen – ausreichender Bewegung und richtiger Ernährung – auseinanderzusetzen.

Wer rastet, der rostet – aktiv gegen Osteoporose

Für unsere Knochen gilt also eindeutig: Use it or lose it. Bewegung ist der Lebensquell der Knochen. Je mehr Bewegung wir machen, umso fester und stärker werden sie! Insbesondere Druck und Zugbelastungen sowie Übungen mit Biegespannung wirken sich positiv auf die Festigkeit der

Knochenstruktur aus. Je mehr unsere Muskulatur gefordert wird, umso mehr wird auch Calcium in unsere Knochen eingelagert. Sportarten, bei denen der gesamte Körper, die ganze Muskelmasse gefordert wird, sind besonders effektiv. Krafttraining in einem Fitnessstudio eignet sich besonders gut. Viele einfache Übungen lassen sich jedoch auch zu Hause machen.

Übungen mit einem Thera-Band (siehe weiter unten) vereinen beispielsweise grundlegende wichtige Faktoren: Aktivität der Muskulatur im Sinne der Kräftigung sowie Zug und Biegespannung. Nehmen Sie sich die Zeit für ein regelmäßiges Gymnastik- oder Bewegungsprogramm. Richten Sie sich zu Hause Ihren Trainingsplatz ein oder besuchen Sie zumindest zweimal in der Woche eine entsprechende Sportgruppe.

Der Gang in die Sporthalle oder das Fitnessstudio ist Ihnen zu mühsam?

Kein Problem! Kennen Sie das Thera-Band oder ähnliche breite Gummibänder? Zusammengerollt nicht größer als zweimal 10 Zentimeter sind sie in verschiedenen Stärken um wenige Geld erhältlich. Sie lassen sich überall hin mitnehmen und sind stets bereit. Wir haben gerne eines in der Schreibtischlade und eines im Badezimmer hängen. So werden wir immer wieder an unseren Bewegungsbedarf erinnert. Allerdings hat es einen Nachteil – wenn es nur zur Dekoration verwendet wird, hilft es nicht!

Im Folgenden stellen wir Ihnen ein paar Übungen zur Stabilisierung und Kräftigung des Rückens vor:

Das Üben mit dem Band setzt eine richtige Körperhaltung (Stand beziehungsweise Sitzposition) voraus.

Check-Liste:

- Die Beine stehen hüftbreit.
- Die Füße sind nach außen gedreht.
- Das Brustbein ist gehoben.
- Die Schultern ruhen auf dem Brustkorb.
- Der Nacken ist gestreckt.

- Klemmen Sie ein Thera-Band oder Kraftband in der Mitte des Bandes in der Tür ein. Ziehen Sie das Band mit gestreckten Armen seitlich am Körper vorbei nach hinten. Führen Sie die Bewegung langsam und gleichmäßig aus. Genießen Sie es, den Widerstand des Bandes wahrzunehmen. Er bringt Calcium in Ihre Knochen! Wenn Sie das Band am unteren Ende der Tür fixieren, so können Sie abwechselnd das rechte oder linke Bein mit gleicher Bewegung trainieren – Gesicht zur Tür, das Band nach hinten ziehen. Übung mit dem anderen Bein wiederholen.
- Stellen Sie sich mit dem linken Fuß auf das Ende des Bandes. Nehmen Sie das andere Ende in die rechte Hand. Machen Sie mit dem rechten Fuß einen Ausfallschritt zur Seite und ziehen Sie gleichzeitig den rechten Arm nach rechts oben und wieder zurück. Diese Übung anschließend wiederholen, indem das Band unter dem rechten Fuß beziehungsweise in der linken Hand gehalten wird.
- Stellen Sie sich hüftbreit auf die Mitte des Bandes, kreuzen Sie das Band vor Ihrem Körper. Ziehen Sie mit beiden Händen gleichzeitig die Enden des Bandes diagonal nach außen oben. Dabei sollte das Band richtig gewickelt sein und nicht gehalten werden. Für richtiges Wickeln legen Sie das Band auf Ihre Hände und schlingen Sie es nach dem Motto „zu mir hin – von mir weg“ um Ihre Handrücken. Bei Übungen im Sitzen sollten die Ellbogen im rechten Winkel knapp am Körper, die Unterarme nach vorne gerichtet, die Handgelenke gestreckt, sodass die Handrücken zum Körper zeigen, sein. Durch das richtige Wickeln fixiert sich das Band selbst. Probieren Sie den Unterschied – wenn Sie das Band in den Händen halten, kommt die Kraft aus den Unterarmen, wenn Sie es richtig gewickelt haben, aus der Rumpfmuskulatur.

- Drehen Sie im Stehen oder Sitzen Ihre Unterarme auf Nabelhöhe nach außen (Daumen zeigen nach außen und nach unten), atmen Sie mehrmals ruhig in den Bauch, dann führen Sie die Unterarme und die Hände langsam in die Ausgangsstellung zurück – wiederholen Sie diese Übung mehrmals (zumindest 3–5 Mal)
- Fixieren Sie das Band mit einem Bein am Fußboden, ziehen Sie die um die Hände gewickelten Enden bei gebeugten Ellbogen nach oben. Wenn die Hände die Oberarme berühren, lassen Sie sie wieder langsam sinken. Nutzen Sie die Schrittstellung – so können Sie die Lendenwirbelsäule besser entlasten.

Zur Abwechslung oder wenn Sie nicht sehr standsicher sind, können Sie auch auf einem Sessel sitzend einige Übungen machen:

- Mit dem Thera-Band beide Arme hoch über den Kopf strecken, dabei das Band spannen. Das gespannte Band hinter den Kopf ziehen und die Spannung für einige Atemzüge halten. Langsam die Arme wieder nach vorne führen. Alternativ zum Thera-Band kann bei dieser Übung auch ein Handtuch genommen werden.
- Halten Sie das Thera-Band mit gestreckten Armen vor Ihrem Oberkörper – ziehen Sie die Arme langsam auseinander. Halten Sie die Spannung. Ziehen Sie langsam die Arme zur Brust und halten Sie das Band dabei gespannt.
- Halten Sie die Hände auf Nabelhöhe (mit dem gewickelten Band), die Handflächen zeigen nach oben, die Oberarme bleiben am Körper, langsam ziehen Sie die Unterarme mit den Handflächen nach hinten, Spannung halten und wieder langsam nachgeben – Gleiches kann mit waagrecht nach vorne gestreckten Armen oder über den Kopf gehaltenen Armen gemacht werden. Bitte beachten Sie, dass Ihre Ellenbogen immer gestreckt und der Oberkörper aufrecht bleibt und Sie gleichmäßig ziehen.

- Fixieren Sie die Enden des Thera-Bands am Sesselbein, stellen Sie Ihren Fuß in die entstehende „Schlaufe“. Ziehen Sie das Bein nach vorne – halten Sie die Spannung und gleiten Sie langsam mit dem Fuß zurück. Machen Sie diese Übung auch mit dem anderen Bein.
- Schlingen und verknoten Sie das Band breit um die Oberschenkel, es sollte etwas gespannt sein, die Vorfüße zeigen nach außen. Bewegen Sie Ihre Oberschenkel nach außen, ohne dass sich das Becken dabei nach hinten bewegt, atmen Sie in dieser Position mehrmals in den Bauch, lassen Sie die Oberschenkel nur langsam von dem Band nach innen ziehen Diese Übung kräftigt nicht nur, sondern strafft bei regelmäßigem Training auch die Haut!

Für Kräftigungsübungen zu Hause gilt wie im Fitnessstudio: Die Zahl der Wiederholungen bringt Kraft. Beginnen Sie am besten jede Übung zehn- bis fünfzehnmal zu machen. Eine Steigerung auf 20, 30 Wiederholungen ist jedoch absolut sinnvoll – wenn die Übungen richtig gemacht werden.

Eine nette Alternative im Büro ist der Sitzball. Setzen Sie sich auf einen Sitzball und federn Sie, wie Sie es wahrscheinlich als Kind gerne gemacht haben, auf und ab. Achten Sie dabei darauf, dass beide Füße satt am Boden stehen. Strecken Sie Ihre Arme weit in die Luft nach oben und wippen Sie weiter. Lassen Sie Ihr Becken vor und zurück wandern – belasten Sie also Ihre Sitzfläche abwechselnd mehr vorne, seitlich oder hinten. Strecken Sie abwechselnd ein Bein in die Luft. Wenn Sie meinen, Sie sind für diese Übung noch zu unsicher, so beginnen Sie mit hängenden Armen, ohne zu wippen, langsam abwechselnd ein Bein zu heben. Langsam können Sie bis zu der vorhin genannten Übung steigern.

Natürlich können Sie auch mit kleinen Hanteln trainieren: Arme nach vorne vor den Körper strecken, Handrücken zeigen nach oben. Ziehen Sie die Hände mit den Hanteln zum Körper und strecken Sie die Arme wieder (Handcurl). Die gleiche Übung können Sie mit dem Handrücken nach unten zeigend wiederholen.

Auch mit einfachen, wassergefüllten PET-Flaschen können Sie Übungen zur Kräftigung der Rückenmuskulatur machen – heben Sie beidseits gleichzeitig zwei PET-Flaschen mit einem halben oder ganzen Liter Fassungsvolumen (je nach Kraft) seitlich hoch. Achten Sie dabei darauf, dass Sie die Arme langsam heben und senken. Machen Sie zwölf bis fünfzehn Wiederholungen, danach eine kurze Pause – oder eine andere Übung zum Beispiel Kniebeugen – und wiederholen Sie die Übung nochmals. Für Kniebeugen sollten Sie die korrekte Durchführung beachten – Knie nicht über die Zehenspitzen hinaus schieben und nicht mehr als 90 Grad beugen, die Fersen am Boden belassen, den Rücken gerade halten. Je langsamer Sie diese Kniebeugen durchführen, umso effektiver kräftigen Sie ihre Beinmuskulatur. Sollten Sie mit dem Gleichgewicht Probleme haben, können Sie sich auch an einer stabilen Stange in Taillenhöhe anhalten.

Die Rückenmuskeln lassen sich in Rückenlage sicher kräftigen: Rückenlage, Beine sind aufgestellt. Einen Fuß vom Boden abheben und mit den Händen über dem Knie fest gegendrücken. Die Ferse des aufgestellten Beines gleichzeitig nach unten drücken. Auf jede Seite dreimal mindestens 20 Sekunden die Spannung halten. Danach nehmen Sie wieder die Ausgangsposition ein, schieben die Hände in Richtung Zehen und heben langsam das Becken. Halten Sie es für zwei bis drei Atemzüge aufgerichtet. Wiederholen Sie die Übung zehn- bis fünfzehnmal. Legen Sie sich in Seitlage, auf den Unterarm aufgestützt, Beine aufeinanderliegend und angespannt. Hüfte etwas vom Boden hochheben. Stützen Sie fünf- bis achtmal auf der rechten Seite auf und fünf- bis achtmal auf der linken Seite.

Sie sehen – auch zu Hause lässt sich viel machen!

Sport trotz Osteoporose – warum nicht?

Bei Osteoporose sind Gehen, Wandern, Walken, funktionelle Gymnastikübungen, Ballspiele ohne Körperkontakt, Skilanglauf, Tanzen (besonders klassische Tänze sind gutes Konditions- und Haltungstraining) absolut positiv. Bedingt geeignet sind für geübte Sportler Mountainbiken, Reiten, Alpinski oder Tischtennis. Schwimmen ist zur Verbesserung der Knochendichte weniger geeignet, da wegen des Auftriebs im Wasser der Reiz durch die Schwerkraft fehlt. Nicht geeignete Sportarten (wegen des erhöhten Verletzungsrisikos) sind Mannschaftsspiele (Handball, Fußball – Gefahr von Stürzen), Kampfsportarten, Squash, Tennis, Squash, Badminton, Trampolinspringen, Wasserskifahren und Rodeln.

Neben den Kräftigungsübungen darf auf die Übungen für das Gleichgewicht nicht vergessen werden. Dafür reicht es zum Beispiel, in den Einbeinstand zu gehen und fünf Sekunden das Gleichgewicht zu wahren. Sicherheitshalber sollte es bei dieser Übung möglich sein, sich am Türrahmen oder an einem Schrank im Notfall festzuhalten. Die Übung mit dem anderen Bein wiederholen. Eine nette Möglichkeit sind auch Tandemstand und Tandemgang. Beim Tandemstand werden die Füße auf einer gedachten Linie hintereinandergestellt – die Position sollte zehn Sekunden gehalten werden. Beim Tandemgang setzen Sie die Füße – wie beim Tandemstand – direkt hintereinander auf. Auf diese Weise gehen Sie einige Meter. Ganz wichtig ist es, den Rumpf immer wieder aufzurichten. Wussten Sie, dass alleine durch eine vorgebeugte Haltung das Sturzrisiko steigt?

Tipp: Grundsätzlich gilt, jede Bewegung zählt, daher nutzen Sie jede Möglichkeit, sich im Alltag zu bewegen. Walking, auf Deutsch „Gehen" mit höherem Tempo, längeren Schritten und stärkerem Armeinsatz, ist eine Möglichkeit, die Knochen fit zu machen und vor Stürzen zu bewahren. Vermeiden Sie harte, asphaltierte Wege. Ziehen Sie gutes Schuhwerk an. Eine abgewandelte Form des Walking ist das „Nordic Walking". Der Einsatz von speziellen Stöcken gibt älteren Menschen oft auch ein höheres Gefühl der Sicherheit vor Stürzen. Gleichzeitig werden Knie und Hüften entlastet. Wichtig ist es, sich regelmäßig, mit möglichst hohem Tempo, auf vielfältigen Unterlagen zu bewegen. Bereits zehn bis fünfzehn Minuten Belastung pro Tag danken Ihnen Ihre Knochen. Übrigens: Gruppen fördern die Motivation! Laden Sie ihre Freunde ein!

Wenn Sie eine hochgradige Osteoporose haben, sollten Sie anfangs unter fachkundiger Anleitung üben, um Fehlern und möglichen negativen Folgen (Rückenschmerzen, ...) vorzubeugen. Effektives Bewegungstraining muss genau dosiert, auf die Anforderungen des Patienten abgestimmt und laufend kontrolliert werden.

In den letzten Jahren sind verschiedene Trainingsgeräte (Galileo, ...), die den Körper in Schwingung versetzen und vibrieren lassen, auf den Markt gekommen. Diese Geräte zwingen den Körper ständig aktiv die Stabilität des Körpers zu suchen – dies fördert Kraft und Koordination, insbesondere wenn verschiedene Übungen damit verbunden werden. Trotz der kleinen Schwingungsfrequenzen zeigen Studien, dass auch die Aktivität des Knochenaufbaus unterstützt wird. Inwieweit eine Arthrose eventuell beschleunigt wird, ist noch nicht untersucht.

Jede Sportart hat Vorzüge, aber auch ihre „kleinen Probleme". Welche die für Sie optimale ist, hängt von vielen Faktoren ab: Was macht mir Spaß, was kann ich regional regelmäßig machen, welche Ausrüstung benötige ich? All das sind wichtige Fragen. Viele Sportvereine und Fitnessstudios bieten verschiedene Programme an. Wenn Sie einen Erfolg sehen wollen, müssen Sie jedoch mehr als einmal pro Woche trainieren! Vielleicht mit Ihrem Partner oder einer Freundin?

Wenn Sie Kinder haben, die Ihnen wichtig sind, vergessen Sie nicht: Die beste Vorbeugung von Osteoporose beginnt bei Kindern und Jugendlichen. Hier beginnt der Knochen erstmals ordentlich Festigkeit aufzubauen. „High-Impact-

Sportarten" wie Judo, Bodenturnen, Tennis, Squash oder Step-Aerobic sind dabei besonders zu empfehlen.

Die Ansätze der medikamentösen Osteoporosetherapie sind vielfältig. Neben verschiedenen Hormonen (Östrogen, Parathormon, Calcitonin) werden auch Biphosphonate und Vitamin D eingesetzt. Auch wenn gute Belege dafür existieren, dass viele Wirkstoffe in der Vorbeugung osteoporotischer Frakturen effektiv sind, reicht die Datenlage nicht aus, um die relative Effektivität oder Sicherheit dieser Substanzen zu bestimmen. Die Risiken der verschiedenen Medikamente sind unterschiedlich. Sie reichen von Gefäßverschlüssen durch Thromben, Speiseröhren- und Magengeschwüren bis hin zu Blutungen und Perforationen des Magens. Daher gilt noch immer: Vorbauen ist besser als heilen. Dieses muss jedoch rechtzeitig beginnen. Daher – je früher wir starten, umso besser für unsere Knochen und uns.

„Der Mensch ist, was er isst" oder Gesunde Knochen dank richtiger Ernährung

Neben der Bewegung ist die Bedeutung der Ernährung für die Qualität des Knochens nicht zu unterschätzen. Einerseits ist der Calcium-Gehalt der Nahrung für den Knochenstoffwechsel wichtig. Allerdings wissen wir heute auch, dass eine zu hohe Phosphatzufuhr über eine sekundäre Steigerung des Nebenschilddrüsenstoffwechsels zum Knochenabbau führt, da das von ihr gebildete Parathormon den Knochenabbau fördert! Andererseits wird auch weniger Calcium aus der Nahrung aufgenommen. Durch die heutigen Ernährungsgewohnheiten mit viel Fleisch und Wurst, Fertigprodukten und Erfrischungsgetränken wird häufig mehr Phosphat zugeführt als Calcium. Idealerweise sollte das Verhältnis Calcium zu Phosphat 1 zu 1,5 sein. Kaffee wie auch schwarzer Tee fördern wiederum die Calciumausscheidung über die Niere. Auch Nikotin beeinflusst den Knochenstoffwechsel negativ, da es den Östrogenmetabolismus beeinflusst. Alkohol hat einen toxischen Effekt auf die Osteoblasten, also jene Zellen, die den Knochen aufbauen. Nicht vergessen sollte man, dass jede Erkrankung des Dünndarms sowie entzündliche Darmerkrankungen die Aufnahmeleistung (Resorptionsfähigkeit) negativ beeinflussen. Auch der negative Effekt von Magenbändern, Magenverkleinerungen oder Magenbeipässen auf die Resorption des Darms generell sollte nicht unterschätzt werden. Mangelerscheinungen sind leider häufig die Folge, wenn nicht strikteste Ernährungsregeln eingehalten werden.

Der Tagesbedarf an Calcium liegt beim Erwachsenen bei 900 mg. Diese Empfehlung berücksichtigt, dass der Körper aus einer gemischten Kost nur 20–40 Prozent des enthaltenen Calciums aufnehmen kann. Wer Milchprodukte vom Speiseplan streichen muss, findet alternative Calciumlieferanten wie Fenchel, Grünkohl, Brokkoli, Kichererbsen, Mandeln, Petersilie, Sesam oder calciumangereicherte Sojamilch.

Ein köstliches Gericht mit viel Calcium ist zum Beispiel:

Gebratenes Lachsfilet mit Kichererbsen-Fenchel-Gratin an Schnittlauchsauce:

25 dag Kichererbsen über Nacht einweichen, am nächsten Tag im Kochtopf weich kochen und faschieren. 2 Fenchelknollen, 3 Karotten stifteln und blanchieren.

2 Eier, 2 EL Sauerrahm, 2 EL Sesam, 2 EL gehackte Petersilie verrühren, mit Kräutersalz, Kümmel, Muskat würzen.

Die Hälfte der Masse in eine Auflaufpfanne streichen, kurz blanchierte Karotten und Fenchelstifte daraufgeben, mit der restlichen Masse bedecken und mit Parmesan bestreut im Backrohr ca. 30 Minuten gratinieren.

500 g Lachsfilet putzen, salzen, pfeffern und mit Zitronensaft säuern, in 2 EL Maiskeimöl abbraten und dazu servieren.

Schnittlauch-Schafjoghurt-Dipp: 1 Bd. Schnittlauch mit 1 KL Dijonsenf, etwas Kräutersalz und 1 Becher Joghurt verrühren und dazu reichen.

Hilfe, Arthrose! Lässt sich Knorpel wieder aufbauen?

Offenbar gibt es viel mehr Menschen mit Gelenksabnützungen, also Arthrose-Kranke, als man glaubt. Studien zeigen, dass die Zahl der Arthrose-Kranken bis zu 70% höher liegt als bislang angenommen. Gleichzeitig zeigen Studien, dass ein Drittel der Betroffenen, die eine Schmerztherapie benötigen, keine Schmerzmittel nehmen und nur knapp die Hälfte physikalische Therapie erhält. Etwa 15 Prozent der Studienteilnehmer einer deutschen Studie über Gelenkschmerzen wurden als hochgradig sturzgefährdet eingestuft.

Lange jedoch, bevor wir Schmerzen haben, beginnt der Weg der Arthrose, die auch als „Gelenkverschleiß" bezeichnet wird, durch kleinste Knorpelverletzungen.

Knorpelverletzungen gehören zu den großen Herausforderungen unserer medizinischen Forschung. Der Knorpel ist die wichtige Gleitschichte unserer Gelenke und damit wesentlich für die Bewegung derselben verantwortlich. Anatomisch gesehen besteht der Gelenksknorpel aus mehreren Schichten. Die Knorpelzellen selbst sind dicke runde Zellen, die in einem Geflecht von Kollagenfasern liegen, das sie umgibt. Die Zellen werden einerseits von der Gelenksflüssigkeit ernährt, andererseits vom Knochen und seinen Blutgefäßen, dort wo der Knorpel am Knochen fixiert ist. Diese dreidimensionale Konstruktion gibt nun jene Stabilität, die der Knorpel braucht, um als Stoßdämpfer fungieren zu können. Ändert sich dieses System zum Beispiel durch mechanische Abnützung, Alterung, chemische Schädigung, Gelenksinfektion etc., so stellen die Knorpelzellen ihren Stoffwechsel ein und verändern sich zu Bindegewebszellen und sterben ab. Es entstehen Zelllücken in der obersten Knorpelschicht, die sich durch Fehlbelastung und Übergewicht vergrößern.

Charakteristische Zeichen einer frühen Arthrose sind Anlauf- und Belastungsschmerzen, also Schmerzen beim Aufstehen aus dem Sitzen oder beim morgendlichen Aufstehen, genauso wie beim längeren Stehen oder Gehen. Wie rasch oder bei welcher Intensität der Belastung die Schmerzen auftreten, hängt vom Grad der Schädigung des Knorpels ab. Richtungsweisend für die Diagnose sind Alter, berufliche und sportliche Tätigkeit sowie die Familienanamnese. Das Röntgen sichert die Diagnose.

Überbeanspruchung, wie sie bei Sport, Schwerarbeit und hohem Körpergewicht vorkommen können, und funktionelle Störungen des Gelenkes (Achsenfehlstellungen – angeboren oder nach Unfällen) schädigen den Knorpel. Eine weitere wichtige Ursache für die Arthrose ist die Alterung des Gelenkknorpels – Nährstoffe können schlechter in den Knorpel aufgenommen werden, die Mukopolysaccharide nehmen ab, wodurch es zu Erweichung, Rissbildung und Erosion des Knorpels kommt. Die Leistungsfähigkeit des Gewebes vermindert sich.

Spitzenreiter bei den schmerzenden Gelenken ist mit 30 Prozent das Knie, gefolgt von Schulter (25 Prozent), Hand und Fingern (21 Prozent) sowie Hüfte (19 Prozent). Über Probleme an Fuß, Sprunggelenk und Ellenbogen klagen 9 bis 15 Prozent.

Bei der Arthrose kann klinisch die latente Arthrose (schleichender Knorpelabrieb ohne Schmerzen und Entzündung) von der aktivierten Arthrose mit entzündlichen Symptomen wie Schmerz, Schwellung und Überwärmung des Gelenkes unterschieden werden. Die Stärke des Schmerzes steht nicht unbedingt mit dem Ausmaß des Knorpelabriebs in Beziehung! Nach der Schädigung des Knorpels können vier Stadien unterschieden werden: Stadium I – Knorpelerweichung; Stadium II – oberflächlicher Knorpelschaden; Stadium III – tiefer Knorpelschaden; Stadium IV – Knorpelverlust oder „Knorpelglatze“. Die einzelnen Stadien bedeuten für den Patienten zunehmende Schmerzen und Bewegungseinschränkungen.

Eine in einer renommierten rheumatologischen Zeitschrift publizierte Studie zeigt, dass mit dem BMI – Maß für das Körpergewicht in Relation zur Körpergröße – auch das Risiko für eine Kniearthrose steigt: Entwickeln bei Normalgewichtigen (BMI < 25 entspricht bei 170 cm etwa 72 kg) innerhalb von sechs Jahren etwa 3% eine Kniegelenksarthrose, so tun dies Menschen mit einem BMI von 25–27,5 (dies entspricht bei 170 cm etwa 73–79 kg) 5,2% und Menschen mit einem BMI über 27,5 (entspricht bei 170 cm mehr als 79 kg) bereits 9,3%. Auch die Verschlechterung der Gelenksschmerzen wird durch einen höheren BMI beschleunigt.

Wenn Sie also auf Ihr Gewicht achten, tun Sie nicht nur Knie- und Hüftgelenken etwas Gutes. Eine Metaanalyse von Studien zeigte, dass auch Finger- und Handgelenke offenbar weniger arthrosegefährdet sind, wenn das Gewicht passt. Erhöhte Harnsäure-, Cholesterin- und Leptinwerte stehen im Zusammenhang mit vermehrter Gelenkdestruktion und diese tritt bei Übergewichtigen deutlich häufiger auf. Auch von Fettzellen produzierte Entzündungsmediatoren wie Interleukin 6 und der Tumor-Nekrose-Faktor schädigen die Gelenke.

Moderate Diät, Reduktion der Nahrungsaufnahme bei gleichzeitiger Balancierung derselben plus Sport reduzieren Schmerzen und bessern die Gehfähigkeit deutlich! Empfehlenswert sind Sportarten mit moderater, gleichmäßiger Belastung wie Nordic Walking, bei dem die Stöcke die Kniegelenke entlasten. Körperliche Aktivität verbrennt nicht nur Kalorien. Sie bringt auch Nährstoffe in den Gelenkknorpel und Abbauprodukte hinaus, die Aktivität der Chondrozyten wird angeregt.

Was können Sie nun tun, wenn bei Ihnen bei einer Untersuchung Arthrose diagnostiziert wurde?

Die medizinische Therapie der Arthrose behandelt nach wie vor nur die Symptome. Alle Ansätze, den geschädigten Knorpel wieder aufzubauen, stehen wissenschaftlich auf wackligen Füßen. Unter der lokalen Hyaluronsäure-Therapie (Chondroitinsulfat-Injektionen) kann oft die Schmerzmittelmedikation reduziert werden. Die Verträglichkeit ist gut, allerdings treten bei zwei bis drei Prozent der Patienten Gelenkschwellungen auf, die ein bis zwei Wochen anhalten können. Diese Präparate wirken in Tierversuchen und Zellkulturen teilweise gut. Für den Menschen liegen hinsichtlich des Knorpelaufbaus aber bisher keine überzeugenden Daten vor. Auch die Datenlage für die Wirksamkeit von Cortison-Injektionen in das Gelenk ist eher spärlich. In vielen Empfehlungen wird gegen Schmerzen zwar Paracetamol bei leichter bis mittelschwerer Symptomatik als Medikament der ersten Wahl genannt, in der Praxis hat es sich aber nicht durchgesetzt. Selbst in der empfohlenen Dosierung von bis zu 4 g/d (Gramm pro Tag) berichten Patienten, dass die Schmerzen weniger abnehmen als bei Nichtsteroidalen Antirheumatika wie Diclofenac, Ibuprofen oder Acetyl-Salicylsäure. Nachdem Knorpelglättungen auch nicht zwingend sehr überzeugende Ergebnisse bringen und Knorpeltransplantate noch in den Kinderschuhen stecken, gilt als gesichertes Therapieverfahren lediglich der Gelenkersatz. Knie- und Hüftgelenkendoprothesen sind dabei sehr bewährte Verfahren, die Schmerzen reduzieren und viel Funktionalität bringen. Wann diese Maßnahme notwendig ist, muss mit dem Arzt abgestimmt werden – die Intensität des Schmerzes sowie Schlafstörungen durch den Schmerz sind dabei jedoch wesentlich. Es gibt auch schon Endoprothesenmodelle für Ellbogen, Schulter und Sprunggelenk, die Resultate sind jedoch noch recht bescheiden.

Mit Akupunktur kann bei Gonarthrose, also Kniegelenksarthrose, prinzipiell mit einem positiven Ergebnis gerechnet werden. Wenn einen Chinesen seine Knie schmerzen, so reibt er sie fleißig, beklopft sie und zuletzt bewegt er sie locker durch. Zusätzlich werden natürlich lokale Punkte massiert – zum Beispiel M 36 (vier Querfinger unter dem äußeren Knieauge), G 34 (vor und unter dem Wadenbeinköpfchen), B 54 (in der Mitte der Kniekehle), die Knieaugen (beidseits der Sehne unter der Kniescheibe) und das Kranichdach (in der Mitte der oberen Kniescheibenkante sowie

MP 6 (vier Querfinger über dem inneren Knöchel). Eine Studie zeigte, dass auch durch Massage Schmerz, Steifheit und Funktion des Kniegelenks deutlich gebessert werden können. Die Praxis zeigt, dass altbewährte physikalische Maßnahmen – Massage (Lymphdrainage, klassische Massage, Fußreflexzonenmassage, chinesische Tuina-Massage), Moxa, Elektrotherapie mit den verschiedensten Stromformen von Iontophorese, Impulsgalvanisation bis zum Interferenzstrom oder Ultraschallbehandlung – ihre Erfolge bringen.

Patienten können die Erkrankung auch durch ihre Lebensgestaltung positiv beeinflussen. Angepasstes Schuhwerk (Pufferabsätze, Luftpolsterschuhe) vermindert die Stoßbelastung, Gehstützen reduzieren Belastungsspitzen. Bewegung ohne Überbelastung, Koordinationsübungen, Kräftigung der Muskulatur sind auch in hohem Alter möglich und sinnvoll. Regelmäßige Gymnastik sowie Qi Gong sind hierfür eine probate Methode. Jeder Muskel braucht pro Tag 200 bis 300 Bewegungsreize, um gleich zu bleiben oder aufzubauen. Durch Passivität kommt es zur Degeneration und Stoffwechselstörungen in der Stützmuskulatur von allen Gelenken – auch jenen der Wirbelsäule. Nachts werden unsere Gelenke zu Müllhalden des Körpers, saure Produkte wie Harnsäure lagern sich darin ab und erst durch die Bewegung kommt es wieder zu einer Optimierung des Stoffwechsels, bei dem die Schlackenstoffe abtransportiert und Gelenke wieder elastisch werden – typisches Beispiel ist hier die Morgensteifigkeit. Erfolgt auf zu lange Ruhigstellung, sei es nach dem Schlafen oder auch durch langes Sitzen im Auto oder Büro, zu rasche körperliche Belastung ohne vorheriges Aufwärmen, kommt es zur Überlastung von Sehnenansätzen und Knorpeln. Eine entsprechende fachgerechte physiotherapeutische Behandlung und ein dosierter Trainingsaufbau sind daher Basis jeder Arthrosebehandlung. Die Praxis zeigt, dass Gelenke – gleich ob Knie, Schulter oder Wirbelsäule – nur so viel wert sind wie ihr Muskelkorsett.

Die Natur hat einiges an Kräutern für die Therapie zu

bieten. Extrakte aus Weidenrinde, der Wurzel der Teufelskralle oder aus Brennnesseln zeigen positive Effekte.

Katzenkrallendorn oder Teufelskralle (Uncaria Tomentosa) ist in den Urwäldern Perus ein geschätztes „Kraut". Es enthält verschiedene Alkaloide, Glucoside, Triterpene, Flavonoide und Tannin, die antiviral, antibakteriell, antirheumatisch und schmerzlindernd wirken. Auch Weihrauchkapseln oder Hagebuttenkonzentrate helfen, die bei der Arthrose schmerzenden Entzündungsreaktionen ebenso zu hemmen wie Arnika, Pfefferminzöl oder Rosmarin in Salben. In der chinesischen Medizin wird das wärmende Zimtzweiglein bei Schmerzen durch Kälte in Gelenken und Muskeln verwendet.

Die Bedeutung des Lebensstils sollten wir auch in der Arthrosetherapie nicht vergessen. Stoffwechselstörung und Fehlernährung können ebenso für Gelenks- und Muskelschmerzen verantwortlich sein. Steigt Harnsäure in Folge von zu hohem Fleischkonsum an oder kommt es durch zu viel Süßigkeiten zur Übersäuerung der Gewebe, nimmt der Schmerz zu. Zu hoher Eiweißkonsum kann zu verminderter Zellatmung und zu Ablagerungen von Milchsäure führen. Gesunde Ernährung mit ausreichender Zufuhr von Vitamin C und Vitamin E sind für den Krankheitsverlauf günstig. Unser Bindegewebe (Haut, Knorpel, Sehnen, Nägel, Haare) brauchen als Baustoff Kieselsäure. Hirse, Dinkel, Gerste sind Getreidesorten, die sehr viel Kieselsäure enthalten – wenn wir jedoch nur Weißmehlprodukte essen, fehlen uns diese Baustoffe und unser Gewebe wird schwächer und verletzungsanfällig. Wissenschaftliche Nachweise wurden für diese Ernährungsempfehlung noch nicht erbracht. Dennoch haben sie einen Riesenvorteil gegenüber den medizinischen Verfahren: Sie haben mit Sicherheit keine Nebenwirkungen. Für Menschen mit wenig Zeit gibt es ein unkompliziertes Rezept, das Hirseflockenmüsli: Mischen Sie 2 EL Hirseflocken, 1 EL Gerstenflocken, 2 eingeweichte Aprikosen, ½ geriebenen Apfel, ½ Becher Joghurt, Orangen- oder Mandarinenspalten sowie 2 geschälte Mandeln.

Da Knorpelverletzungen zu den großen Herausforderungen unseres medizinischen Tuns gehören, ist die Vermeidung derselben die beste Therapie. Um ältere Gelenke fit zu halten, ist es wichtig,

- Übergewicht zu vermeiden beziehungsweise zu reduzieren,
- die Muskeln durch Sport und Bewegung fit zu halten,
- einseitige Belastungen (bei der Arbeit und beim Sport) ebenso zu vermeiden wie übermäßigen Konsum von Fleisch und Alkohol.

Daher ist persönliche Aktivität und Bewegung aus mehrfacher Sicht wichtig. Der Knorpel profitiert in jedem Fall von Bewegung. Bei wechselnden dynamischen Belastungen nehmen Knorpelzellgröße, Knorpelzellenzahl und Knorpeldicke zu. Im Tierexperiment konnte bereits nach einem kurzen (10 min) Lauf eine Dickenzunahme des Knorpels beobachtet werden. Diese bildet sich allerdings nach einer Stunde zurück. Ein dreiwöchiges Lauftraining führt jedoch zu einer Vergrößerung der Chondrozyten und zu Zellenvermehrung. Bereits nach einem 15-wöchigen Lauftraining kommt es zu einer Dickenzunahme des Knorpels um 11%!

Bewegung muss natürlich so ausgerichtet sein, dass sie nicht schadet – das heißt in der richtigen Gelenksachse und mit der richtigen Dosierung. Keine Sorge! Sie müssen nicht Anatomie studieren, um dies zu erkennen: Je weniger Sie eine Bewegung um fünf Ecken machen, umso eher haben Sie die richtige Achse. Wenn Sie zum Beispiel nicht frontal vor ihrem PC sitzen, so müssen Sie sich krümmen, um die Tastatur zu erreichen und den Bildschirm einsehen zu können. Die Folge sind in einem Teil des Gelenkes hohe Druckbelastungen, die zu Gelenksabnützungen führen. Oft können kleine Hilfen nicht nur dies vermeiden helfen, sondern Betroffenen die Schmerzen erleichtern. Einlagen oder Schienen können helfen geschädigte Gelenke zu entlasten. Auch im

Bein gibt es solche Fehlbelastungen – zum Beispiel durch X-Beine oder schlampiges Stehen.

Bei Schmerzen durch die Arthrose sollte der Belastungsaufbau langsam erfolgen. Hierfür eignen sich der Heimtrainer oder das Gehen im Wasser für die Beine optimal. Die Belastung ist durch die Gewichtsreduktion auf den Beinen besser gesteuert. Achtung, bei Problemen mit den Knien ist Brustschwimmen keine geeignete Sportart, da die Belastungsachse sehr stark wechselt. Kraulen, ev. mit Flossen, kräftigt die Beine viel besser bei gleichzeitiger Beibehaltung der Beinachse. Wenn nach mehrwöchigem regelmäßigen Training die Muskelkraft zunimmt, darf auch die Belastungsintensität gesteigert werden. Sollte in der ersten Phase des Trainings das Gelenk immer wieder anschwellen und schmerzen, so hilft eine kalte Packung oder Eismassage diese Nebenwirkungen des Trainings zu vermeiden. Gleiches gilt natürlich für alle anderen Gelenksabnützungen. Bei Fingerpolyarthrosen kann man zum Beispiel mit Qi Gongkugeln trainieren, bei Abnützungen des Schultergelenkes reicht unter Umständen am Anfang das Gewicht der eigenen Hand, später werden kleine Hanteln oder elastische Bänder in das Trainingsprogramm eingebaut.

Vergessen Sie bitte nicht, dass regenerative Maßnahmen ein wichtiger Faktor nach jeder sportlichen Aktivität sind. Bleiben Sie nach einer Belastungsphase nie einfach nur stehen. Laufen Sie locker aus, bewegen Sie sich am Stand einfach für fünf Minuten weiter. Gönnen Sie sich zu Hause eine heiße Dusche oder ein erholsames Bad. Im Urlaub nützen Sie die Sauna und Dampfkammer Ihres Hotels. Massieren Sie Ihren Körper mit einer guten Muskelcreme sanft oder lassen Sie dies einen Profi für Sie tun.

Aller Anfang ist leicht, aber die letzten Stufen werden am schwersten und seltensten erstiegen

[NACH JOHANN WOLFGANG VON GOETHE]

Auch wenn Goethe dabei nicht unbedingt an Prävention und Rehabilitation dachte, passt dieses Zitat wie kaum ein anderes für diese Prozesse, denn Prävention und Rehabilitation gehen mehr Hand in Hand, als vielen Menschen bewusst ist. Es ist leichter Gesundheit zu erhalten, als sie wieder zu erlangen. Die ersten 90 Prozent einer Technikverbesserung im Sport sind im Vergleich zur Verbesserung der letzten zehn Prozent leicht zu erlangen. Gleiches gilt für die Heilung.

Am besten ist es also vorzubeugen. Wir unterscheiden Primär-, Sekundär- und Tertiärprävention.

Maßnahmen der Primärprävention sind an den gesunden Menschen gerichtet. Sie sollen Verletzungen und Erkrankungen vermeiden. Ziel der Primärprävention ist es, Gesundheit und Wohlbefinden durch gezielte Beeinflussung von sozialen und individuellen Faktoren zu erhalten und zu stärken beziehungsweise unvermeidbare Erkrankungen zeitlich zu verzögern. Primärprävention setzt also vor dem Auftreten eines fassbaren biologischen Schadens ein und beschäftigt sich mit der gesundheitsgerechten Gestaltung der Umwelt, den Einflüssen des Lebensstils auf die Gesundheit und mit der Aktivierung der Menschen, damit sie für ihre Gesundheit eintreten. Impfungen und Vorsorgeuntersuchungen fallen in diesen Bereich ebenso wie bewusstseinsbildende Maßnahmen. Mit dem Lesen dieses Buchs tun Sie also bereits etwas für Ihre Gesundheit!

Die Sekundärprävention hat zum Ziel, bei Personen mit bereits bekannten Risikofaktoren weitere Krankheitsrisiken möglichst frühzeitig zu erkennen und ihre Krankheitsentwicklung zu beeinflussen. Im besten Fall kann sie eine Erkrankung oder ihren Beginn stoppen beziehungsweise umkehren. Die Früherkennung einer Erkrankung durch geeignete indikationsbezogene Screeningmaßnahmen dient dazu, frühzeitig mit einer Behandlung zu beginnen. Sie soll unnötige Kosten, Leid und Risiken vermindern. Wir können heute zum Beispiel ein genetisches Risiko für Brustkrebs bestimmen. Ist diese genetische Veränderung nachgewiesen, so bedeutet dies nicht, dass man zu 100 Prozent Brustkrebs bekommt, da viele Faktoren den Erkrankungsverlauf beeinflussen können. Daher wird nicht eine präventive Brustamputation empfohlen werden. Ein generelles genetisches Screening würde wegen der vielen Faktoren, die beeinflussen, ob eine Frau tatsächlich an Brustkrebs erkrankt, keinen Sinn machen und jene Maßnahmen eines gesunden Lebensstils, die den Verlauf einer Gefährdung mitbestimmen, sind bereits durch die Primärprävention abgedeckt. Andererseits ist es aber wichtig, bei Menschen, die zB bereits eine krankhafte Glucosetoleranz haben, ein Diabetes Mellitus jedoch noch nicht offensichtlich ist, in ein Screeningprogramm zur Vermeidung beziehungsweise Verzögerung von Spätschäden einzubinden. Neben einem risikofaktorenorientierten Schulungsprogramm wird es verschiedene regelmäßige Untersuchungen (Kontrolle von Körpergewicht, Blutdruck, Blutlabor, Untersuchungen der Gefäße, der Nieren und der Augen) beinhalten. Es gibt eine Vielzahl an Erkrankungen, bei denen wir rechtzeitig erkannt Spätfolgen vermeiden können. Bluthochdruck und seine Spätfolgen gehören ebenso dazu wie Osteoporose oder die Lungenerkrankung Asthma.

Ist bereits ein Schaden – im Zuge eines Unfalles oder einer Erkrankung – eingetreten, so muss es das Ziel sein, neben der möglichst optimalen Wiedererlangung der Eigenständigkeit weitere Folgeschäden zu verhindern. Diese Tertiärprävention tritt daher immer erst bei bereits vorliegender Pathologie ein, zum Beispiel nach einem Unfall mit bleibenden Schäden. Krankheitsverschlimmerungen, Rückfälle und Chronifizierungen sollen ebenso verhindert werden wie Folge- und Begleiterkrankungen eines bestehenden Krankheitsbildes. Therapie/Kuration und Rehabilitation greifen dabei sehr eng ineinander. Nachsorge, Beratung und unterstützendes Gesundheitstraining sowie Versorgung mit Hilfsmitteln sind die wesentlichen Aufgaben der Tertiärprävention. Wichtig ist es dabei, immer ein Rehabilitationskonzept aus den drei Komponenten der physischen, psychischen und sozialen Rehabilitation zu entwickeln. Lassen Sie mich dies anhand eines Patienten näher erklären. Ein Mann erlitt vor Jahren bei einem Jagdunfall eine Zertrümmerung des oberen Anteils des Oberschenkels. So eine schwere Verletzung ist oft ein Grund für eine Beinamputation. Er erhielt eine Tumorprothese, die wesentlich komplexer in ihrem Aufbau ist als eine klassische Hüftendoprothese. Diese ermöglichte ihm – trotz Knochenmarksentzündung – ein weitgehend normales Leben mit zahlreichen Reisen. Das Teuflische an Knochenmarksentzündungen ist, dass sie praktisch nie ausheilen. Sie können selbst nach vielen Jahren immer wieder aufflackern und beträchtliche gesundheitliche Probleme verursachen. Generell gilt, dass das Risiko umso größer ist, wenn der Körper geschwächt ist – durch akute oder chronische Erkrankungen oder einfach eine allgemeine Erschöpfung oder wenn sich Metall im ehemaligen Infektionsgebiet befindet. Um also neuerliche Entzündungsschübe im Knochen hintanzuhalten sowie für einen möglichst langen Erhalt der Endoprothese zu sorgen, war gerade für diesen Patienten die Einhaltung eines gesunden Lebens- und Ernährungsstils zur Reduktion von freien Radikalen und anderen Entzündungsmediatoren wichtig.

Rehabilitation hat gemäß der Definition der Weltgesundheitsorganisation (WHO) stets das Ziel, eine möglichst vollständige Wiedererlangung der physischen und psychischen Leistungsfähigkeit unter Berücksichtigung der Voraussetzungen funktioneller, anatomischer, psychischer und sozialer Art des entsprechenden Individuums zu erzielen. Das bedeutet nichts anderes, als dass im Rahmen der Rehabilitation versucht wird, die vor einer Verletzung vorhandene Leistungsfähigkeit wieder so weit wie möglich herzustellen.

Das Rehabilitationsziel eines Schreibtischtäters sieht demnach anders aus als das eines Spitzensportlers. Obwohl die Grundsätze der Rehabilitation physiologisch definiert sind und für jeden Menschen gelten, sind die unterschiedlichen Grundlagen, die vor dem Unfall gegeben waren – muskuläre Kraft, Grundlagenausdauer, Koordination, … –, sowie die zu erwartenden Ansprüche des zu Rehabilitierenden unterschiedlich. Vielleicht haben Sie sich schon einmal gewundert, warum ein Spitzensportler unter Umständen nach einer Knieoperation nach ein bis zwei Wochen wieder beim Training ist, während Ihr Nachbar sechs Wochen mit Krücken gehen musste. Dies hat verschiedene Ursachen. Einerseits ist der Spitzenathlet zum Zeitpunkt der Operation in einer gänzlich anderen körperlichen Verfassung. Seine Grundlagenausdauer ist zumindest sehr gut trainiert, die Ausbildung seiner muskulären Grundlagen – Kraft, Ausdauer, Koordination und Propriorezeption – liegt oft weit über dem Durchschnitt einer Vergleichsperson seines Alters. Außerdem ist zu beachten, dass Spitzensportler gewohnt sind, immer wieder unter Inkaufnahme eines gewissen Risikos Grenzbereiche auszuloten. Daher ist ein Spitzensportler auch auf seinem Weg zum Comeback (und damit zu seinem finanziellen Einkommen) bereit, Risiken auf sich zu nehmen, die ein Amateursportler nie in Betracht ziehen sollte. Natürlich ist beim Spitzenathleten die Wundheilung per se nicht schneller. Allerdings kann auf Basis der Nutzung des gesunden „Restkörpers“ und entsprechende Unterstützung der Heilungsprozesse eine bessere Kompensation der verletzten Körperteile und teilweise frühere Reintegration in den Alltag erzielt werden. Thomas Muster, der damals schon unter den Top 10 der Tennisprofis gewesen war, rissen am ersten 1. April 1989 (nachdem er das Finale beim Masters Turnier in Miami gegen Ivan Lendl erreicht hatte) von einem betrunkenen Autofahrer angefahren einige Bänder im linken

Knie. Eine Rückkehr auf den Tennisplatz stand in den Sternen. Sechs Monate später stand Thomas Muster schon wieder auf dem Tennisplatz. Wieso? Weil er noch mit Gips auf einer Langbank sitzend sein Ballgefühl zu erhalten trachtete. Er bemühte sich durch Ausnützung aller Möglichkeiten Kondition und Bewegungsgefühl so weit wie möglich zu erhalten, während sein Knie sich von der Operation erholte. Unser Vater Willi Dungl setzte damals zahlreiche regenerative Maßnahmen wie spezielle Massagen, Wickel, Akupunktur oder Biofeedback ein, um – begleitet von gesunder vollwertiger Ernährung – die Heilungsprozesse möglichst zu unterstützen. Man sagt, Thomas Muster spielte danach besser denn je. 1995 gewann er die French Open.

Um dies zu verstehen, muss man sich bewusst sein, dass ein Spitzenathlet mehr als ein regelmäßig trainierender Hobbysportler ist, selbst wenn in dessen Leben die Ausübung des Sports eine wesentliche Rolle spielt. Ein Spitzenathlet hingegen ist ein Sportler, der täglich trainiert, sich in internationalen Bewerben behaupten muss. Für ihn ist der Sport gleichzusetzen mit Beruf und Berufung.

Heilung gliedert sich in drei Phasen – Entzündungsphase, Proliferationsphase, Organisationsphase. Ihre Dauer kann durch eine gezielte Rehabilitation deutlich verkürzt werden.

Gleichgültig, wodurch eine Verletzung des Gewebes entstanden ist – durch einen Unfall, eine Operation oder durch eine Gewebsuntergang (z.B. Herzinfarkt) –, lokal kommt es in unterschiedlichem Ausmaß immer zu Schmerzen, Schwellung, Rötung und Funktionseinschränkung als Zeichen der *Entzündung*. Im Wesentlichen versucht der Körper eine Schadensbegrenzung zu erzielen und geschädigtes Gewebe umzuwandeln oder abzutransportieren. Medizinisch ist das oberste Ziel, überschießende Entzündungsprozesse in Grenzen zu halten. Ruhigstellung ist dabei sehr wichtig. Bettruhe, Hochlagern, Komprimieren und Kryotherapie (Kältebehandlung) sowie Topfenumschläge sind bei Sportverletzungen die Mittel der Wahl. Schmerz- und entzündungshemmenden Medikamente werden je nach Bedarf zur Unterstützung eingesetzt. Die initiale Entzündungsphase dauert in der Regel zwischen drei Tagen und zwei Wochen.

Nach rund einer Woche beginnt überlappend die *Proliferationsphase.* Je nach verletztem Gewebe kann sie Wochen (Muskel-, Band-, Sehnenverletzung) oder auch Monate (Knochenbruch, Nervenverletzungen) dauern. Dabei kommt es zum Einwachsen neuer Zellen. Eine gewisse Festigkeit wird wiedererlangt. Anatomische und funktionelle Voraussetzungen werden wiederhergestellt. Um die Neuorientierung und Integration der neuen Zellen zu verbessern, sind geeignete physiotherapeutische Maßnahmen mit adäquaten Belastungs- und Entlastungsphasen sowie regenerativen Maßnahmen (z.B. Massagen, Wärmepackungen, Einreibungen mit schmerzlindernden und abschwellenden Salben, ...) zu wählen. Durch die Ruhigstellung wird zwar einerseits der Schmerz reduziert und sie fördert die Heilung, andererseits ist dem auch immer das Risiko steifer Gelenke (eventuell für Monate) und des Muskelabbaus gegenüberzustellen. In der modernen Rehabilitation wird daher in Proliferations- und Organisationsphase dosierte Bewegung unter Schutz der geschädigten Strukturen so früh wie möglich eingesetzt. Nur so können eine möglichst gute Beweglichkeit der Gelenke und ein vertretbar geringer Verlust an Muskulatur gesichert werden. Schmerzen und Schwellung aus der Entzündungsphase behandelt man mittels passiver physikalischer Maßnahmen (Kryotherapie, Elektrotherapie, Ultraschall usw.). Motorschienen können durch passives Bewegen der Gelenke helfen den Bewegungsumfang eines Gelenkes im schmerzfreien Rahmen weitestgehend zu erhalten.

Die Frührehabilitation ist eine ständige spannende Gratwanderung zwischen einem Zuviel an Bewegung mit der Gefahr des Wiederaufflammens des Entzündungsprozesses oder dem Zerreißen von sich in Heilung befindenden verletzten Strukturen sowie einem Zuwenig an Bewegung mit suboptimalem Heilungsprozess und mindestens teilweise versteiftem Gelenk. Das Respektieren der Schmerzgrenze ist dabei ein wichtiger unterstützender Parameter. Gleiches gilt auch für den Kraftbereich, braucht doch das Gewebe nach dem Wolffschen Gesetz eine gewisse Belastung, um eine optimale Festigkeit zu erlangen, allerdings darf diese Kraft nicht zu hoch sein, damit es nicht zu Sekundärschäden kommt. Weiters ist die individuelle Schmerzempfindung und Motivation eines Patienten zu berücksichtigen. So manche Patienten muss man mit viel Einfühlungsvermögen an ihre individuellen Belastungsgrenzen heranführen. Bei anderen muss man die Aktivitäten bremsen, um unnötige Rückschläge zu vermeiden. Dies bedarf einer großen Erfahrung und einer hohen Flexibilität des therapeutischen Teams. Nicht vergessen werden darf dabei, dass in dieser Proliferationsphase mit Ausnahme der verletzten Körperteile der ganze Körper in ein konsequentes Training der Grundlagenausdauer einbezogen werden kann, ja muss. Die Einbindung des Trainers in diese Rehabilitationsphase ist daher sehr wertvoll und wichtig. Dies ist wohl eine der essenziellen Entwicklungen moderner Rehabilitation in den letzten vierzig Jahren. Für uns war dieser Grundgedanke jedoch schon immer die Basis unseres Tuns, da uns unser Vater dies immer vorlebte. Als Andrea sich mit sechs Jahren als Linkshänderin die linke Hand brach, zeichnete sie eben mit der rechten Hand – die funktionierte ja. Ihre linke Hand wurde nie mehr zu ihrer dominanten, da sie merkte, dass es einfacher war, eine Schere oder Ähnliches mit rechts zu bedienen. Diese Erfahrungen helfen auch Patienten Wege für die Bewältigung von Schwierigkeiten zu zeigen, die letztendlich zu einem guten Ziel führen. Ein herrliches Beispiel, um das Machbare zu finden, ist Frida Kahlo. Diese Frau, die – als sie lange ans Bett gefesselt war – sich selbst malen beibrachte. Um wenigstens ihre geistigen und kreativen Fähigkeiten nutzen zu können, ließ sie sich ein eigenes Gestell mit Spiegel bauen, um auch liegend sehen zu können, was sie malte. Der Erhalt ihrer Kreativität war ihre Motivation und gab ihr die Kraft, auch nach Monaten der Krankheit und vielen Rückschlägen immer wieder auf die Beine zu kommen. Eine faszinierende Frau!

Die *Organisationsphase* ist charakterisiert durch das Wiedererlangen der vollen Funktion und Koordination. Die meisten Patienten überlassen diese dritte Phase meist dem Alltag und beenden die gezielte Therapie. Der Spitzensportler kann sich dies nicht leisten. Verletzungen und Folgeschäden wären die Konsequenz. Daher ist intensiv an der Koordination und am Kraftaufbau zu feilen. Gemeinsam mit dem Trainer müssen in dieser Phase Trainingsmängel oder fehlerhafte Technik bearbeitet werden. Oft ist es notwendig, Trainingspläne wochenweise immer wieder neu anzupassen. Je ausgewogener das Training aufgebaut werden kann, umso mehr können eine volle Reintegration in den Sport sowie die Vermeidung von Spätschäden erzielt werden. Bewegungstherapeutische Übungen müssen immer der Krankheitsaktivität angepasst werden. Außerdem ist zu berücksichtigen, dass Patienten mit Erkrankungen des Bewegungsapparates sowie chronischen Erkrankungen zumeist eine Einschränkung der aeroben Ausdauer und der Knochendichte haben. Chronische Krankheitsverläufe sind häufig durch einen Mangel an körperlicher Bewegung geprägt. Verschiedene Beschwerden – Atemnot, Schmerzen, Erschöpfung – bedingen, dass körperliche Belastungen eher gemieden werden. Bewegungsmangel führt schon beim gesunden Menschen innerhalb kürzester Zeit zu einem Verlust an Leistungsfähigkeit. Nicht anders ist es beim chronisch Kranken. Hier den goldenen Mittelweg zwischen Belastung und Überlastung zu finden, ist immer wieder eine Herausforderung. Regelmäßige Kontrollen und Anpassungen sind daher erforderlich. Prinzipiell sollte jedes Übungsprogramm aufbauend gestaltet sein. Dabei sollten wir nie vergessen, dass die Motivation des Patienten entscheidend dafür ist, welches Therapieziel erreicht werden kann. Schaffen wir es, das Vertrauen des Patienten – und seiner Angehörigen – durch Verbesserung des Verständnisses der Erkrankung und der erforderlichen Maßnahmen zu bekommen, so gelingt es wesentlich besser, hohe Therapieziele zu erreichen.

Eine liebe Freundin hatte im Juni das Pech, sich beim Radfahren durch einen unaufmerksamen Fußgänger beide Hände gleichzeitig zu brechen. Beide Unterarme mussten verplattet werden und waren einige Wochen in Gips. Sie war in dieser Situation völlig auf die Hilfe anderer angewiesen – mit einem achtzigjährigen Vater und einem Sohn von 23 Jahren, der natürlich nicht ständig zu Hause war, eine mühsame Sache. Sie lernte trotz der widrigen Umstände minimale Dinge der Körperpflege selbst zu machen. Als der Gips abgenommen wurde, war die Hoffnung groß, aber auch die erste Enttäuschung. Die Kraft dahin, Schmerzen bei jeder Bewegung und die Beweglichkeit – ein Jammer. Hinzu kamen noch die nett gemeinten Bemerkungen vieler Menschen: „Diese Hände wirst du nie wieder normal gebrauchen können, Radfahren vergisst du am besten.“ Durch intensive Therapien – Massagen, Ergotherapie, manuelle Therapie, Kräftigungsübungen – ging sie ab Herbst wieder in ihre geliebte Pilatesstunde. Anfangs ließ sie jene Übungen, bei denen sie das ganze Körpergewicht auf ihre Hände verlegen muss, aus. Fünf Monate nach dem Unfall machte sie bereits wieder alle Übungen mit, schnitt ihre Rosen im Garten und besorgte neben ihrer Berufung als Lehrerin den gesamten Haushalt. Da sie die letzten Kraftdefizite und die geringe Beeinträchtigung der Feinmotorik neben der Sensibilität für Wetterumschwünge noch störten, trainierte sie intensiv mit ihren Hanteln weiter.

Aber auch auf einer anderen Ebene ist die psychische Verarbeitung von Erkrankungen ein wesentlicher Prädiktor für die weitere Reintegration in den Alltag und den Spitzensport. Wir können uns gut daran erinneren, wie Niki Lauda nach seinem Feuerunfall am Nürnburgring sein erstes Rennen fuhr. Die größte Sorge unseres Vaters war: „Was ist, wenn er in eine ähnliche Situation kommt, wie wird er reagieren, packt ihn die Angst oder schafft er es, cool und souverän wie zuvor die Situation zu handhaben?“ Immer und immer wieder hat er mit Niki die Situation durchgesprochen, wurden teilweise so nebenbei Situationen simuliert, um die Reaktionen zu testen. Die Geschichte zeigt, dass er seinen Unfall damals optimal verarbeitet hat. Andere konnten in ähnlichen Situationen nicht an ihre früheren Leistungen anschließen. Die frühzeitige Entwicklung von Coping-Strategien (Methoden zur Bewältigung) und der Aufbau eines neuen Selbstvertrauens sind im Spitzensport genauso essenziell wie in der Rehabilitation von Menschen, die schwer erkrankten. Unvergesslich ist auch, wie eines Tages ein Universitätsprofessor der Wirtschaft in der Ordination stand, weil man ihm mitgeteilt hatte, dass ein Coronarbypass – also eine „Reparatur der Herzkranzgefäße“ – nötig ist. Er war ziemlich aufgelöst und hatte Angst. Durch perfekte Vorbereitung versuchte er die Situation zu meistern. Er hatte bis dahin nie eine Situation erlebt, die er nicht selbst beeinflussen und steuern konnte. Diese neue Erfahrung verunsicherte ihn auch in den Monaten nach der Operation sehr. Er brauchte einige Zeit und viele Gespräche, bis er seinem Körper wieder vertrauen konnte. Dies war ein geplanter Prozess, der daher auch ein überschaubares Risiko hat. Wie muss es daher Menschen gehen, die erfahren, dass sie dem Tod näher stehen als dem Leben? Selbst wenn sie es schaffen zu überleben und nach Monaten und Jahren der Therapie aus der medizinischen Betreuung als geheilt entlassen werden, bleiben oft Angst und Verunsicherung zurück. Eine entsprechende Rehabilitation ist daher häufig auch Jahre nach dem Geschehen noch notwendig. Jeder Schritt an Selbstvertrauen und Sicherheit muss unter Umständen neu erarbeitet werden. Jeder Schritt, der geschafft wird, ist aber auch ein Schritt in die Normalität des Alltags und des Berufslebens und ein Schritt zu mehr Lebensqualität. Auch wenn nicht immer eine hundertprozentige Wiederherstellung nach Erkrankungen, Operationen oder Unfällen erreicht werden kann, sollte eine möglichst optimale psychosoziale Reintegration erfolgen. Operation und Therapie einer Erkrankung bilden zu hundert Prozent die essenzielle Basis des Heilungserfolges. Konsequente Rehabilitation (bestehend aus physikalischer Medizin und Physiotherapie, Ergotherapie, Verhaltenstherapie, ...) macht jenen Teil des Heilungserfolges aus, der die Qualität des weiteren Lebens bestimmt. Oft sagt man daher, dass sich Kurration und Rehabilitation den Erfolg teilen.

Bewegung macht gesund

Krankheit schließt Sport nicht aus!

War es in den 1970igern und 1980igern noch Usus, kranke Menschen möglichst ruhigzustellen und zu Inaktivität zu verdammen, wird heute so schnell wie möglich mobilisiert. Auch chronische Krankheiten sind heute kein prinzipieller Ausschlussgrund für Sport und Bewegung. Allerdings sollten Sie sich mit Ihrem Arzt/Ihrer Ärztin abstimmen. Training kann sogar Medikament und Therapie sein – wenn es zielgerecht und richtig dosiert angewandt wird. Nach einer akuten Erkrankung (Lungenentzündung, Blaseninfektion, ...) oder wenn sich das Befinden bei einer chronischen Grunderkrankung deutlich verschlechtert, sollte der Arzt neuerlich die Freigabe für Ihr Sportprogramm erteilen.

Sport – „das" Medikament bei Herz-Kreislauf-Erkrankungen?

Die Herz-Kreislauf-Erkrankungen sind sozioökonomisch die wichtigste Pathologie unserer Zeit – sind sie doch die häufigste Todesursache. Die harmloseste Erkrankung ist der zu niedere Blutdruck, die häufigste – und gleichzeitig ein Vorbote für weitere Erkrankungen – der Bluthochdruck (Hypertonie).

Bluthochdruck ist der Wegbereiter der verschiedenen

Herz-Kreislauf-Erkrankungen schlechthin. Trotz der beträchtlichen gesundheitlichen Folgen des Bluthochdrucks hat die notwendige antihypertensive Therapie eine schlechte Compliance. Das bedeutet, dass die Patienten sich hier nicht sehr kooperativ verhalten. In Österreich sind lediglich 25% der Betroffenen gut eingestellt. Da die Hypertonie für den Betroffenen zu Beginn völlig ohne Symptome und Beschwerden verläuft, ist das Bestreben einer Optimierung der Therapie durch den Patienten gering. In einer Studie wurde in einer Experimentreihe nachgewiesen, dass Bluthochdruck ähnlich wie Doping wirkt. Er erhöht das allgemeine Wohlbefinden, „belebt die Sinne" und führt zu Schmerzunempfindlichkeit. Spätfolgen und Komplikationen – Herzinfarkt, Aortenaneurysmen, Schlaganfall, Schaufensterkrankheit – sind dennoch vorprogrammiert. Dabei kann gerade hier eine rechtzeitige Lebensstilmodifikation – mehr Bewegung, ausgewogener Essen, ein bisschen mehr Zeit und Gelassenheit für sich – eine deutliche Minderung des Medikamentenbedarfs bringen.

Nach einer leistungsdiagnostischen Untersuchung kennen Sie Ihr Blutdruckverhalten bei Ausdauerbelastung. Damit können Ausdauersportarten wie Walking, Nordic Walking, Jogging, Radfahren, Aquajogging usw. bedenkenlos empfohlen werden. Wenn Sie bereits seit Längerem Medikamente zur Blutdrucksenkung nehmen, kann es nach einiger Zeit notwendig sein, die blutdrucksenkenden Medikamente zu reduzieren. Sportarten, die eine hohe Kraftkomponente enthalten, sind für Sie nicht günstig, das Gleiche gilt für Aktivitäten mit hoher Schnellkraftkomponente und schnellen „Antritten" wie z.B. Squash.

Bei niedrigem Blutdruck und Schwindel beim Aufstehen ist Ausdauertraining – insbesondere mit der Intervallmethode – blutdruckregulierend. Intervalltraining ist durch lohnende Pausen (Kräftigungsübung unter Beteiligung mehrerer Muskelgruppen, Gehen im niedrigeren Pulsbereich, ...) gekennzeichnet. Die dabei trainierte Beinmuskulatur wirkt wie ein Kompressionsstrumpf für die Beingefäße. Bei raschem Aufstehen kann das venöse Blut nicht mehr so leicht in die Beine versacken und das Schwindelgefühl bleibt aus. Ebenso verbessert Kneippen im Anschluss an das Training den venösen Rückfluss zusätzlich. Außerdem sollten Sie bei niedrigem Blutdruck zumindest 1,5 l Wasser oder andere Getränke ohne Zucker trinken. Dies erhöht ebenfalls den Blutdruck. Kaffee erhöht zwar den Blutdruck, wirkt aber gleichzeitig entwässernd, daher mindestens die doppelte Menge Wasser zum Kaffee trinken.

Sollten Sie bereits eine Herzgefäßerkrankung, einen Herzinfarkt oder gar eine Herzmuskelschwäche haben, so ist eine Freigabe durch Ihren Arzt – obgleich Ausdauertraining wertvoll wie ein „Medikament" ist – unbedingt nötig. Regelmäßig und richtig dosiert, ist sein Effekt fast nicht zu übertreffen. Darum wird heute in allen Rehabilitationszentren für Herz-Kreislauf-Erkrankungen rehabilitatives Training durchgeführt – gleich ob nach einem Infarkt oder einem Gefäßbypass. Dieses Training sollten Sie jedenfalls weiterführen und in regelmäßigen Abständen durch eine leistungsdiagnostische Untersuchung anpassen. Krafttraining und alle Sportformen, bei denen eine Gefahr der Pressatmung besteht, sind nur in eingeschränktem Maß sinnvoll. Bei der Pressatmung drückt die Bauchmuskulatur das Zwerchfell in den Brustkorb, die Lunge wird zusammengepresst. Die Ausatmung muss gegen erhöhten Widerstand erfolgen, wodurch es zu einer Erhöhung des Drucks im Brust- und Bauchraum kommt. Ein erhöhtes Risiko für die Pressatmung besteht bei allen Kraftsportarten (Armdrücken, Bankdrücken, Body Building, …).

Viele Herz-Kreislauf-Erkrankungen gehen mit einer Blutarmut (Anämie) einher. Dabei produziert der Körper entweder zu wenig roten Blutfarbstoff, das sogenannte Hämoglobin, oder zu wenig rote Blutkörperchen, was zu körperlicher Schwäche, Kurzatmigkeit, Kopfschmerzen, Ohnmachtsanfällen und Schlaflosigkeit führen kann. Erst jüngst zeigte eine Studie der Charité in Berlin, dass Herzkranke durch eine medikamentöse Verabreichung von Eisen eine deutliche Verbesserung ihrer Lebensqualität erfahren. Dies sollte uns in Erinnerung rufen, dass wir in unserem Alltag auf eine ausreichende Zufuhr von Eisen mit der Nahrung achten sollten. Wenn die Bindehäute Ihrer Augen immer sehr blass sind, zeigen Sie dies Ihrem Hausarzt. Er entscheidet dann, ob ein Blutbild notwendig ist. Brot, Fleisch (v.a. Leber), Wurstwaren, Gemüse (v.a. grünes Gemüse wie Kohl, Spinat, Zucchini, Erbsen, Fenchel, Linsen, Bohnen), Getreide, Pilze und Beeren sind die wichtigsten Quellen für die Versorgung mit Eisen. Beachten Sie aber bitte, dass es Nahrungsstoffe gibt, die die Fe-Resorption, also die Aufnahme von Eisen in den Stoffwechsel, erhöhen: Vitamin C, Aminosäuren, Fruchtzucker, in schwächerem Maß auch andere Zucker, Fleisch, Fisch und Wein, auch organische Säuren wie Äpfelsäure, Weinsäure und Zitronensäure, möglicherweise auch Essigsäure und Milchsäure. Allgemein sind dies also vor allem die Inhaltsstoffe von Früchten und Fruchtgemüsen sowie Kohlgemüsen. Gleichzeitig gibt es auch jede Menge an Stoffen, die die Eisenresorption verschlechtern oder gar hemmen. An oberster Stelle steht diesbezüglich das Tannin, das in Kaffee und schwarzem Tee enthalten ist und neben der Phytinsäure der stärkste Eiseninhibitor, also Hemmstoff, ist. Wer mehr als zwei Kaffee pro Tag trinkt, sollte sich daher über Blutarmut nicht wundern. Aber auch Phosphate – in Fleisch, Käse und mehreren Lebensmittelzusatzstoffen – sowie Oxalate (Rhabarber, Kakao und Spinat) reduzieren die Eisenresorption.

Stoffwechselstörungen – Bewegung ein „Muss"

Diabetes ist wohl neben den erhöhten Blutfetten (Hypercholesterinämie) die am weitesten verbreitete Stoffwechselstörung. Im Alltag fallen uns diese Menschen nicht als krank auf – sie arbeiten, haben zumeist keine offensichtliche Behinderung und leben ein normales Leben. Dennoch sind sie chronisch krank. Chronische Krankheiten bringen es mit sich, dass neben der klassischen medizinischen Therapie eine Reihe von Einschränkungen und Verbotsempfehlungen ein Leben lang beachtet werden sollten. Dabei entsteht oft das Gefühl „ach, wie bin ich arm". Wir sprechen daher viel lieber von Spielregeln. Je besser wir diese Spielregeln beherrschen und befolgen, umso mehr Möglichkeiten haben wir, ein völlig normales Leben ohne Spätkomplikationen zu leben.

Eine der Spielregeln bei Diabetes ist es, den Blutzuckerspiegel möglichst konstant zu halten. Sport und Bewegung können dabei eine wertvolle Hilfe sein. Wenn Sie Bewegung machen, braucht Ihr Körper „Brennstoff" in Form von Kohlenhydraten, Fett bzw. Zucker. Als Diabetiker wird durch Sport der Bedarf an zugeführtem Insulin verringert. Eine optimale Einstellung ist dann möglich, wenn Sie regelmäßig und pulskontrolliert trainieren. Oft kann dadurch der Bedarf an Medikamenten vermindert werden. Solange Sie die Reaktion Ihres Körpers auf Ihr Training noch nicht kennen, sollten Sie immer vor, zwischendurch und nach dem Sport den Blutzuckerspiegel messen. Ein kleines Stückchen Schokolade (Traubenzucker, ...) sollten Sie beim Training immer, für den Fall, dass der Blutzuckerspiegel zu sehr sinkt, mithaben. Zu Beginn ist eine Abstimmung des Trainingsplans auf Basis einer sportärztlichen Untersuchung und einer leistungsdiagnostischen Untersuchung wichtig.

Jedenfalls sollten Sie bei jeder sportlichen Aktivität Ihre Füße auf Druckstellen, Blasen oder andere Verletzungen kontrollieren – besonders vor und nach einer sportlichen Betätigung. Achten Sie auch auf gutes Schuhwerk. Eine gute Passform, eine gedämpfte Sohle und weiche Obermaterialien können so manche Blessur verhindern helfen. Vermeiden Sie es, nach 18 Uhr zu trainieren, und machen Sie vor dem Schlafengehen nochmals eine Blutzuckerkontrolle, da nach Beendigung des Sportes der Blutzuckerspiegel weiter sinkt. Die Speicher in den Muskeln müssen wieder aufgefüllt werden.

Krebspatienten: Nie wieder Sport?

Dass regelmäßige körperliche Aktivität einigen Krebsarten, z.B. Dick- und Enddarmkrebs oder Brustkrebs, statistisch gesichert vorbeugt, ist erwiesen. Doch was ist, wenn der Krebs bereits existent ist? Wenn Operationen, Chemo- oder Strahlentherapie zu bewältigen sind? Sind Bewegung und Sport dem Körper dann überhaupt zumutbar? Ist nach einer Tumorerkrankung Schonung oder Bewegung besser? Die Antwort von Experten fällt heute zu dieser Frage eindeutig aus: Eine pauschale Empfehlung kann es nicht geben, dazu sind die verschiedenen Tumore und der individuelle Gesundheitszustand der Patienten zu unterschiedlich.

Prinzipiell belegen immer mehr Daten, dass mögliche Krankheits- und Behandlungsfolgen durch gezielte heilgymnastische Übungen vermindert oder ganz vermieden werden. Einschränkungen der Beweglichkeit, Dekonditionierung mit Schwäche und Erschöpfungszuständen können gemildert werden. Viele zeigen, dass auch die psychische Situation von Krebspatienten deutlich gebessert werden kann.

Studien aus der jüngsten Vergangenheit zeigen, dass moderates Ausdauertraining (Gehen, Walken) in frischer Luft Chemotherapie und Strahlentherapie besser vertragen lassen. Ein höherer Hämoglobingehalt (roter Blutfarbstoff) des

Blutes – er wird durch Ausdauertraining begünstigt – ist auch für den Erfolg der Strahlentherapie positiv. Ausdauertraining auf niedrigem Niveau mindestens dreimal 60 Minuten pro Woche erhöht die Anzahl der immunkompetenten Zellen und somit die körpereigene Abwehr. Dabei sollte das Training immer unter der anaeroben Schwelle stattfinden. Wird diese Grenze überschritten, bedeutet das Stress für den Körper und die natürlichen Killerzellen, Teil des Immunsystems, werden reduziert anstatt erhöht.

Wann und in welchem Umfang Sport und Bewegung während einer Krebsbehandlung zumutbar und sinnvoll sind, sollte immer mit dem behandelnden Arzt besprochen werden. In den Neunzigern zeigte eine Studie der Universität Freiburg, bei der Patienten selbst während einer Hochdosis-Chemotherapie täglich 30 Minuten an einem speziellen „Bettfahrrad" trainierten, dass das Erschöpfungssyndrom (Fatigue) nach der Chemotherapie weniger ausgeprägt war. Auch emotional geht es „bewegten" Krebspatienten besser. Dennoch ist festzuhalten: Generelle Empfehlungen machen keinen Sinn. Zu unterschiedlich sind die individuellen Ausgangsbedingungen, die während der Therapie beachtet werden müssen. Alleine die Diagnose Brustkrebs kann je nach Subtyp lediglich eine Hormontherapie oder Operation mit Chemo- und Strahlentherapie bedeuten. Als einzige generelle Empfehlung kann lediglich gesagt werden, während einer Behandlung sollten Sie sich keinesfalls überfordern – also keine Belastungen im anaeroben Bereich.

Je nach Allgemeinzustand werden einfache heilgymnastische Übungen oder ein moderates Kräftigungs- und Ausdauerprogramm möglich sein. Ist zum Beispiel der Sauerstofftransport durch eine Anämie (verminderte Zahl roter Blutkörperchen) eingeschränkt, so ist ausgeprägte körperliche Aktivität eher schädlich, da den Stress fördernd. Strahlentherapiepatienten müssen zudem auch die Empfindlichkeit der betroffenen Haut beachten: Sonne, Schweiß und scheuernde Kleidung sollten generell vermieden werden. Auch die mechanische Belastung z.B. bei Knochenmetastasen ist zu berücksichtigen. Völlig fehlende Aktivität hat aber leider auch Nebenwirkungen. Dazu gehören zum Beispiel Auswirkungen auf die Stimmung, Appetitlosigkeit, Muskelabbau oder auch Kreislauf- und Lungenbeschwerden. Neuere Untersuchungen zeigen, dass Patienten mit fortgeschrittenen Krebserkrankungen durchaus von einem patientengerechten Sportprogramm profitieren können. Sie fühlen sich weniger erschöpft und sind etwas leistungsfähiger. Patienten profitieren auch von der positiven Beschäftigung mit dem eigenen Körper bei der Krankheitsverarbeitung. Bewegung ist ein Stück Alltagsleben und gibt Zutrauen in die Leistungsfähigkeit des eigenen Körpers. Beweglichkeit und Belastbarkeit können wieder gewonnen werden.

Nach einer Krebserkrankung eröffnen Sport und Bewegung viele Möglichkeiten:

- Sie stärken die allgemeine Gesundheit,
- sie helfen, sich an eine eventuelle Minderung der Leistungsfähigkeit zu adaptieren oder sie zu verbessern;
- sie helfen bei der Reintegration in den normalen Alltag,
- sie helfen ein neues Körpergefühl und Zutrauen zum eigenen Körper zu entwickeln.

Wenn Gehen, Tanzen, Schwimmen oder Radfahren wieder möglich ist, so stärkt dies nicht nur den Körper. Es gibt ein Stück der Normalität wieder. Dass für die Bewegung nicht immer nur konditionelle Faktoren limitierend sind, ist richtig. Nicht jede Frau traut sich mit einer Brustprothese schwimmen zu gehen. Um mit einem Stoma (künstlicher Darmausgang) Vertrauen in die Belastbarkeit der Materialien zu bekommen, braucht es oft einiges an Erfahrung und Austausch mit Betroffenen. Wird es geschafft, diese Hürden zu überwinden, so ist ein weiterer Schritt in die Normalität getan.

Als Ärztin ist es gut zu wissen, dass immer mehr Krebspatienten nicht nur überleben, sondern auch in ein normales Leben zurückkehren können.

Asthma – zur Inaktivität verdammt?

Asthma ist eine chronische Erkrankung, die Menschen von Kindheit an begleiten kann oder erst im späteren Alter auftritt. Typisch sind Episoden von Hustenanfällen, eventuell mit extrem zähem Schleim bis hin zu extremer Atemnot. Die Ursachen reichen von Allergien (Tierhaare, Pollen, Hausstaubmilbe, ...) über chemisch-toxische und physikalisch-irritative Faktoren bis hin zu psychischen Faktoren. Daher sind die sportlichen Aktivitäten individuell auszuwählen, z.B. sind Gräserpollen die Ursache, dann sind Wanderungen über blühende Almwiesen nicht das Richtige. Dennoch gibt es viel, was Sie unternehmen können.

Allen Pollenallergikern sei geraten: Verbringen Sie trockene, heiße und windige Tage möglichst nicht im Freien. Verlegen Sie sportliche Aktivitäten in die freie Natur und Ausflüge besser auf feuchtere Tage. Ein kurzes Gewitter oder Regenschauer reichen jedoch nicht für eine Reinigung der Luft. Erst nach länger anhaltendem Regen ist mit einer Erleichterung zu rechnen. Da sich der Kontakt mit Pollen natürlich nicht vollständig vermeiden lässt (zum Beispiel auf dem Weg zur Arbeit oder Schule), sollten Sie Ihren Körper durch den regelmäßigen Genuss von kleinen Mengen Honig an Pflanzenpollen gewöhnen.

Für die Verbesserung der Alltagsbelastbarkeit ist ein Beintrainingsprogramm (Heimfahrrad) absolut empfehlenswert! Hat sich doch selbst bei Patienten mit massiven Funktionseinschränkungen der Lunge gezeigt, dass ihre Lebensqualität durch Kräftigung der Muskulatur deutlich gebessert werden kann. Heute zeigen Studien deutliche Zusammenhänge zwischen Herz- und Atemwegserkrankungen und der Feinstaubbelastung. Für Asthmatiker gilt dies erst recht. In der Zeit des Rollsplitts wird es daher generell nicht empfehlenswert sein, in der Stadt oder auf Überlandstraßen zu laufen. Walken, Laufen, Tennisspielen etc. neben stark befahrenen Straßen oder bei hoher Ozonbelastung ist prinzipiell ungünstig! Aktivitäten, die sehr anstrengend sind und zu Atemnot führen, sind sehr ungünstig. Daher ist Ausdauersportarten der Vorzug zu geben. Schwimmen vereint im Allgemeinen den Ausdauersport bei weitgehend fehlender Staubbelastung. Außerdem macht es allen Kindern Spaß! Gerade bei Kindern müssen Spaß und gemeinsames Erleben im Vordergrund stehen. Übergroße Angst vor einem Anfall macht dank der modernen Medikamente keinen Sinn. Wichtig ist, dass die entsprechenden Sprays immer mit dabei sind!

Beinahe alle Gelenke sind ersetzbar

Chronische Verletzungen mit Knorpelläsionen, Frakturen mit Gelenksbeteiligungen, Achsenabweichungen, Gelenksentzündungen (Rheuma) oder angeborene Erkrankungen machen es manchmal unausweichlich, dass ein Gelenk künstlich ersetzt werden muss. Ob ein Gelenkersatz nötig ist, wird primär durch den Leidensdruck des Patienten bestimmt und nicht durch ein Röntgenbild. Auch wenn heute nahezu alle Gelenke – allerdings mit unterschiedlichem Erfolg – ersetzbar sind, werden überwiegend Knie- und Hüftgelenke implantiert. Obwohl sie hervorragende Langzeitergebnisse aufweisen, muss klar sein, dass sie letztlich Ersatzteile mit begrenzter Lebensdauer und Belastbarkeit sind. Mögliche Komplikationen wie zum Beispiel eine Prothesenluxation, also eine Ausrenkung des Kunstgelenks – sie passiert zu neunzig Prozent in den ersten drei post-operativen Monaten –, oder eine Implantatlockerung treten bei sportlich Aktiven nicht vermehrt auf. Dennoch gibt es Situationen, bei denen sportliche Belastungen weniger empfehlenswert sind. Bei starkem Bewegungsschmerz, bekannter Protheseninstabilität, deutlicher Muskelschwäche, Übergewicht (BMI > 30), Infektionen oder Bedarf an Gehhilfen sollte auf sportliche Aktivität verzichtet werden, nicht jedoch auf heilgymnastische Trainingsprogramme. Bemerkenswert ist, dass Patienten, die bereits vor einer Operation regelmäßig Sport betrieben haben, nach der Operation weniger über Schmerzen als die „No-Sports"-Gruppe klagen. Etwa die Hälfte aller Patienten, die bereits vor dem Gelenksersatz Sport betrieben haben, wollen nach der Operation wieder sportlich aktiv werden. Es gibt sogar eine Reihe von Gründen, die für Sport nach Gelenksersatz sprechen:

- Gelenkschutz durch verbesserte muskuläre Gelenkführung
- „Stoßdämpfer-Funktion" der periartikulären (die Gelenke umgebende) Muskulatur
- Koordinationsschulung (Therapiekreisel, Posturomed, mbt-Schuhe)
- Sturzprophylaxe
- Bekämpfung einer Inaktivitätsosteoporose

Dabei sind Ausdauersportarten günstiger zu bewerten als Disziplinen mit Belastungsspitzen.

Heutzutage können Sie mit künstlichen Gelenken ein nahezu normales Leben führen – und das ist besser, als jahrelang unter starken Schmerzen zu leiden. Viele können ihre Lebensqualität wieder um ein Vielfaches steigern.

Sport ab wann?

Alte Empfehlungen, mit Sport nach frühestens drei bis sechs Monaten zu beginnen, sind heute so nicht mehr gültig. Vielmehr muss differenziert betrachtet werden. Stoßfreie Sportarten wie Schwimmen (nicht Brustschwimmen) können sehr bald nach der Operation gemacht werden. Mit sportartspezifischen Belastungen sollte jedoch bei gutem Endoprothesensitz und Schmerzfreiheit erst nach ca. sechs Monaten begonnen werden.

Nach vier bis sechs Monaten kann leichtes Lauftraining

auf weichem Boden, mit 15 Minuten beginnend gestartet werden. Ein langsamer Belastungsaufbau ist für 12 Monate zu planen. Vermeiden Sie anfangs unebene und seitlich abfallende Gelände (Landstraße).

Nicht geeignet sind Sportarten mit erhöhtem Verletzungsrisiko, Sturzgefahr, Belastungsspitzen, Sprüngen, hohen Druck- und Stoßbelastungen, extremer Beweglichkeit, abrupten Richtungswechseln, schnellem Bremsen und Beschleunigen sowie Gegnereinwirkung. Grundsätzlich sind Sportarten mit erhöhtem Verletzungsrisiko, die gleichzeitig auch zu höheren Beanspruchungen der Endoprothesen führen können, nicht geeignet. Abrupte Rotationsbewegungen, extensive Adduktion (Scheren, Kreuzen der Beine) sowie Belastungsspitzen (Sprünge, Ballspiele) sollten vermieden werden, um Risiken der Implantatgefährdung durch Luxation, vermehrten Abrieb, Lockerung oder Endoprothesenfraktur zu minimieren. Neue Materialien, Verankerungsprinzipien, Miniaturisierung und verbesserte Operationstechnik in der Endoprothesenversorgung bedingen eine stete Zunahme der funktionellen Belastbarkeit.

Prinzipiell nicht geeignet für Endoprothesenträger sind alle Kampfsportarten und Wettkampfsport, Ballsportarten, Squash, Sportkegeln, Surfen/Jollensegeln, Leichtathletik (zahlreiche Sprung- und Schnellkraftdisziplinen), Geräteturnen, Eislaufen, Inline-Skating.

Bedingt geeignete Sportarten sind Skilanglauf (Diagonalschritt), Golf (Schlagtechnik mit weniger Drehbewegung in Knie- und Hüftgelenk wählen), Tennis (Doppelspiel auf Sandplätzen, wenn Vorerfahrungen gegeben sind), Tischtennis, Kegeln, Bowling, Reiten, Alpiner Skilauf. Beim Jogging ist zu erwähnen, dass die Belastung der Hüftgelenke beim schnellen Gehen (5,6 km/h) und Joggen etwa 550% des Körpergewichts beträgt!

Empfehlenswerte Sportarten sind Wandern (bergab mit Stock), Walking, Nordic Walking, Tanzen, Radfahren (Räder mit tiefem Einstieg), Schwimmen (mit Kraulbeinschlag), Aquajogging, Krafttraining und Gymnastik (Dehnung und Kräftigung).

Generell sind die Empfehlungen bei Knie-Implantaten im Vergleich zu Hüft-Implantaten eher konservative, da sie im Allgemeinen Dreh- und Stoßbewegungen schlechter vertragen. Nicht die Wahl der Sportart alleine, sondern auch die Art und Weise des Wiedereinstiegs und der Ausübung sind relevant. Individuelle Beratung und ein entsprechendes Wiedereinstiegsprogramm bringen dem Patienten jedenfalls einen Gewinn an Mobilität und Lebensqualität.

Blutarmut verschlechtert die Knochenheilung erheblich

Ein Knochenbruch ist immer eine unangenehme und schmerzhafte Verletzung. Gleich, ob so ein Bruch operiert werden muss oder nicht, Ziel ist eine raschest mögliche und feste Stabilisierung des Bruchs. Damit kann sich neuer Knochen bilden. Am besten heilen Brüche, wenn kein starker Schaden der umgebenden Weichteile besteht. Je nach Größe und Stärke des Knochens sind große Kräfte notwendig, um ihn brechen zu lassen. Abhängig von den einwirkenden Kräften und der Art des Unfalls erleiden Muskel und Bänder beträchtlichen Schaden. Bei derartigen Verletzungen sind die nachfolgende physikalische Heilbehandlung und das Muskeltraining von besonderer Bedeutung. Je schwerer die Verletzung von Knochen und Weichteilen (Muskulatur, Fettgewebe, Haut, ...) ist, um so länger ist eine Entlastung und Ruhigstellung des Knochens und seiner anliegenden Gelenke nötig. Es kommt somit zu einer beträchtlichen Verminderung der Muskelkraft und zumeist auch zu einer erhöhten Schwellungsneigung. Das Geheimnis des Erfolges bei solch einer Verletzung ist es, die Zeit während der Ruhigstellung aktiv zu nutzen. Bereits in den ersten Tagen kann man mit einfachen Spannungsübungen im Gips beginnen. Krallen Sie zum Beispiel die Zehen fest ein. Wichtig ist es, die Spannung jeweils für mindestens drei Atemzüge zu halten. Danach strecken Sie die Zehen fest nach oben, drücken Sie das Bein fest nach hinten in die Unterlage. Nun heben Sie das Bein knapp über die Decke hoch und führen es langsam zur Mitte und seitlich weg. Nach dieser Übung beginnen Sie wieder mit dem Zehenkrallen. Wiederholen Sie diesen Übungszyklus jede Stunde. Atmen Sie während der Übungen ruhig und gleichmäßig. Ähnliche Übungen können Sie auch bei Verletzungen des Oberarms machen. Das erlaubte Ausmaß der Belastung ist immer individuell festzulegen. Die muskuläre Elektrostimulation ist eine Möglichkeit, dem Muskelschwund entgegenzuwirken, wenn die erlaubten Aktivitäten nicht ausreichen. Diese Muskelstimulation sollte zumindest täglich eine halbe Stunde, besser zweimal eine Stunde dauern. Heute gibt es bereits moderne kleine Heimgeräte für diese Therapie. Beachten Sie jedoch, dass diese im Allgemeinen etwas schwächer als große Geräte sind. Durch Segmenttherapiemassage kann der Stoffwechsel im Bein oder im Arm verbessert werden, ohne im verletzten Gebiet arbeiten zu müssen. Diese hilft nicht nur für eine bessere Durchblutung, sondern vermindert auch das Infektionsrisiko im Wundgebiet. Nach der Gipsabnahme sollten Sie danach trachten, dass Sie Muskulatur, Beweglichkeit sowie Koordination und Ausdauer rasch wieder erlangen, um sich eventuelle andere Schädigungen bzw. neue Verletzungen zu ersparen.

Natürlich gilt generell begleitend so früh als möglich den Kreislauf und die Lungenfunktion in Schwung zu bringen und Bewegungsübungen der Gelenke, die durch den Gips nicht ruhiggestellt sind, schon im Liegen durchzuführen. Wichtig ist es, dass Muskelschwund, Verklebungen der Gelenkskapseln und verkürzte Sehnen nicht zu einer dauerhaften Bewegungseinschränkung führen. Ebenso können Schwellungen am Weg zur normalen Funktion der Gelenke recht hinderlich sein. Dementsprechend notwendig ist es, die Nachbehandlung so früh wie möglich zu beginnen. Die herkömmlichen Krankenhausstützstrümpfe sind für eine effektive Kompression zur Therapie von Schwellungen meist unzureichend. Neben manueller Lymphdrainage kann man hier mit Akupunktur sehr positiv arbeiten. Insbesondere der Milz-Pankreasmeridian ist bei Schwellungen von Bedeutung. (Meridiane sind Energiebahnen, die den menschlichen Körper durchziehen.) Er zieht entlang der Großzehe und dem Innenrand des Fußes an Unter- und Oberschenkelinnenseite nach oben zur Leiste. Dies entspricht auch dem Verlauf der Lymphgefäße. Diesen Meridian sollten Sie täglich zumindest 100 Mal sanft ausstreichen. Zusätzlich sollten Sie den Punkt MP 6 vier Querfinger über der Spitze des Innenknöchels am Hinterrand des Schienbeins massieren.

Stufenweise müssen Maßnahmen zur Vergrößerung des Bewegungsumfanges und zur Kräftigung der Muskulatur gesetzt werden. Bevor Sie mit Ihrem Training beginnen, massieren Sie die ruhiggestellten Gelenke. Eine chinesische Salbe oder eine Muskelsalbe eignet sich dafür gut. Reiben Sie mit kreisenden Bewegungen von unterhalb des Gelenkes nach oben. Wenn ein Punkt schmerzt, so vibrieren Sie auf ihm für ein bis zwei Minuten mit ihrem Daumen oder Zeigefinger. Wenn sich das Gelenk von der Massage angenehm warm anfühlt, so beginnen Sie das Gelenk locker zu bewegen. Unterstützen Sie diese Bewegung zum Beispiel im Sprunggelenk dadurch, dass Sie mit einem Handtuch den Vorfuß nach oben ziehen oder mit dem zweiten Fuß den Vorfuß sanft nach unten drücken. Wenn Sie in der Beugung oder Streckung am Ende des Bewegungsumfangs angelangt sind, verharren Sie dort für zwei bis drei Atemzüge. Im Kniegelenk kann die Unterstützung durch die Hände erfolgen. Im Schwimmbecken lässt es sich besonders gut arbeiten. Durch die Gewichtsentlastung kann gut am Gangbild, am Bewegungsumfang, aber auch kräftigend gearbeitet werden. Einfache Kräftigungsübungen lassen sich mit elastischen Bändern oder im Krafttrainingsraum umsetzen. Physiotherapeuten können Ihnen individuell abgestimmte Übungen zeigen. Selbst im Stehen können Sie die Muskulatur der Unterschenkel trainieren. Gehen Sie langsam in den Zehenstand, verbleiben Sie kurz auf den Zehenspitzen und senken Sie wieder die Fersen. Da diese Übung auch Ihre Koordination fordert, stellen Sie sich zur Sicherheit zwei Sessel zur Seite, um sich bei Bedarf abstützen zu können. Wenn Ihnen diese Übungen keine Probleme mehr bereiten, so üben Sie auf einem Bein stehend.

Die Hautpflege nach der Gipsabnahme insbesondere bei Hautverletzungen ist wichtig. Neben verschiedensten Salben zur Verbesserung der Wundheilung – die Ringelblumensalbe ist hierfür noch immer ein guter Tipp – können Bürstenmassagen zur Verbesserung des Hautstoffwechsels durchgeführt werden. Für Letztere sollte die Haut intakt sein und keine Krusten oder Verklebungen aufzeigen. Eine Naturhaarbürste oder ein Sisalhandschuh eignet sich hierfür sehr gut. Im Spital sind beide wegen potenzieller Hygienerisiken untersagt. Keine Sorge, zu Hause ist das Risiko von Zweitinfektionen praktisch null. Viel größer ist das Risiko einer Thrombose, also eines Gefäßverschlusses durch Inaktivität. Jede Rötung oder Schwellung am Bein ist ein Alarmzeichen. Regelmäßige Bewegung und schwellungsreduzierende Maßnahmen helfen solche Veränderungen zu vermeiden. Buchweizentee wirkt stabilisierend auf die Gefäßwände. Zinnkrautwickel sind ebenso ein altes Hausmittel zur Kräftigung des Bindegewebes wie Gerste und Hirse. Hinsichtlich der Ernährung sollten Sie generell bei einem Knochenbruch auf eine sehr ausgewogene, nicht zu üppige Zusammenstellung der Speisen achten. Eine Studie aus Minneapolis/USA hat ergeben, dass erniedrigte Hämoglobinwerte das durchschnittliche Risiko für eine schlechte Frakturheilung um 35 Prozent erhöhen. Bei anämischen Rauchern stieg diese Gefahr sogar auf 52% an. Achten Sie daher auf eine ausreichende Zufuhr von Eisen, aber auch auf eine verminderte Aufnahme durch die Tannine des Kaffees und schwarzen Tees oder Phosphate und Oxalate. Indirekt kann übrigens auch der Verzehr von roten Rüben durch das darin enthaltene Eisen und damit durch eine verbesserte Sauerstoffbindungskapazität zur Knochenheilung beitragen.

Das Kniegelenk, ein mechanisches Wunder

Das Kniegelenk ist ein hochkomplexes Gelenk, das rein durch seine knöcherne Struktur keine Stabilität besitzt. Erst Bänder, Menisci und Muskulatur geben ihm seine Stabilität.

Dabei gehören Knorpelverletzungen des Meniskus, des „Stoßdämpfers" des Knies, noch immer zu den großen Herausforderungen der Medizin. Hat man vor dreißig Jahren den verletzten Knorpel generell entfernt, so versucht man heute diese wichtige Gleitschichte unserer Gelenke zu erhalten. Anatomisch gesehen besteht der Gelenksknorpel aus mehreren Schichten. Die Zellen werden einerseits von der Gelenksflüssigkeit ernährt, andererseits vom Knochen und dessen Blutgefäßen. Der Knorpel selbst besitzt keine Gefäße. Dies macht seine Regeneration auch so schwierig. An der Fixationsstelle des Knorpels am Knochen strahlen die Knorpelfasern in den Knochen ein. Damit kann der Knorpel nur mit Gewalt vom Knochen gelöst werden. Die Knorpelzellen selbst sind dicke runde Zellen, die in einem Geflecht von Kollagenfasern liegen, das sie umgibt. Diese dreidimensionale Konstruktion gibt jene Stabilität, die der Knorpel braucht, um als Stoßdämpfer fungieren zu können. Ändert sich diese dreidimensionale Raumsituation z.B. durch mechanische Abnützung, Alterung, chemische Schädigung, Gelenksinfektion etc., so stellen die Knorpelzellen ihren Stoffwechsel ein. Sie verändern sich zu Bindegewebszellen und sterben ab. Am besten ist es daher, Knorpelschäden zu vermeiden. Hierfür gibt es ein paar Grundsätze.

Erstens, die achsengerechte Belastung des Gelenkes. Was bedeutet das? Nun, wenn Sie wählen können, sollten Sie in Ihren Bewegungsablauf so wenige „Winkel“ wie möglich einbauen. Also möglichst aufrecht und zentriert stehen. Je mehr Sie sich krümmen, umso schwieriger können Sie die Belastung gleichmäßig auf Ihr Gelenk verteilen.

Zweitens: Konstante Druckbelastungen sollten vermieden werden. Knien – gleich ob bei Hausarbeit oder beim Bodenverlegen – ist mit einer Beugung des Kniegelenks über neunzig Grad verbunden. Dies bedeutet, dass ein maximaler Druck auf den Gelenksknorpel entsteht und damit der Knorpelstoffwechsel vermindert wird. Die Folgen sind vorzeitige Alterung der Knorpelzellen. Aber auch langes Stehen auf einem Bein kann derartige Überlastungen hervorrufen. Wenn es einmal doch nicht zu vermeiden ist, so können Sie ein bisschen gegensteuern. Bewegen Sie regelmäßig die Beine locker durch – kreisen Sie zehnmal im Sprunggelenk, im Kniegelenk und in der Hüfte. Danach lassen Sie das Becken locker schwingen – am besten gleich in Form eines Achters. Natürlich gilt Gleiches für die Hände und Arme, wenngleich dort – die Finger ausgenommen – wesentlich seltener Abnützungen auftreten. Regelmäßige Bewegung – in vernünftigem Maße – ist das Ziel! Leider sehen wir fast gleich oft Schäden, die aufgrund falscher Bewegung entstanden sind, wie Schäden, deren Ursache mangelnde Bewegung ist. Dabei ist gerade die Phase des Übergangs vom Nichtstun zur Aktivität kritisch. Wenn Sie jahrelang keinen regelmäßigen Sport gemacht haben, immer Lift und Auto benutzt haben, anstatt drei Stockwerke zu gehen, dann ist nicht nur Ihre Muskulatur untrainiert, dann ist auch Ihr Knorpel keine Belastung mehr gewohnt. Auch wenn Sie einen Meniskusschaden bereits erlitten haben, gilt es, langsam neuerlich mit Bewegung zu starten, denn Bewegung nährt die Gelenke! Am besten starten Sie mit einem Intervalltraining (Gehen mit unterschiedlichem Tempo oder ein Stück laufen, ein Stück gehen) oder am Heimrad, wo Sie die Belastung gut steuern können. Dauer und Intensität der Belastung sollten Sie zu Beginn bei regelmäßigem Training (3–4 Mal/Woche) nur alle zwei Wochen steigern. Natürlich gelten alle zuvor genannten Empfehlungen zum präventiven Schutz des Knorpels erst recht nach Verletzungen. Zum Beispiel sollte beim Radfahren, das sonst eine optimale erste Trainingsform nach Meniskusschäden ist, unbedingt darauf geachtet werden, dass das Knie nicht über neunzig Grad gebeugt wird. Sollte eine arthroskopische Glättung durchgeführt worden sein, so wird Ihr Arzt einen langsamen Belastungsaufbau vorschreiben. In diesem Fall kann es auch sein, dass das Gelenk in der ersten Zeit nach der Operation relativ leicht anschwillt. Kältepackungen, kalte Güsse, Massagen und Kompression – eventuell mit einem Kompressionsstrumpf, den Sie beim Bandagisten oder in der Apotheke meterweise kaufen können – sind dabei sehr hilfreich. Bei Seiten- und Kreuzbandverletzungen kann es sekundär zu Knorpelschädigungen kommen, wenn das Gelenk über die Stabilitätsgrenzen hinaus belastet wird. Diese schweren Knieverletzungen müssen deshalb in der Regel operativ versorgt werden, um wieder eine bestmögliche Funktion herzustellen. Dabei ist oberstes Gebot die „Wiederherstellung“ der regulären Anatomie. Sollte im Zuge der Zerreißung der Bänder auch der Meniskus gerissen sein, so sollte er unbedingt erhaltend operiert werden. Bei Bandverletzungen sollte man am besten binnen zwei bis drei Tagen operieren. Danach schrumpfen die Bandstümpfe und es kann eine Bandplastik notwendig werden. In diesem Fall wird das Kreuzband durch ein Stück aus einer anderen Sehne (z.B. der Patellarsehne) ersetzt. Damit sind sofort wieder stabile Verhältnisse gegeben. Selten ist es notwendig und auch sinnvoll, das Seitenband zu operieren. Diese Operationen werden heute weitgehend „arthroskopisch“ durchgeführt. Die Naht des Seitenbandes muss durch einen eigenen Schnitt bewerkstelligt werden. Oft ist dies allerdings nicht notwendig, da die Bandanteile des Seitenbandes rasch verkleben und eine feste Narbe bilden. Sollte doch eine deutliche Lockerung übrig bleiben, kann diese noch durch eine später durchgeführte Operation behoben werden. Vor einer Operation kann das Ausmaß der Verletzung mit Magnetresonanztomografie sichtbar gemacht werden. Dies ist für die Wahl der weiteren Behandlung entscheidend. Bei einer operativ gut versorgten Kreuzbandverletzung ist im Rahmen der Rehabilitation die wichtigste Aufgabe die Kräftigung der Muskulatur. Diese kann bereits in den ersten Tagen nach der Operation, nach Abklingen der Schmerzen erfolgen. Wenn im Zuge des Traumas keine zusätzliche Schädigung des Kapselbandapparates erfolgt ist, sind die postoperativen Schmerzen recht gering. Primär sind Schmerzen von der postoperativen Schwellung zu erwarten. Kühle Umschläge und lockere Bewegungen – in den ersten Tagen mit Unterstützung einer Motorschiene, später am Heimtrainer im Leerlauf – helfen diese Schwellungen rasch abzubauen. Zusätzlich helfen diese lockeren Bewegungen den vollen Bewegungsumfang rasch wiederzuerlangen. In den ersten Tagen sollte zumindest ein Ausmaß von neunzig Grad Beugung wiedererlangt werden. Der endgültige Umfang des Gelenksspieles ist abhängig von den Möglichkeiten vor dem Kreuzbandriss und der Spannung des Kreuzbandes, die der Operateur festgelegt hat. Für den Alltag ist ein Bewegungsausmaß von 110 Grad ausreichend. Kräftigungsübungen der Beinmuskulatur können und müssen rasch in die Rehabilitation eingebaut werden – *allerdings* nicht gleich wie bei einem Bodybuilder. Ein einfaches breites Gymnastikband ist hierfür absolut ausreichend. Die Elastizität des Bandes und somit der Widerstand bei den Übungen muss der muskulären Kraft angepasst werden. Wenn es um die Kraft der Kniestabilisatoren geht, denken die meisten Menschen lediglich an das Beugen und Strecken des Knies nach vorne und hinten. Ganz wesentlich ist es jedoch auch, die seitlichen Muskelpartien einzubinden. Am besten stellt man zu Beginn das im Sitzen aufgestellte Bein auf ein Handtuch und rutscht gerade und seitlich vor und zurück. In weiterer Folge können auch Übungen im Stehen eingebunden werden. Zu guter Letzt muss unser aller Wegbegleiter, die Koordination, wieder eingebunden werden. Schlecht ausgebildete koordinative Fähigkeiten der Beinmuskulatur sind nicht allzu selten für Stürze verantwortlich. Übrigens, überprüfen Sie doch einmal Ihre Koordination – stellen Sie sich hüftbreit hin, heben Sie ein Bein, schließen Sie die Augen und kreisen Sie mit dem Bein langsam in der Luft. Können Sie dies mit stabilem Stand machen oder wackeln Sie durch die Gegend? Letzteres? Dann ist es Zeit, jetzt – bevor Sie einen Kreuzbandriss erleiden – bereits etwas für Ihre Koordination zu tun! Machen Sie diese Übung einfach mehrmahls täglich und Sie werden davon profitieren!

Die Elastizität des Knorpels wird unter anderem durch Kieselsäure begünstigt. In der Heilungsphase ist diese daher besonders wichtig. Gerste und vor allem Hirse gehören zu den Kieselsäurelieferanten Nummer eins. Geschälte Hirse weist noch immer viermal so viel Kieselsäure auf wie beispielsweise geschälter Weizen. Im Alter nimmt der Kieselsäureanteil im Gewebe ab, weswegen es gut ist, Kieselsäure mit der Nahrung ergänzend zuführen, um die Elastizität der Zellen zu gewährleisten. Ausgezeichnet schmeckende Hirseprodukte helfen dabei.

Ein *einfaches Hirse-Grundrezept (für 4 Personen)* können Sie mit einer Schale Hirse, zwei Schalen Wasser oder Gemüsesud, einigen Wacholderbeeren, Lorbeerblatt, etwas Majoran, Liebstöckel, Basilikum und Meersalz bereiten. Die Hirse wird zweimal warm gewaschen, damit sie nicht bitter schmeckt. Die Hirse in die kochende Flüssigkeit mit den Gewürzen einrühren, salzen, einige Male kurz aufkochen lassen und dann zudecken. Bei mäßiger Hitze im Rohr eine Stunde dünsten lassen. Über die fertige Hirse einen Esslöffel naturbelassenes Öl oder Butter bzw. geriebenen Käse geben. Mit diesem Grundrezept können Sie viele weitere Variationen sowohl pikant wie auch süß probieren. Natürlich ersetzt die forcierte Aufnahme von Kieselsäure nicht das nötige Trainingsprogramm.

Wer trägt uns den ganzen Tag durch unser Leben? Die Füße!

Ein Gelenk, das durch seine Vielgliedrigkeit dem Kniegelenk an Komplexität nicht nachsteht, ist das Sprunggelenk. Die Verletzungen des Sprunggelenkes sind meist Bandverletzungen. Die Sprunggelenksverletzungen werden in ihrer Bedeutung sehr oft unterschätzt. Nach dem Unfall überknöchelt man anfangs alle paar Wochen. Ohne dass es auffällt, werden die Intervalle des „Verknöchelns" stetig kürzer. Woran dies liegt? Einerseits kann es sein, dass sich die gezerrten Bänder nicht einfach so leicht straffen, wie wir es gerne hätten. Andererseits gehen bei jeder Verletzung Nervenrezeptoren kaputt, die die Stellung des Gelenkes im Raum dem Gehirn rückmelden. Dieses veranlasst dann die nötigen Korrekturen der Muskelspannung. Einwandfreie kurzfristige Informationen unserer Nerven sind hierfür unabdingbar. Bedenkt man gleichzeitig, dass die Sprunggelenke – jedes für sich – rund 50% unseres Körpergewichtes tragen, so wird die Bedeutung einer guten Stabilität und der regelmäßigen Neubalancierung der Belastung deutlich. Die Folgen der wiederholten Traumen reichen von mittelfristiger Instabilität bis hin zu sekundären schweren Verletzungen. Darum ist eine frühzeitige intensive Rehabilitation wichtig! Bei Bandverletzungen des Sprunggelenkes gilt: Je früher Kältetherapie und Lymphdrainagen einsetzen, umso besser ist die Wundheilung. Das lockere Bewegen im schmerzfreien Bewegungsumfang sollte möglichst rasch begonnen werden. Interferenzstromtherapie kann bei der Schmerzreduktion wertvolle Hilfe leisten. Die Sprunggelenksstützbandagen stellen eine Verstärkung des propriorezeptiven Reizes dar. Unterstützend können Sie zur Schwellungsreduktion eingesetzt werden. Ein elastischer, straff sitzender Strumpf kann hierfür genauso dienlich sein. Zum Erlangen einer möglichst gleichmäßigen Druckverteilung ist es zielführend, den Innen- und Außenknöchel mit Schaumgummi zu polstern. Nur weil die Belastung nicht mehr schmerzt, ist die Rehabilitation der Verletzung noch nicht beendet.

Ein konsequenter Aufbau der Gang- und Trittsicherheit ist daher ab der ersten Stunde anzustreben. Wie weit Sie Ihre Belastbarkeit bereits wiedererlangt haben, können Sie rasch vor dem Spiegel überprüfen. Stellen Sie sich vor einen Spiegel und machen Sie halbe Kniebeugen (Knie maximal 80° gebeugt) – bleiben Ihre Sprunggelenke und Fersen am gleichen Ort oder wackeln Sie, wie wenn Sie auf einem Kiesweg stehen würden? Stehen Sie fest und sicher, so machen Sie die gleiche Übung im Einbeinstand. Sie haben einen ebenso festen Stand? Super, Ihnen kann nichts passieren. Je wackeliger das Ganze ist, um so mehr ist es an der Zeit, ein konsequentes Training zu beginnen. Balancieren Sie auf einer Wippe (ein Holzbrett auf eine verschlossene leere PET-Flasche gelegt, ersetzt professionelle Geräte). Sobald Sie dabei sicher sind, legen Sie unter das Brett statt einer PET-Flasche einen alten Ball. Nützen Sie auch die Möglichkeiten freier Natur – gehen Sie über Sandwege und Wiesen. Zu Beginn sollten Sie möglichst eben gehen, später bergauf. Erst ganz am Ende dürfen Sie bergabgehen. Dieses stellt nämlich die größte Belastung für Ihre Beine dar. Ihr gesamtes Körpergewicht wird nämlich zu einer einzigen Schubkraft, die Ihre Beinmuskulatur abfangen können muss. Nur eine kräftige, gut koordinierte Beinmuskulatur kann Überlastungsschäden durch vorzeitige Ermüdung vermeiden helfen.

Überlastungen der Füße werden häufig durch statische Schäden – Spreiz-, Senk- und Plattfüße – hervorgerufen. Neben Druckstellen können auch Blasen oder Verformungen der Zehen und Füße die Folge sein.

Spreizfuß, Hammerzehe und Frostballen

Die Fußwurzel- und Mittelfußknochen bilden zusammen mit den Zehengrundgelenken ein inneres und äußeres Längs- und Quergewölbe. Kräftige Bänder und Muskeln halten diese auch bei großer Belastung in ihrer Lage. Verlieren diese durch falsches Schuhwerk oder mangelnde Bewegung ihre Spannung, senken sich die Gewölbe, die Statik verändert sich. Senk- und Spreizfuß, später oft auch Hallux valgus (Frostballen) und Hammerzehen sind die Folge. Wenn die Hauptbelastung des Fußes von Ferse und Großzehenballen auf den zweiten bis vierten Mittelfußknochen verlagert wird, so rücken die randständigen Knochen nach außen und verbreitern somit den Fuß. Dies passiert beim Gehen am Vorfuß ebenso wie bei hohen Absätzen. Schmerzen treten besonders beim Gehen und Stehen auf und lassen in Ruhestellung nach. Durch ständige Absenkung des Fußquergewölbes kommt es zu den verschieden Fußproblemen. Eine dauerhafte Aufrichtung eines eingesunkenen Quergewölbes ist in der Regel weder mit konservativen noch mit operativen Maßnahmen zu erreichen. Zur Behandlung eignet sich die Entlastung der Druckstellen über eine Spreizfußeinlage. Das Meiden zu enger und zu hoher Schuhe und regelmäßige Fußgymnastik und Fußmassagen sind ein wesentlicher Baustein der Therapie. Bei schmerzhaften entzündlichen Reizzuständen sind Wechselbäder, entzündungshemmende Salben und Spezialverbände sinnvoll. *Fußgymnastik* ist aber auch die einfachste Möglichkeit, statischen Schäden vorzubeugen.

Greifen Sie mit Ihren Zehen eine Socke, ein Tuch oder einen Bleistift. Heben Sie diesen hoch und lassen Sie ihn dann durch Strecken der Zehen fallen, stellen Sie den Fuß ab und üben Sie mit dem anderen Fuß. Wiederholen Sie die Übungen drei- bis viermal. Nun haben Sie Ihre Sohlenmuskulatur aktiviert und durchblutet, sodass sie auch Ihr Körpergewicht leichter trägt. Stehen Sie jetzt auf und versuchen Sie ein paar Schritte am Fußaußenrand zu gehen. Dabei krallen Sie die Zehen fest an, damit die ganze Fußsohlenmuskulatur angespannt wird. Danach gehen Sie einige Schritte abwechselnd im Zehen- und Fersengang. Dazu brauchen Sie kaum mehr als drei Minuten, aber Sie werden sich viel besser fühlen. Machen Sie diese Übungen zwei- bis dreimal täglich und Ihren Füßen wird es viel besser gehen.

Durch Verkürzung der Sehnen kommt es zu Hammer- oder Krallenzehen, an der Großzehe zum Frostballen. Es ist hier nützlich, wenn Sie die Sehnen der Zehen immer wieder mit einer Fußmassage lockern. Legen Sie eine Hand auf den Fußrücken und die Zehen, die zweite Hand ballen Sie zur Faust und streichen nun 4–5 Mal mit den Fingerknöcheln von den Zehen über die Sohle bis zur Ferse. Richtig durchrollen – der Druck sollte durchaus fest sein, damit alle Ablagerungen der Sohlenmuskulatur mobilisiert und abtransportiert werden. Beginnen Sie nun mit der Massage der Zehen mit Daumen und Zeigefinger leicht knetend und ziehend immer von der Zehenbasis zur Zehenspitze. Bei der kleinen Zehe anfangen. Bei der Großzehe müssen Sie mehr Mühe aufwenden und exakt vom Großzehenballen oben und unten, innen und außen gut durcharbeiten. Dabei sollten Sie darauf achten, dass die Großzehe immer zum gegenüberliegenden Fuß gezogen wird. Nach der Massage wird jede Zehe an der Spitze gefasst, kreisend gezogen und gedehnt. Dies mobilisiert die Gelenke. Nehmen Sie nun den Fuß in beide Hände und formen Sie das Quergewölbe, indem Sie beide Daumen in die Mitte der Fußsohle legen und den Vorfuß darüber dehnen. Massieren Sie mit kreisenden Bewegungen die Fußsohle vom Zehenballen bis zur Ferse in mehreren Bahnen vom Innengewölbe bis zum Fußaußenrand intensiv durch. Zum Abschluss bewegen Sie nochmals mit beiden Händen den Fuß durch und streichen von der Zehenspitze bis zum Knie aus. Die Fußmassage können Sie mit Kampferöl und einigen Tropfen Rosmarinöl unterstützen. Vor allem die Fußballer und Läufer können ein Leidenslied über den Hallux rigidus, die Einsteifung der Großzehe, als Folge wiederholter kleinster Verletzungen singen. Diese führen zu einer rascheren Abnützung dieses ohnehin sehr belasteten Gelenkes. Die Kapsel schrumpft und Knochen lagert sich an den Rändern des Gelenkes an. Dadurch wird die Beweglichkeit immer weiter eingeschränkt. Es entsteht eine Arthrose. Im Anfangsstadium kann durch entsprechende Massagen und Dehnungen Erleichterung erzielt werden. Manchmal muss arthroskopisch therapiert werden. Dabei wird, wie bei der Spiegelung des Kniegelenkes, nur mit wesentlich kleineren Instrumenten vorgegangen. Bei weit fortgeschrittenen Fällen ist diese Form der Operation nicht mehr ausreichend. Manchmal ist ein kompletter Verlust der Beweglichkeit der Großzehe nicht mehr zu verhindern. Dadurch ist Schmerzfreiheit möglich, der Funktionsverlust ist notfalls kompensierbar. Trotzdem sollte die endgültige Versteifung des Gelenkes an letzter Stelle der Behandlungsmöglichkeiten stehen.

Eine Entlastung des Gelenkes in der Akutphase kann mittels Tapeverband erzielt werden. Dieser Verband kann einerseits das Quergewölbe unterstützen, gleichzeitig kann durch verschiedene Polstermaterialien eine Entlastung ermöglicht werden. Die Massage mit Eis reduziert die Schwellung und Schmerz. Birkenrindenbäder können zur Schmerzreduktion eingesetzt werden. Die Birkenrinde wird zuerst eine Stunde kalt angesetzt und dann 20 Minuten gekocht. Den Extrakt setzt man einem Fußbad zu. Die Füße badet man 20 Minuten in diesem Absud. Am besten geschieht dieses Bad abends, da die Beine nachruhen sollten. Eine sanfte Spreizfußmassage kann, sobald die Akutphase abgeklungen ist, die Schmerzen lindern.

Der Bewegungsumfang der Zehe ist klein, dennoch ermöglicht er ein rundes weiches Gangbild. Fehlt dieser, so kommt es zu Fehlbelastungen des gesamten Fuß. Selbst Kreuzschmerzen können Folgeerscheinungen dieser „Banalität“ sein. Eine Einlage aus leichtem Kunststoff, eventuell mit einer Abrollwiege, kann hier helfen. Daher sollten Sie möglichst bei den ersten Zeichen einer Gelenksabnützung – den Vorboten der Einsteifung – mit der Therapie beginnen. Aus der Homöopathie können Zeel-Präparate als Komplexmittel unterstützend eingesetzt werden.

Übrigens, wenn Ihre Sohlen oder Fußballen unterwegs in den Bergen zu brennen beginnen, kann eine Auflage mit Huflattichblättern schon nach kurzer Zeit Linderung bringen. Schwielen und Blasen beugen Sie am besten durch gutes Schuhwerk vor. Funkelnagelneue Schuhen sollten Sie jedoch keinesfalls das erste Mal anziehen, wenn Sie den ganzen Tag unterwegs sind. Dort, wo Schuhe zu drücken drohen (Frostballen, Nähte, ...), kleben Sie einfach einen Tapestreifen auf die Haut. Das mindert die Reibung. Eine gute Fußcreme, ein entspannendes Fußbad mindert so manches Fußproblem. Vor Wanderungen sollten Sie allerdings lange Fußbäder meiden, da Sie sonst leichter Blasen bekommen. Lange Zehennägel können bei langen Märschen zu Blutergüssen unter den Zehennägeln führen.

So klein und so viel Weh – Fingerpolyarthrosen

Leiden die Füße vor allem unter statischen Fehlbelastungen, so sind es bei den Händen eher chronische Überlastungen der Gelenke durch wiederholende Bewegungen (Schreiben auf der Computertastatur, Pipettieren, gehäufte Nutzung von Scheren, ...). Die Patienten klagen über kälteabhängige Schmerzen in den Fingergelenken sowie eine Morgensteifigkeit von wenigen Minuten, die sich durch Bewegung rasch bessert. Eine Einschränkung der feinmotorischen Fähigkeiten kommt im Laufe der Erkrankung hinzu. Die Hände werden zunehmend plumper, das Relief vergröbert sich. Extreme Achsenfehlstellungen treten jedoch nicht auf. Typischerweise sind überwiegend Frauen nach dem Wechsel betroffen. Zumeist reichen als Behandlung physikalische Maßnahmen aus: Kälteschutz der betroffenen Gelenke sowie morgendliche lauwarme Handbäder lindern den Schmerz. Regelmäßige Fingergelenksgymnastik ist sinnvoll, um einer fortschreitenden Versteifung der Gelenke vorzubeugen. Sind die Hände in der kalten Jahreszeit öfter klamm, so kann ein Paraffinhandbad Erleichterung bringen. Besorgen Sie sich in der Apotheke oder Drogerie 700 g festes Paraffin und 300 g flüssiges Paraffin. Schmelzen Sie beides gemeinsam im Wasserbad ein. Es entsteht ein zähflüssiger Brei. Seine Temperatur sollte nicht über 42 Grad Celsius liegen. Wenn die Masse auf diese Temperatur erwärmt ist, tauchen Sie beide Hände dreimal in den flüssigen Brei ein. Danach stecken Sie die Hände am besten in ein Plastiksackerl und lassen das Paraffin entspannt 20 Minuten einwirken. Danach ziehen Sie das Paraffin von Ihren Händen ab und geben es in den Topf zurück. Das Paraffin können Sie mehrmals verwenden. Die angenehme Wärme erleichtert jegliche Schmerzen, die Beweglichkeit der Finger verbessert sich. Da die Haut seidig glatt wird, wird dieses Bad mit Geruchszusätzen auch gerne in Beautyabteilungen verwendet. Für ein Training der Handmuskulatur eignen sich bei Fingerpolyarthrosen Qi Gongkugeln oder größere Wutbälle.

„Tennisellbogen" – Ich habe doch nie Tennis gespielt!

Das Ellbogengelenk ist vergleichsweise ein solides, belastungsfähiges Gelenk. Seine Schwachstelle ist die Muskulatur, die zum Handgelenk zieht. Ein langer Tag mit viel handwerklicher Tätigkeit oder eben ein intensives langes Tennismatch kann die Sehnenansätze dieser Muskeln überlasten. Zunehmende Schmerzen im Bereich des äußeren Gelenksknorren (das sind die seitlichen äußersten Punkte des Ellbogens), Verstärkung der Beschwerden durch das Anheben einer vollen Tasse („coffee-cup-Test") machen die Diagnose „Tennisellbogen" ziemlich wahrscheinlich. Die Streckmuskulatur am Unterarm setzt knapp oberhalb des Ellenbogens an der Außenseite des Oberarmknochens an. Durch chronische Über- oder Fehlbelastung entsteht am Ansatzpunkt eine Entzündung. Sehr oft ist diese Reaktion nichts anderes als der Endpunkt einer Verkettung von Problemen, die in der Halswirbelsäule beginnen und sich dann eben in Schmerzen am Ende der Bewegungskette äußern. Das heißt, der Tennisellbogen ist keine Akutverletzung, sondern ein Überlastungssyndrom. Auch wenn dieser Schmerzzustand Tennisellbogen genannt wird, haben Top-Tennisspieler dieses Problem kaum. Manchmal kommen die Schmerzen auch langsam und schleichend und nehmen dann ständig zu, bis plötzlich das Gewicht einer Tasse beim Heben zu massiven Schmerzen und Kraftverlust führt.

Infiltrationen mit Cortison bringen kurzfristig eine Erleichterung. Wird die Ursache der falschen Belastung nicht behoben, so kommt es zur Chronifizierung, das heißt zu einer dauerhaften Erkrankung. Physikalische Therapie, verschiedene manualtherapeutische Techniken sowie chinesische Massagen haben sich beim Tennisellbogen besonders bewährt. Eine Eismassage hilft den Akutschmerz während der Therapie zu mildern. Entzündungshemmende Salbenverbände oder Topfenwickel lindern während des Schlafes die lokalen Schmerzen. Tapeverbände können vorübergehend zur Entlastung des Sehnenansatzes eingesetzt werden. Zur Kräftigung der Nackenmuskulatur – eines häufig schwachen Gliedes in der Ursachenkette – werden Dehnungsübungen und Kräftigungsübungen eingesetzt. Eine Unterwasserextension hilft bei der Lockerung von Verspannungen der Nackenmuskulatur und entlastet die Bandscheiben. Lediglich für den Fall, dass diese Therapie keinen Erfolg gebracht hat oder man in der Magnetresonanzuntersuchung reichlich kaputtes Gewebe am Knochenansatz gefunden hat oder Schleimhaut in das Gelenk eingeklemmt ist, muss eine Operation erfolgen. Dabei wird in einem kleinen Eingriff das Gewebe entfernt und die Nerven rund um den Ansatz durchtrennt. Eine genaue Analyse der Alltagstätigkeiten ist zur Vorbeugung gegen einen Rückfall sinnvoll. Legen Sie Ihren Finger an den Außenrand des Ellbogens und spielen Sie mit Ihren Fingern Klavier oder bedienen Sie eine Computermaus. Rasch werden Sie spüren, wie sehr Ihre Muskulatur aktiv ist und wie viel Kraft hinter den kleinsten Bewegungen stecken kann. Übrigens, vorwiegend basische Ernährung (z.B. Wurzelgemüse, ...) hilft bei der Schmerzreduktion. Bedenken Sie immer: Sehnenansätze zählen zu den am schlechtesten durchbluteten Geweben. Stoffwechselendprodukte werden daher dort am schwierigsten abgebaut. Sie brauchen also Geduld, denn hier eine Veränderung der Schmerzen herbeizuführen dauert leider lange.

Trotz Tennisellbogen wieder ans Netz ...

... dank Krafttraining und verbesserter Technik.

Im akuten Stadium behandelt man den Tennisellbogen – medizinisch auch als Insertionstendopathie des Ellbogens bezeichnet – zur Kontrolle von Schmerz und Entzündung wie eine akute Verletzung. Hierzu gehören Ruhigstellung, Hochlagerung, Eiskompressen und spezielle Formen von Antirheumatika (sogenannte topische NSAR wie Diclofenac). Zusätzlich können Akupunktur oder physikalische Therapiemaßnahmen wie Elektrostimulation, Ultraschall, Wärme oder Kälte eingesetzt werden, die die Patienten im Allgemeinen als angenehm empfinden und den Einstieg ins Übungsprogramm erleichtern. Wärme ist insbesondere vor Dehn- und Kräftigungsübungen, Kälte dagegen, um Beschwerden nach anstrengender Belastung zu mindern, hilfreich. Mit der akuten Symptomlinderung ist es beim Tennisellbogen aber nicht getan. In einer zweiten Behandlungsstufe müssen die Patienten selbst aktiv werden. Der Schlüssel zur Stimulation liegt in einer zunehmenden kontrollierten Belastung. Das Trainingsprogramm sollte darauf ausgerichtet sein, gezielt die Beweglichkeit, Kraft und Ausdauer von Hand-, Ellbogen- und Schultergelenk sowie des Unterarms zu verbessern.

Die Dehnung der Handgelenksbeuger und -strecker bei gestrecktem Ellbogengelenk sollte mehrmals am Tag erfolgen. Die Unterarmmuskulatur kann mit Gewichten bis maximal 5 kg trainiert werden, wobei Intensität und Gewichte langsam gesteigert werden. Vor exzentrischen Belastungen ist immer konzentrisch zu trainieren (siehe auch Seite 148). Auch die Fingerstrecker und -beuger (Faustschluss) müssen mit Hilfe eines Gummiballs trainiert werden. Ein allgemeines Kraft- und Koordinationstraining sollte aufgenommen werden. Den Schmerz kann man zur Kontrolle der Übungsintensität als Messhilfe dabei nützen: Alle Übungen sollten so lange ausgeführt werden, bis erste Schmerzanzeichen auftreten. Unwillkürlich versuchen Patienten manchmal, die verletzten Stellen zu schonen und durch besonderen Einsatz anderer zu ersetzen. So gleichen manche Tennisspieler eine schwächliche Schultermuskulatur durch die Unterarmmuskeln aus. Doch diese als schädliche Kompensationsmechanismen bezeichneten Ersatzbewegungen sollten möglichst unterbleiben.

Tritt der Tennisellbogen während eines Tennisspiels auf, so ist die Spieltechnik zu kontrollieren. Ein Rückhandschlag, der mit einer Bewegung des Handgelenks einhergeht, macht beispielsweise die Extensoren, also jene Muskeln, die für eine Streckung des Gelenks verantwortlich sind, empfindlicher für Überlastung. Zu wenig elastische Schläger, zu harte Bespannung, falsche Griffstärke oder auch drucklose, schwere oder nasse Tennisbälle verstärken die Symptome des Tennisarms. Leichtere Schläger und langsame Bodenbeläge wie Sand sind generell günstiger für betroffene Patienten. Als hilfreich hat sich auch das Tragen einer Orthese

(„Counterforce-bracing“, medizinisches Hilfsmittel, das am Arm befestigt wird) zur Entlastung der Sehnenansätze erwiesen. In therapieresistenten Fällen kann die Stoßwellentherapie eingesetzt werden. Bei einzelnen Patienten ist eine Operation die Ultima Ratio.

Schulterschmerzen – eine Qual

Das Heben des Armes kann aber auch in der Schulter beim Ballspielen oder beim Fensterputzen schmerzen. Dies beeinträchtigt die Lebensqualität erheblich. Es kann dadurch sogar zu massiven Schlafstörungen kommen. Die Ursache liegt im Wesentlichen in einer muskulären Dysbalance, einem muskulären Ungleichgewicht und degenerativen Veränderungen, die anlagebedingt sind oder im Zuge einer längeren krankhaften Schädigung auftreten. Oft liegt diesem Problem ein sogenanntes Impingementsyndrom oder eine Periarthritis Humeroscapularis zugrunde. Die Diagnose einer Periarthritis Humeroscapularis ist ein Überbegriff für verschiedene Erkrankungen im Umfeld des Schultergelenks. Erkrankungen an der Rotatorenmanschette (das ist eine Muskelgruppe, die den Oberarmknochenkopf in der Gelenkpfanne des Schulterblattes hält), Verkalkungen im Gelenksumfeld, Schleimbeutelreizung und Sehnenentzündungen sind die vielfachen Ursachen. Ein Impingementsyndrom ist hingegen eine durch ein starkes muskuläres Ungleichgewicht verursachte Verengung im Schultergelenk, bei welcher knöcherne Bestandteile aneinanderreiben und dazwischen Weichteile wie Sehnen und Schleimbeutel bis zur Entzündung und Zerstörung gequetscht werden. Die Folgen sind stets schmerzhafte Bewegungseinschränkungen am Schultergelenk. Ein teilweiser Riss der Rotatorenmanschette, insbesondere des „Musculus

Supraspinatus“ kann ebenso zu Schmerzen und Bewegungseinschränkungen führen. Wenn Sie eine Operation vermeiden wollen, müssen Sie rechtzeitig aktiv werden. Am besten ist es natürlich, die Schultermuskulatur durch regelmäßige Ausgleichsübungen im Gleichgewicht zu halten. Gelingt dies nicht, so kommt es zu Muskelverkürzungen, falschen Bewegungsmustern und Bewegungseinschränkungen. Erste Anzeichen des Schmerzes werden oft ignoriert, da sie einfach als „Alterungsprozess“ gesehen werden.

Was tun?

1. Kühle Packungen und Eis zur akuten Schmerzlinderung – gefrorene Erbsen können hier ebenso hilfreich sein wie Cryopacks in ein Geschirrtuch eingeschlagen oder Wassereis-Lollys, mit denen Sie die Schulter massieren können.
2. Bewegung der Schulter in entspannter Position – um sicherzustellen, dass die Schulter in der Bewegung nicht zu sehr eingeschränkt ist, legen Sie sich auf Ihrem Küchentisch auf den Bauch, lassen Sie den Oberarm locker pendeln, erst vor und zurück, danach locker kreisend. Wenn dies ohne wesentliche Schmerzen geht, so üben Sie auch täglich mehrmals im Stehen – verschränken Sie die Fingern und führen Sie beide Hände weit über den Kopf, gehen Sie entlang einer Wand mit den Fingern weit nach oben. Wenn der Akutschmerz eingedämmt ist, gewinnen Übungen zur Haltungskorrektur sowie zur Kräftigung des Schultergürtels zunehmend an Bedeutung.
3. Entzündungshemmende Medikamente, Salbenverbände mit Traumeel oder Arnica-Umschläge können die Schmerzen lindern helfen. In der Homöopathie wird bei Stauchung- oder Zerrungsschmerzen Symphytum (Beinwell) empfohlen. Beinwellumschläge (aus den Wurzeln zubereitet) können Sie lokal anwenden. Bei stechenden Schmerzen verwenden Sie besser Apis (Bienengift). Ihr Arzt wird Ihnen ev. Elektrotherapie, Heilgymnastik

oder Massagen verordnen. Wichtig ist es, auch bei erzielter Schmerzfreiheit die muskuläre Balance immer wieder ins Gleichgewicht zu bringen.

Neben muskulärer Kraft, Ausdauer und guten koordinativen Fähigkeiten sind muskuläre Gleichgewichte zum Beispiel zwischen Beugern und Streckern ein wesentlicher Bestandteil von Schmerzfreiheit und geringem Verschleiß des Bewegungsapparats. „Bewegung ist Leben, ohne Bewegung findet Leben nicht statt“ ist nicht bloß ein Postulat, es ist eine vielfach bewiesene Tatsache. Wenn Sie ein langes beschwerdefreies Leben führen wollen, sollten Sie daher Bewegung wie soeben beschrieben Platz in Ihrem Leben einräumen.

*Strebe nach Ruhe, aber durch das Gleichgewicht,
nicht durch den Stillstand deiner Tätigkeit.*

[Friedrich v. Schiller]

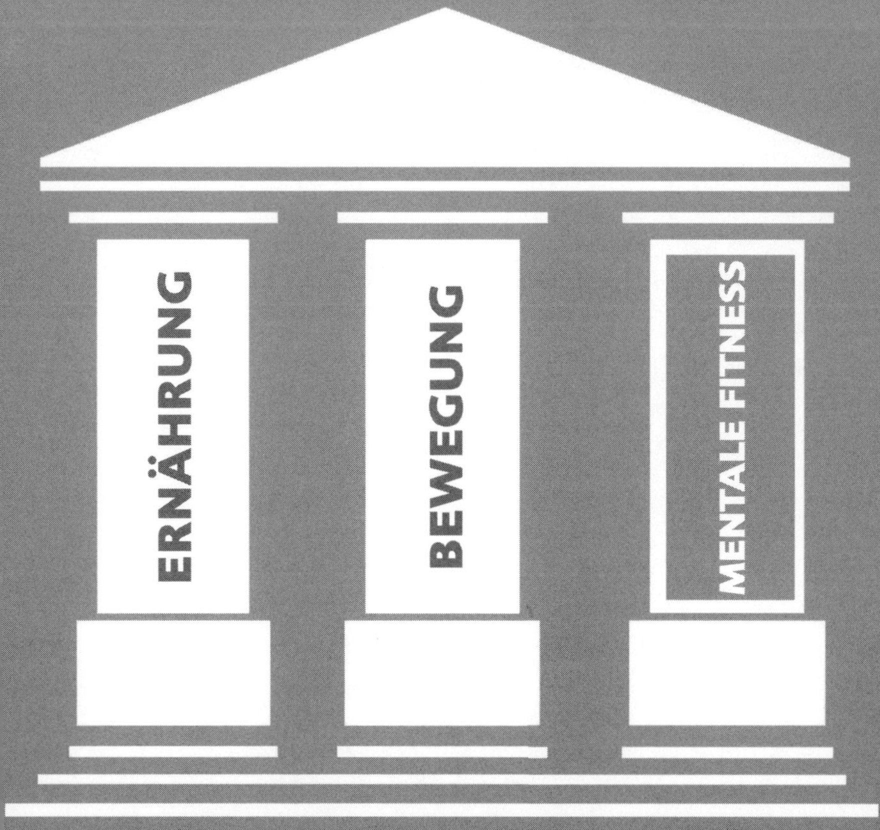

Mental fit, gesund und glücklich leben

Das Konzept der Salutogenese

„Hauptsache gesund“ heißt es oft, wenn Menschen gefragt werden, wie es ihnen geht. Über das Glück und über die Bedeutung der Gesundheit für unser Leben denken wir mit zunehmendem Alter immer häufiger nach. Doch was bedeutet eigentlich „Gesundheit“?

Der Medizinsoziologe Aaron Antonovsky definierte den Begriff der Salutogenese als ein Kontinuum mit den Polen Gesundheit und körperliches Wohlbefinden gegenüber Krankheit und körperlichem Missempfinden. Dabei ist weder absolute Gesundheit noch völlige Krankheit wirklich zu erreichen. Nach Antonovsky hat jeder Mensch, auch wenn er sich als gesund erlebt, auch kranke Anteile und Kranke immer auch noch „Teile“, die gesund sind. Die Frage, so Antonovsky, ist also nicht, ob jemand gesund oder krank ist, sondern wie nahe bzw. wie entfernt er von den Endpunkten Gesundheit und Krankheit jeweils ist.

Er sieht unser Leben als eine Wanderung entlang eines Flusses mit Gabelungen, die zu leichten Strömungen oder in gefährliche Stromschnellen und Strudel führen, der neben sauberen Ufern auch Verschmutzungen aufweist. Seine Frage ist: „Wie wird man, wo immer man sich in dem Fluss befindet, dessen Natur von historischen, soziokulturellen und physikalischen Umweltbedingungen bestimmt wird, ein guter Schwimmer, um die Herausforderungen besser meistern zu können?“

Der Gesundheits- bzw. Krankheitszustand eines Menschen

wird wesentlich durch seine individuelle mentale Grundhaltung gegenüber der Welt und dem eigenen Leben bestimmt. Je positiver diese Grundhaltung ist, desto gesünder ist bzw. desto schneller wird die Person gesund und bleibt es. Die Grundeinstellung zum Leben wird fortwährend mit neuen Lebenserfahrungen konfrontiert und von ihnen beeinflusst. Diese Stimmigkeit, dieser Zusammenhang wurde von ihm als Kohärenz bezeichnet. Die Kohärenz wird bestimmt durch

- die Fähigkeit, dass man die Zusammenhänge des Lebens versteht, bekannte und auch unbekannte Stimuli als geordnete, konsistente, strukturierte Informationen verarbeiten kann,
- die Überzeugung, dass man das eigene Leben gestalten kann, dass geeignete Ressourcen zur Verfügung stehen, um den Anforderungen zu begegnen – wozu auch der Glaube an die Hilfe anderer Menschen oder einer höheren Macht zählen kann,
- den Glauben, dass das Leben einen Sinn hat. Dass wenigstens einige der vom Leben gestellten Probleme und Anforderungen es wert sind, dass man Energie in sie investiert. Ohne das Erleben von Sinnhaftigkeit neigt der Mensch dazu, das Leben vor allem als Last zu empfinden und jede weitere sich stellende Aufgabe als Qual.

Ein stark ausgeprägtes Kohärenzgefühl führt dazu, dass ein Mensch flexibel auf Anforderungen reagieren kann. Kohärenz aktiviert die für diese spezifische Situation angemessenen Ressourcen und wirkt damit als flexibles Steuerungsprinzip, das den Einsatz verschiedener Verarbeitungsmuster (Copingstrategien) in Abhängigkeit von den Anforderungen anregt. Die Stärke des Kohärenzgefühls hängt für Antonovsky vor allem von der persönlichen inneren Stabilität und der Verfügbarkeit generalisierter Widerstandsressourcen ab. Das Kohärenzgefühl entwickelt sich im Laufe der Kindheit und Jugend, durch Erfahrungen und Erlebnissen beeinflusst. Prof. Perner, die österreichische Salutogenese-Expertin weist darauf hin, dass das Kohärenzgefühl ab etwa dreißig Jahren relativ stabil ist, weswegen es im Erwachsenenalter nur durch harte und kontinuierliche (z.B. therapeutische) Arbeit veränderbar ist.

Daraus ergeben sich für uns zwei wesentliche Aufgaben: einerseits möglichst viel Energie in eine stabile Entwicklung unserer Kinder und Jugendlichen, aber auch in deren Familien zu investieren. Diese Investitionen sind vor allem in Zeit und Zuwendung begründet. Wie wollen Sie sonst Sorgen und Ängste relativieren, den Glauben in das eigene Ich und die Sinnhaftigkeit des Lebens stärken? Andererseits muss eine allfällige Veränderung von Lebensgewohnheiten und Lebenseinstellung zur Erlangung von innerer Stabilität als ein Weg gesehen werden. Ein Weg mit Höhen und Tiefen. Ein Abweichen vom Weg sollte nicht als Versagen gewertet werden, sondern eher als eine Erfahrung, die ein Teil des Weges ist. Das Erlernen der Grundbegriffe des Schifahrens schafft man mit ein bisschen Bewegungsgefühl in ein bis zwei Wochen. Um eine schwarze Piste, also die steilen Hänge, bewältigen zu können, braucht es schon mehr Zeit. Um nachträgliche Veränderungen des Schistils für den Wettkampf zu bewältigen, braucht es länger als für das Erlernen der Grundbegriffe. Wie soll daher der so komplexe Weg des Lebens durch einzelne Erkenntnisse und Erfahrungen sofort geändert werden können? Ein neuer Weg braucht, soll er auch bei Unwetter beständig sein, ein solides Fundament und regelmäßige Pflege. Dabei sollten wir auch den gegangenen Weg mit all seinen Höhen und Tiefen annehmen. In dem Moment, wo wir ihn gegangen sind, waren wir überzeugt, dass er richtig ist, haben wir uns sicher bemüht das Bestmögliche zu tun. Sind wir den Weg gegangen, so haben wir neues Wissen erlangt. Wir kennen die Engstellen, die Weiten und all das, was uns noch erwartet. Natürlich ist es dann leicht zu sagen, was besser gemacht werden kann. Dennoch haben wir diesen Weg gewählt, weil wir überzeugt waren, den richtigen zu gehen – in unserer Partnerschaft, unserer Familie, unserem Beruf und Lebensstil.

Das Energiekonto des Lebens

Natürlich ist es gut, immer wieder nach Verbesserungsmöglichkeiten in unserem Leben zu suchen. Oft landen wir bei der Erkenntnis, dass mehr Bewegung oder gesünderes Essen notwendig wäre. Die Wichtigkeit der Pflege der eigenen Mitte, der mentalen Stärke oder eben der Kohärenz wird dabei kaum erkannt. Im besten Fall erkennen die Menschen noch: „Ich arbeite zu viel oder ich sollte öfter mal ausspannen."

Das erinnert mich an jene Menschen, die jammern, dass sie nun schon drei Urlaube im Jahr machen und noch immer keine Energien haben, noch immer erschöpft und antriebslos sind. Andere wieder beklagen, dass sie, kaum am Urlaubsort gelandet, krank werden. Dies ist nicht verwunderlich! Betrachten Sie unsere Lebensenergie wie ein Bankkonto. Durch die Gene bekommen wir ein Startkapital von unseren Eltern. Durch unsere Lebensweise und unseren Lebensstil bedienen wir uns dieses Guthabens und zahlen auch wieder ein, wenn wir regenerative Maßnahmen setzen. Wie jedes Bankkonto lässt es sich auch überziehen – mit Zinsen versteht sich. Am Anfang ist es eine Leichtigkeit, Kredit zu bekommen. Allerdings, je höher unsere Schulden sind, umso höher wird der Zinssatz, umso mehr Energie kostet es uns, noch aktiv zu sein. Die Bank der Lebensenergie sieht recht lange gelassen zu. Dennoch werden die Rückzahlungen immer teurer und schwieriger. Übernimmt die Bank wegen mangelnder Zahlungen die Führung, bleibt nur mehr das Existenzminimum. Gleiches gilt für unser Lebensenergiekonto: Wenn wir es zu sehr überziehen, so ist es nicht mehr unsere Entscheidung, ob wir kreativ sind oder Konzentration besitzen. Dann entscheidet unser Körper, wie er das Überleben sichern kann. Scheinbar plötzlich brauchen wir für einfache Aufgaben unendlich lange, haben wir keine Ideen mehr, quälen uns dahin. Eine alte indianische Weisheit sagt: „So lange du gebraucht hast krank zu werden, so lange brauchst du, um zu genesen." Wenn wir unser Energiekonto, unseren Geist, unsere Seele chronisch erschöpfen, so dürfen wir nicht erwarten in drei Tagen Pause alles „gerichtet" zu haben. Je früher wir uns bemühen unsere Energien zu bewahren, umso mehr Freude werden wir haben. Keine Sorge, das Ziel ist nicht Stillstand, sondern Ausgeglichenheit, denn Stillstand ist auch Rückschritt. Wenn unser Bankkonto ruht, kann es passieren, dass die Inflation den Zinssatz überholt. Bei unserem Körper bedeutet Stillstand Verlust an Muskulatur, an Beweglichkeit – nicht nur körperlich, auch geistig. Daher sollte unser Ziel stets lauten: „Strebe nach Ruhe, aber durch das Gleichgewicht, nicht durch den Stillstand deiner Tätigkeit" (FRIEDRICH V. SCHILLER).

Stress – ein Phänomen unserer Zeit

Würden Sie gelegentlich am liebsten aus der Haut fahren, weil Sie Ihr Kollege einfach aufregt? Kommen Sie nach Hause und wollen am liebsten nichts mehr hören? Wollen Sie keine langwierige Überzeugungsarbeit mehr leisten, sondern üben einfach sprachliche Macht durch die Verwendung von unverständlichen Fachwörtern, belehrende Vorträge oder das Erheben der Stimme zur Bekräftigung der eigenen Meinung? Oder leiden Sie zunehmend an Muskelverspannungen, Kopfschmerzen, Engegefühl in der Brust oder Einschlafstörungen? All dies kann Zeichen von Stress sein. Die Symptome und Ursachen von Stress sind sehr vielfältig!

Stress ist ursprünglich eine Fluchtreaktion. Stresshormone (unter anderem Adrenalin, Noradrenalin, Dopamin, Cortisol) bewirken das Freisetzen der Energiereserven des Körpers. Wenn wir um unser Leben laufen, ist es einfach lebensrettend, keine Atemnot, keinen Schmerz, keinen Hunger wahrzunehmen. Gleichzeitig müssen alle Energiebereitstellungssysteme auf Hochtouren laufen. Schwere körperliche Arbeit, Lärm, Leistungssport, psychische und geistige Belastungssituationen (wie Angst vor Versagen oder Gesichtsverlust, aber auch Angst vor materiellen Verlusten) oder schwere Krankheiten können diese Stresshormone ebenso aktivieren. Ein bis dato unterschätzter Stressor ist Lärm. Eine jüngste Studie zeigte, dass Personen (Anrainer), die chronischem Fluglärm ausgesetzt sind, ein erhöhtes Risiko, an einem Herzinfarkt zu sterben, haben. Dabei dürfen wir jedoch nicht außer Acht lassen, dass auch andere Lärmquellen – Straßenlärm, Baustellenlärm, zu laute Musik oder das ständige Rauschen einer Klimaanlage oder eines verschmutzten Ventilators – gleiche stressorische Qualität haben können.

Eine Untersuchung des Instituts für Elektronik der ETH Zürich zeigte, dass 83 Prozent der in einer Versuchsanordnung gestressten Personen zum Beispiel eine Veränderung der Hautleitfähigkeit zeigen oder 73% der Testpersonen sich unter Stress viel häufiger auf einem Sessel hin und her bewegen. Einzelne Personen erstarrten aber auch regelrecht in ihrem Verhalten.

Ebenso gibt es Studien, die zeigen, dass unterdrückter Ärger das kardiale Risiko, also das Risiko, einen Herzinfarkt zu erleiden, steigert. Eine schwedische Studie befragte 2.755 männliche Angestellte, wie sie mit Konflikten im Beruf entweder mit Vorgesetzten oder Kollegen umgehen: ob sie Ereignisse vorbeigehen lassen, ohne etwas zu sagen, ob sie, um aus einem Konflikt einfach auszusteigen, Symptome wie Kopf- oder Magenschmerzen aufweisen, oder zu Hause schlechter Laune sind. Dabei berücksichtigten sie bei der Auswertung Faktoren wie Rauchen, Alkohol, körperliche Aktivität, Bildung, Diabetes, Anforderungen im Beruf sowie die individuelle Entscheidungsfreiheit oder Blutdruck, BMI und Cholesterinwerte. Nachfolgend wurden sie hinsichtlich des Auftretens eines Herzinfarkts beobachtet. Hierbei zeigte sich, dass jene, die häufig oder oft einfach einem Konflikt auswichen oder nichts sagten, doppelt so häufig ernsthafte Herzerkrankungen erlitten wie jene Männer, die sich unangenehmen Situationen stellten und versuchten sie zu lösen.

Wir leben in einem Zeitalter der höchsten Anforderungen an unser Gehirn – noch nie haben Menschen so viel geistig gearbeitet und so wenig körperlich. E-Mail und Handy sind dabei alltägliche Verstärker. Entscheidungen müssen in immer kürzerer Zeit in größerer Zahl getroffen werden. Die „Festplatte Gehirn" wird ständig beladen und „vollgestopft". Da ist für Bereinigung und Defragmentierung keine Zeit. Ist das okay? Überlegen Sie, was bei Ihrem Computer durch derartiges Verhalten passieren würde – seine Leistung lässt nach, das System verliert an Stabilität. Gleiches gilt auch für unsere „Festplatte Gehirn". Was im Gedächtnis hängen bleibt, ist maßgeblich davon abhängig, auf welche Aspekte eines Ereignisses wir uns konzentrieren.

Magdeburger Neurowissenschafter konnten zwei Netzwerke im Gehirn identifizieren, die beim Lernen qualitativ unterschiedliche Merkmale einer Information abspeichern. Bei einer Diskussion können wir uns auf den Inhalt konzentrieren oder auf das Aussehen der Teilnehmer. Je nachdem werden wir uns an das Thema der Diskussion erinnern, vielleicht aber nicht an die Kleidung der Teilnehmer oder umgekehrt. Erfolgreiches Erinnern hängt also immer davon ab, welcher Teil des Gehirns aktiv ist, welche Gedächtnisinhalte (z. B. oberflächliche oder inhaltliche Merkmale) aktuell von Bedeutung sind. Ist ein bereits bekanntes Netzwerk aus Hippocampus, unterem Stirnlappen und oberem Scheitellappen aktiv, so ist späteres bewusstes (explizites) Erinnern vorhersagbar. Zeigt hingegen ein unabhängiges Netzwerk von Hirnregionen des oberen Stirn- und unteren Scheitellappens eine erhöhte Aktivität, so kann die erfolgreiche Identifikation der Wörter, also das unbewusste Gedächtnis, vorhergesagt werden. Dies ist exakt jene Hirnregion, die typischerweise auch Vergessen im expliziten Gedächtnis vorhersagt. Sie ist immer dann aktiv, wenn Menschen ihre Aufmerksamkeit auf die eher oberflächlichen Merkmale (z.B. das Aussehen) einer Information richten. Beim Lernen scheinen also unterschiedliche Netzwerke im Gehirn qualitativ unterschiedliche Aspekte von Gedächtnisinhalten zu verarbeiten und abzuspeichern. Jene Hirnregion, die die visuellen Aspekte einer Information verarbeitet, hinterlässt eine eher oberflächliche Gedächtnisspur.

Gleichzeitig ist ein Gedanke ein Feuerwerk neuronaler Aktivität, gemacht von Neuronen, den Bausteinen des Gehirns, die Information in Form von elektrischen Impulsen darstellen und weiterleiten. Gedächtnis ist ein sehr großes neuronales Netzwerk, das unter bestimmten Voraussetzungen auch ohne Anregung von außen anhaltende Aktivität zeigen kann. Die Aktivität stellt den „Baustoff" für Erinnerungen und Denkprozesse zur Verfügung. Vor allem in der Großhirnrinde sind Neurone sehr stark miteinander vernetzt, das heißt, sie erhalten viele Eingangssignale, die dann die Verrechnung darauffolgender Signale modifizieren. Wenn das Netzwerk groß genug ist, reicht es aus, es einmal anzuregen – danach bleibt es auch ohne weitere Reizung von außen aktiv.

Sendet eine Nervenzelle einen elektrischen Impuls, so kann dies, muss aber nicht in einem nachgeschalteten Neuron ebenfalls einen Impuls auslösen. Je nachdem, ob eine Impulsweitergabe erfolgt und wie oft sich die Impulsweitergabe wiederholt, kommt es zu Ketten neuronaler Entladungen mit einer jeweils sehr unterschiedlichen Anzahl von Neuronen. Auf diese Weise kann das Nervensystem das volle Spektrum seiner Reaktionsmöglichkeiten ausschöpfen – mal reagiert es stärker, in anderen Fällen weniger stark. Dabei leiten Neurone Informationen in Form von elektrischen Signalen weiter. Dort, wo zwei Neurone aufeinandertreffen, an der Synapse, ist aber die Leitung unterbrochen und das Signal wird durch Botenstoffe von einer Zelle zur nächsten übertragen. Der Vorrat an Botenstoffen wird durch die Aktivität der Synapse reduziert, sodass die Stärke der Signalübertragung abnimmt. Erst dadurch, dass der Speicher wieder aufgefüllt wird, nimmt die Effizienz der Synapse wieder zu. Dieser Mechanismus – synaptische Depression genannt – ist für die Funktion des Gehirns durchaus bedeutend. Der synaptische Anpassungsmechanismus treibt das neuronale Netz an die Grenze zum Chaos. Mal ist dieses Chaos größer, mal ist es kleiner. Der Verlust von Wissen, die Fehlerzahl hängen davon ab. Kein Wunder, dass Höchstleistungen und Konzentrationsstörungen so nahe beieinanderliegen können.

Bedenkt man, dass 75 Prozent aller Krankheiten auf Grund von Stress entstehen und zahlreiche Studien einen Zusammenhang zwischen Stress und Krebs, hohem Blutdruck, Herzinfarkt, Rückenleiden, Migräne, Magengeschwüren, Verdauungsproblemen, Immunschwäche und Verhaltensstörungen verschiedenster Art belegen, so stellt sich die Frage, wie wir gegensteuern können.

Der Geist lässt sich ebenso trainieren wie der Körper eines Sportlers

Die Vermeidung stressauslösender Situationen und Aktivitäten ist schier unmöglich. Außerdem sollten wir nicht vergessen, dass ein gewisses Maß an Stress unsere Leistungsfähigkeit positiv beeinflusst. Zu viel darf es nur nicht werden. Daher ist es wichtig, immer wieder gegenzusteuern. „Mindfulness" oder Achtsamkeit ist eine von Jon Kabat-Zinn entwickelte Methode, zu der es zahlreiche Studien gibt. Dabei ist Achtsamkeit ein offenes, nicht urteilendes, aufmerksames, annehmendes Gewahrsein dessen, was im jeweiligen Augenblick passiert. In der buddhistischen Meditation hat dies eine Jahrtausende alte Tradition.

Die Praxis der Achtsamkeit ist ein Weg, unser Leben selbst in die Hand zu nehmen, es bewusst zu leben und seine Richtung zu bestimmen. Und sie ist ein Weg, auf das Leben zuzugehen, mit dem Leben direkten Kontakt aufzunehmen – das heißt, etwas für mich selbst tun, etwas, das niemand anderer für mich tun kann. Doch wie kommt man vom Gewahrsein des Ist zum Steuern des Lebens?

Das Achtsamkeitstraining ist ein Geistestraining. Die Grundvoraussetzung ist der Wille, etwas zu verändern. So wie ein Sportler ein körperliches Training absolviert, lässt sich auch das Gehirn trainieren, um etwas zu verändern.

Richard Baker-roshi, einer der ersten Nichtasiaten, die eine Ordination als Zen-Abt erhielten, empfiehlt als erste Hilfe bei der Sitzmeditation: *Setze dich aufrecht hin, bewege dich nicht, kratze dich nicht, lade deine Gedanken nicht zum Tee und zähle deinen Atem.*

Sehr einfach, meinen Sie? Versuchen Sie es! Nur wenige schaffen es von Anfang an, ihren Geist und somit auch seine Gedanken auch nur für zehn Minuten zu zügeln. Kein Wunder, üben wir doch in der heutigen Zeit viel mehr, wie wir uns ständig ablenken, wie wir möglichst viele Dinge gleichzeitig machen, und dies über lange, lange Zeit. Das heutige Leben ist speedy und wir nehmen dies bestärkt durch Anerkennung und Lob bereitwillig an. Der Preis ist die Zunahme von Angsterkrankungen, Depressionen etc. Wer regelmäßig meditiert, übt seinen Geist zu bändigen und kann daher leichter mit ungesundem Stress umgehen. Beim Üben der Achtsamkeit stellen sich natürliche Entspannung, gesteigertes Wohlbefinden, mehr Lebensfreude und langsam Erkenntnis ein. Schon Laotse erkannte: „Die größte Offenbarung ist die Stille." In einer Zeit, in der wir ständig am Laufen sind, ist es wichtig, wieder genauer hinzuschauen und hineinzufühlen, wie es dem Körper und der Seele geht, wahrzunehmen, welchen Anteil man an der eigenen Geschichte hat. Dies ermöglicht uns Achtsamkeit und Meditation. Erst dann bekommen wir die Möglichkeit, wieder selbst besser zu steuern. Modern ausgedrückt erhalten wir Empowerment, die Entdeckung der eigenen Fähigkeiten, Strategien und Maßnahmen, den Grad an Autonomie und Selbstbestimmung im Leben zu erhöhen, eigenmächtig und selbstverantwortlich zu vertreten und zu gestalten, eingeübte Denkmuster zu verändern. Belastende Denkmuster waren dies, keine bewussten Entscheidungen, vielmehr haben wir sie unbewusst wie Gehen oder Sprechen gelernt. Achtsamkeit erleichtert es uns, zu hinterfragen und einzugreifen und somit ein bisschen etwas zu ändern. Achtsamkeit birgt eine Erlebnisqualität – den Einklang von Körperlichkeit, Emotionalität und dem Selbst. Das Synchronisieren von Körper und Geist mit Hilfe der Achtsamkeit ist ein wesentlicher Schritt zu dem persönlichen Erleben von Gesundheit. Die mutige Auseinandersetzung mit sich selbst birgt die Chance, die grundlegende eigene Gesundheit wieder zu entdecken. Dies hat schon Johann Wolfgang von Goethe in seinem Ausspruch „Das Beste ist die tiefe Stille, in der ich gegen die Welt lebe und wachse und gewinne" bestätigt.

Jetlag – die Reise zwischen Zeit und Klimazonen

Ein Stressor ganz anderer Art ist der stete kurzfristige Wechsel zwischen Zeit und Klimazonen. Wir können uns daran erinnern, dass in unserer Kindheit unsere Großmutter bereits unter regelmäßigen Kopfschmerzen gelitten hat, wenn Ortswechsel mehr als hundert Kilometer betrugen. Heute fliegen wir kreuz und quer durch die Weltgeschichte – gleich ob für den Urlaub oder berufsbedingt. Dies fordert unseren Körper, insbesondere dann, wenn wir kurze Aufenthalte wählen – einige Tage bis hin zu zwei Wochen lang –, denn dies lässt unsere innere Uhr wahrlich verrückt spielen. Tagsüber lähmt uns bleierne Müdigkeit, nachts wälzen wir uns hellwach im Bett. Viele Körperfunktionen sind zum falschen Zeitpunkt aktiviert – ein klarer Fall von Jetlag. Ein ganzes Netz molekularer Uhren in den verschiedenen Organen koordiniert die physiologischen Vorgänge des Körpers wie Herzschlag, Temperatur, Schlafbedürfnis oder Hormonhaushalt bis hin zu unserem Verhalten. Alle diese Uhren stehen unter der Kontrolle eines zentralen Taktgebers im hypothalamischen „Nucleus Suprachiasmaticus" (SCN), der alle anderen „peripheren“ Uhren mit der Außenwelt synchronisiert. Unsere „innere Uhr“ muss sich erst an die neue äußere Zeit anpassen. Dabei gleichen sich die Uhren der einzelnen Organe unterschiedlich schnell an die neue Zeit an. Dazu kommen noch entsprechende Klimaveränderungen, die unseren Körper auch ganz schön fordern. Physiologische Vorgänge laufen nicht mehr koordiniert ab. Nach einigen Tagen bis hin zu einer Woche findet unser Körper seinen Rhythmus wieder. Kehren wir dann in heimatliche Gefilde zurück, muss sich der Körper aufs Neue anpassen.

Forscher des Max-Planck-Instituts in München haben gezeigt, dass bei den Vorgängen im Körper die Nebenniere eine Schlüsselrolle spielt. Sie haben erstmals systematisch untersucht, wie sich einzelne „Uhren“-Gene und innere Uhren der Organe bei Jetlag wieder mit der neuen Zeit synchronisieren. Die Ergebnisse haben die Forscher überrascht. Die inneren Uhren und die „Uhren“-Gene der Organe passen sich unterschiedlich schnell an die veränderten äußeren Einflüsse an. Die Nebennieren-Uhr ist dabei ein wesentlicher Stabilisator des Ist-Zustands. Für unseren Körper wäre es ein immenser Stress, würden sporadische Lichtveränderungen – ein schwarzer Gewitterhimmel oder ein dunkler Kinosaal – gleich das ganze Uhrwerk aus dem Gleichgewicht bringen. Beim Jetlag wird jedoch genau dies zum Problem. Schlafstörungen, Müdigkeit, depressive Verstimmungen, Schwankungen der Herzfrequenz, Konzentrationsschwäche, Gereiztheit oder Verdauungsprobleme sind die Folge.

Was können Sie gegen Jetlag tun?

Versuchen Sie sich schon zu Hause ein bisschen auf die Zeit am Zielort umzustellen. Am besten verändern Sie z.B. Ihre Schlafenszeit jeden Tag um eine Stunde. Hilfreich ist es auch, die Uhr am Ankunftsort sofort auf die lokale Zeit umzustellen, ebenso wie die Einnahme der Mahlzeiten und die Schlafenszeit. Also lieber etwas Hunger und Schlafentzug in Kauf nehmen, dafür aber weniger an Jetlag leiden. Meiden Sie umfangreiche Mahlzeiten am Abend. Auch Kaffee, Tee oder andere aufputschende Getränke sollten bis zu drei Stunden vor dem Schlafengehen trotz Zeitverschiebung gemieden werden. Licht, gleichgültig ob natürliches oder künstliches, beeinflusst die Wirkung des „müde machenden“ Hormons Melatonin. Daher sollten Sie möglichst viel an die Sonne, damit die Melatoninproduktion gestoppt wird. Wichtig ist diese „Lichtdusche“ vor allem zu dem Zeitpunkt, an dem man normalerweise zu Hause müde wird – also zwischen 22.00 Uhr und 2.00 Uhr nach Heimatzeit. Auf der Reise selbst ist reichliches Trinken ebenso hilfreich wie der Verzicht auf schwere Gerichte oder Alkohol. Nützen Sie lange Flüge für aktive Entspannung statt für ewige Videosessions. Die Chinesen nützen das chinesische Hand- und Fußbad, um dem Jetlag vorzubeugen. Drücken und massieren Sie die Akupunkturpunkte an den Endgliedern von Zehen und Fingern (am gelenksnahen Ende des Nagelfalzwinkels). Jedem Punkt sollten Sie ein bis zwei Minuten Aufmerksamkeit schenken.

Aktiv dem Stress entkommen …

Wollen Sie Stress vorbeugen oder gar reduzieren, so müssen Sie selbst aktiv werden! Sagen Sie sich jetzt: Warum? Sie sind ja ohnehin nicht gestresst, vor fünfzig Jahren hat das auch keiner gemacht! Dieser Gedanke ist naheliegend, denn wer kannte damals autogenes Training oder Qi Gong? Einige wenige Auserwählte beschäftigten sich die letzten hundert Jahre mit den verschiedenen Formen des Sammelns der eigenen Kräfte zum Entspannen oder dem Finden der eigenen Mitte. Dennoch waren Rituale des geistigen Sammelns täglich präsent. Die Menschen haben sich um den Tisch versammelt – ohne zu sprechen – oder sind in der Kirche oder im Herrgottswinkel ins Gebet versunken. Selbst wenn sie mit den Gedanken abgedriftet sind, waren es Momente der Stille, des Sammelns. Wenn sie monoton von A nach B gegangen sind, gab es Phasen, in denen sie mit sich und ihren

Gedanken alleine waren, in denen sie sich sammeln konnten und zur inneren Ruhe kamen. Einerseits durch technische Errungenschaften, andererseits durch die extremen Freiheitsgedanken der Siebzigerjahre wurden all diese Dinge über den Haufen geworfen. Wir haben die Freiheit zu entscheiden, ob wir beten oder nicht. Es hat sich gezeigt, dass das Einhalten von Essenszeiten und anderen Ritualen nicht vorrangig überlebenswichtig ist. Dennoch trägt eine völlig grenzenlose Gesellschaft ohne Orientierung dazu bei, dass wir krank werden. Gehörte es in unserer Kindheit noch zum guten Ton, nach 19 Uhr niemanden zu Hause anzurufen, können wir nun rund um die Uhr telefonieren, war um 22 Uhr der Fernseher bis am nächsten Tag um 18 Uhr „tot", so können wir heute Tag und Nacht Fernseher, Computer und vieles mehr laufen haben. Dies bedeutet aber auch, dass wir, wenn wir nicht aktiv selbst vernünftige Grenzen setzen, unsere Kräfte stets bis zur Erschöpfung fordern, stets an unser Limit gehen.

Gleichzeitig hat sich der berufliche Alltag dramatisch verändert: Vor fünfundzwanzig Jahren, also zur Zeit der Erfindung des Fax-Gerätes, hatte ein Manager täglich durchschnittlich fünf relevante Briefe – ein Konzentrat an Wissen – auf seinem Tisch. Er diktierte Briefe, bekam sie zur Korrektur, überdachte sie und gab sie frei. Heute hat er bis zu 50 E-Mails in seinem Account. Sicher, davon sind etwa fünfzig Prozent überflüssiger Junk. 30 Prozent sind klassische Dreizeiler, deren Bedeutung rasch erfasst ist. Und der Rest? Meist sind dies Mails mit einem Konvolut an Attachments, und jedes auch noch mehrere Seiten lang. Über Inhalt und Relevanz muss sich jeder selbst ein Bild machen. Dies ist oft eine einzigartige Herausforderung für alle Adressaten. In Summe ergibt sich durch die Vielzahl der Dinge so ein zunehmender Leistungs- und Entscheidungsdruck. Gleichzeitig sind wir ständig verfügbar, werden uns immer neue Entscheidungen abverlangt: Heben wir das Telefon ab oder nicht, besuchen wir heute Abend die fünfte Veranstaltung oder gehen wir doch nach Hause? Fahren wir am Wochenende schnell zum Schifahren, gehen wir in eine Ausstellung oder bewältigen wir den Familienalltag? Die Vielzahl der Möglichkeiten – selbst beim Freizeitprogramm – stellt eine wahre Herausforderung dar. Wer nicht gelernt hat Grenzen wahrzunehmen und zu setzen, dem droht die Erschöpfung. Im Worst Case arbeiten Sie buchstäblich bis zum Umfallen. Daher ist es wesentlich, sich bewusst immer wieder Raum zum Sammeln und Energietanken zu schaffen.

Sie meinen noch immer, dass das nicht geht, Sie die Zeit nicht haben? Das stimmt nicht! Die Zeit, die Sie dafür benötigen, nehmen Sie niemandem weg. Das Gegenteil ist der Fall! Ihre Kollegen und auch Ihre Familie werden sich freuen, wenn Sie wieder etwas ausgeglichener sind. Eine gesundheitliche Zwangspause belastet Ihr Umfeld immer mehr als kleine planbare Unterbrechungen. Bedenken Sie immer: Sie sind für sich selbst verantwortlich, Sie entscheiden täglich, wie viel Sie sich wert sind, wie wichtig Sie sich selbst sind!

Entschleunigen – der Zeit ein Schnippchen schlagen

Programmieren Sie Ihren wichtigsten Computer!

Unser Gehirn ist wie eine riesige Festplatte. Lassen Sie keine Programme oder Viren, die Sie nicht brauchen, eindringen! Achten Sie auf die goldene Mitte zwischen Reizüberflutung und Reizarmut. Am besten starten Sie schon den Morgen positiv! Eine alte chinesische Weisheit, die unser Vater Willi Dungl besonders schätzte, sagt: „Wenn Du willst, dass Dir Dein Körper den ganzen Tag dient, musst Du ihm vorher Zeit geben, Energie aufzubauen! Nur wenn Du am Morgen an Dich denkst, worauf Du Dich freust, was Du heute für Dich tun wirst und Dich in Harmonie bringst, wirst Du auch mit den anderen draußen in Harmonie sein."

Daher aktivieren Sie Körper und Geist bereits am Morgen! Nehmen Sie sich Zeit zum Erwachen!

- Strecken Sie sich, atmen Sie durch, fühlen Sie Ihren Körper, seien Sie sich der persönlichen geistigen Kraft und Leistungsfähigkeit bewusst.
- Überlegen Sie: Worauf freuen Sie sich heute? Setzen Sie sich Ziele und persönliche Highlights, machen Sie sich die eigenen Bedürfnisse bewusst.
- Nehmen Sie sich Zeit für das Frühstück. Sie würden Ihr Auto bei Minusgraden ja auch warmlaufen lassen.
- Bewegen Sie sich am Morgen einmal so richtig durch – schlenkern Sie mit den Armen, greifen Sie nach oben, schleudern Sie die Arme nach rechts und links, kreisen Sie mit Schultern und Hüften. Gelenke sind Energiesperren, die durch Bewegung gelöst werden müssen!
- Nützen Sie den Weg zur Arbeit für sich! Lassen Sie die Augen wandern, lassen Sie das Grün des Parks ebenso auf sich wirken wie das Lachen eines Kindes an der Bushaltestelle. Begegnen Sie Ihren Mitmenschen mit einem inneren Lächeln. Nichts wehrt negative Gedanken besser ab als Lachen!

Überprüfen Sie, wie „selbstverantwortlich" Sie mit Ihrer persönlichen Energie umgehen. Planen Sie zumindest einmal täglich für ein paar Minuten eine Regenerationsphase ein. Eine konkrete Terminfixierung für Ihre eigenen Bedürfnisse ist ebenso wichtig wie im Beruf! Nützen Sie die Mittagszeit für ein „Time out". Nützen Sie die Mittagspause! Setzen Sie sich entspannt bei „guter" Musik nieder und schließen Sie die Augen. Genießen Sie die Ruhe und das Entspannen Ihrer Gesichtszüge. Beobachten Sie Ihre Atmung – wie sich beim Einatmen der Brustkorb und der Bauch heben und sich beim Ausatmen wieder langsam senken. Langsam werden die Atemzüge gleichmäßig ruhig und tief. Das bedeutet, dass sich die Anzahl der Atemzüge pro Minute von zwölf bis vierzehn auf sechs bis acht oder sogar weniger reduzieren kann. Gleichzeitig sinken Pulsfrequenz und Blutdruck – ein gutes Zeichen für Entspannung. Genießen Sie diesen Augenblick der Ruhe und Entspannung. Fühlen Sie, wie die Wärme Ihren Körper mit neuer Energie auflädt. Bevor Sie die Augen öffnen, ballen Sie die Hände zu Fäusten, die Zehen krallen Sie fest ein. Halten Sie diese Spannung für zwei bis drei Atemzüge und öffnen Sie die Augen. Strecken Sie Ihre Arme weit nach oben und fühlen Sie die wohltuende Spannung in Ihrem Körper. Überlegen Sie sich kurz, was heute noch für *Sie* wichtig ist und genießen Sie einen tollen Nachmittag. Ihr Nachmittag ist nicht toll? Warum? Vielleicht rufen Sie Ihre liebste Freundin heute noch an oder genießen Sie das Tanzen der Schneeflocken. Versuchen Sie kleine positive Dinge zu entdecken und Sie werden merken, wie viel Kraft Sie daraus schöpfen können!

„Es gibt nur zwei Dinge, die beim Qi Gong wichtig sind: das Erste ist zu beginnen, das Zweite ist fortzufahren."

Qi Gong ist die Arbeit mit und Pflege der eigenen Energie (Qi = Energie, Gong = Fähigkeit). Qi, die Lebensenergie, ist die Kraftquelle für Vitalität und Gesundheit. Fließen die verschiedenen Formen des Qi in den Meridianen harmonisch, so ist der Mensch gesund und steht mit seiner Umwelt in einer harmonischen Beziehung. Ein Meister sagte einst: *„Das Qi benötigt immer eine nette Einladung, um irgendwo hinzugehen, gleich wie Wasser, das sich nicht schieben oder drücken, sondern immer nur führen lässt.“* Qi Gong hilft uns dabei ebenso wie bei der Harmonisierung unseres Lebens und unserer Handlungen in allen Situationen. *Zu hohe Erwartungen oder die Gier nach sensationellen Erfahrungen blockieren den Qi-Fluss ebenso wie Leistungszwang und Überfluss.* Kommt es zu Unregelmäßigkeiten im Energiefluss, so entstehen langfristig Krankheiten. Erste Zeichen einer Energieflussstörung sind oft Muskel- und Gelenksschmerzen, wie wir sie von Rückenschmerzpatienten kennen. Qi Gong aktiviert das Qi, verbessert die Durchblutung und gleicht die Balance von Yin und Yang aus. Westliche Untersuchungen zeigen, dass regelmäßiges Qi-Gong-Training neben einer Senkung des Blutdruckes und der Herzfrequenz auch die Sauerstoffaufnahme verbessert. Die langsamen und unter geistiger Sammlung durchgeführten Bewegungen führen zu einem Zustand der inneren Ruhe, ähnlich meditativem Training. Die chinesische Lebensweisheit wies sehr frühzeitig darauf hin, dass die „inneren Zustände" für die Gesundheit ebenso wichtig sind wie Ernährung, Bewegung und Umwelt.

Auch wenn es Hunderte Formen des Qi Gong gibt, die ersten Aufzeichnungen stammen bereits aus dem Jahr 1122 v. Chr. („Yi Jing" – Book of Changes), die Basis ist immer ein „verwurzeltes Stehen". Im Stehen sollte das Zentrum der Schwerkraft wie bei einem Baum in der Mitte zwischen den Beinen liegen, sodass man locker bei allen Bewegungen schwingen kann. Die Knie sollten leicht gebeugt sein, die Füße schulterbreit satt am Boden stehen. Die Wirbelsäule sollte leicht gestreckt sein, das Kreuzbein wird an seiner Spitze scheinbar in die „Tiefe" gezogen, der Kopf am Scheitel an einem Faden ins Universum geleitet, das Kinn leicht eingezogen. Die Oberarme hängen locker herab, berühren jedoch nicht den Rumpf.

Dadurch ergibt sich eine möglichst lockere achsengerechte Haltung, wie sie moderne Rückenschulen empfehlen. Die Schulterblätter weisen locker nach unten und hinten, die Schulterblätter sind dadurch frei beweglich. Die Haltung ist aufrecht und balanciert. Die Schwerlinie geht durch den äußeren Gehörgang, die seitliche Hüfte und den Außenknöchel. Dadurch kann die Lendenwirbelsäule locker und entspannt schwingen, der Kopf sitzt locker und ausbalanciert auf dem Hals. Während der Qi-Gong-Übungen sollte immer auf ein gleichmäßiges Fließen des Atems geachtet werden. Dies geschieht durch lockeres Beobachten des Atemzyklus. Beim Einatmen dehnt sich der Bauch durch die einströmende Luft und die Senkung des Zwerchfells locker nach vorne, beim Ausatmen sinkt er locker in seine ursprüngliche Position zurück. Diese Atemform entspricht unserer westlichen Bauchatmung. Sie verbessert nicht nur das Atemvolumen, sondern kann auch zu einer vegetativen Umstimmungsreaktion – Senkung der Atem- und Pulsfrequenz – und somit zur Entspannung eingesetzt werden. Nur tägliches Üben führt zum Erfolg, deshalb beginnen Sie heute damit!

1. Übung: Beim Einatmen durch die Nase legen Sie die Zunge hinter die oberen Schneidezähne und nehmen freie Energie (Qi) auf, beim Ausatmen durch den Mund legen Sie die Zunge hinter die unteren Schneidezähne (oder Sie lassen sie einfach locker im Mund liegen). Stellen Sie sich vor, dass Sie mit jedem Ausatmen Ballast und „seelische Schlacken" ausscheiden. Je gründlicher Sie Ihre Lungen leeren, desto mehr Raum schaffen Sie für frischen Sauerstoff und neue Energie. Den eigenen Atemrhythmus findet man selbst bald heraus. Atmen Sie einige Male ruhig und entspannt ein und aus. Der Atem soll natürlich fließen. Lassen Sie Ihre Gedanken ziehen, halten Sie sie nicht fest. Konzentrieren Sie sich nur auf Ihren Atem, bleiben Sie im Hier und Jetzt. Wenn Sie in Ihrer Mitte sind, sind Sie mit Ihren Wurzeln fest verankert. Es kann sein, dass Sie die Quelle von Verspannungen und Blockaden fühlen. Das ist gut so, denn dann können Sie Ihre Energie auch dorthin lenken. Unterstützend können Sie diese Areale auch reiben und kneten. Sollten Sie erkennen, dass diese Verspannungen aus emotionalen Überlastungen kommen, so ist dies auch eine wichtige Erkenntnis. Umso wichtiger ist es, die Übung regelmäßig weiterzuführen. Diese Atemübungen können Sie im Büro, im Auto, zu Hause oder im Freien trainieren.

2. Übung: Wenn Sie mehr Zeit erübrigen können, lenken Sie Ihre Aufmerksamkeit auf die Mitte des Brustbeins, das Herznest. Atmen Sie einige Male durch diese Körperzone ein und aus. Sie werden bemerken, wie sich mehr und mehr Wärme und Wohlbefinden im Zentrum Ihrer Lebensenergie ausbreiten. Zentrieren Sie die Lebensenergie, lenken Sie den Atem und die Aufmerksamkeit in Ihre Körpermitte und nehmen Sie die ausstrahlende Wärme wahr. Lassen Sie alle Schmerzen, Verspannungen, Enttäuschung und Entbehrung beim Ausatmen herausfließen. Wenn Sie dies für einige Minuten gemacht haben, gehen Sie zur dritten Übung über.

3. Übung: Stehen Sie entspannt mit leicht gebeugten Knien, die Arme hängen locker vor dem Körper. Nun stellen Sie sich vor, Ihre Hände halten in Hüfthöhe einen Ball und mit dem Einatmen steigt der Ball und mit ihm Ihre Arme bis in Brusthöhe hoch, beim Ausatmen drücken Sie den Ball wieder langsam und sanft nach unten. Bis die ganze verbrauchte Luft ausgeströmt ist und die Hände in Ausgangsstellung sind. Mit dem nächsten Einatmen steigt der Ball wieder, der Brustkorb füllt sich mit Energie, um mit dem nächsten Ausatmen wieder alles Negative wegfließen zu lassen ... Gehen Sie wieder in die Ausgangsstellung zurück. Heben Sie mit dem Einatmen die Arme weit über Ihren Kopf, verschränken Sie die Finger über dem Kopf, drehen Sie die Handflächen nach oben und strecken Sie sich, bis Sie auf den Zehen stehen. Der ganze Körper ist gestreckt, so als wollten Sie den Himmel stützen. Nach einigen wohltuenden Atemzügen lassen Sie die Arme wieder locker fallen.

Chinesische Gesichtswäsche: Zum Abschluss gönnen Sie sich eine chinesische Gesichtswäsche, die auch bei Müdigkeit und Konzentrationsschwäche hilft:

1. Reiben Sie die Handflächen, bis sie warm sind.
2. Streichen Sie mehrfach Gesicht, Nase, Schläfen und Ohren aus.
3. Massieren Sie die Augen: Mit Zeige-, Mittel- und Ringfinger oder mit dem Mittelglied des Zeigefingers beider Hände streichen Sie die knöcherne Begrenzung der Augenhöhlen im und gegen den Uhrzeigersinn aus.

4. Streichen Sie mit der flachen Hand die Stirn nach beiden Seiten hin aus.
5. Den Kopf „kämmen“ Sie mit gespreizten aufgestellten Fingern und kräftigen Strichen von der Stirn bis zum Nacken.
6. Massieren Sie den Ohrenrand mit dem Daumen an der Rückenseite und den Fingern an der Vorderseite von oben nach unten. Ziehen Sie anschließend das Ohrläppchen aus. Streifen und bewegen Sie mit der flachen Hand das Ohr.

Versuchen Sie täglich zumindest fünf bis zehn Minuten zu üben. Natürlich gibt es im Qi Gong jede Menge Übungen und es ist gut, mit einem Lehrer oder Meister zu üben. Doch bevor Sie ewig warten, bis Sie Zeit erübrigen, um zu beginnen, starten Sie besser jetzt mit diesen einfachen Übungen, bis Sie für mehr Zeit haben. Bedenken Sie immer: Qi Gong ist ein Weg, der wachsen muss. Manche Meister sagen: Alles, was man mit dem Bestreben macht, die eigene Energie zu mehren, ist Qi Gong. Wie lange man üben muss, um Qi Gong zu können? Dazu die Antwort eines alten Meisters: *Ein neuer Schüler fragte: „Meister, wie lange muss ich üben, bis auch ich ein Meister bin?“ Sein Lehrer antwortete: „20 Jahre.“ „Ich bin aber ein sehr fleißiger Schüler, ich werde Tag und Nacht ohne Pause trainieren. Wie lange werde ich dann brauchen?“, fragte der Schüler weiter. „40 Jahre“, so die Antwort des Meisters … Warum? Der Schüler hat das Ziel nicht verstanden.* Basho, ein Zen-Poet, sagte: „Tritt nicht in die Fußstapfen der alten Meister, aber suche, was sie suchten.“ Dies bedeutet, dass im Zweifelsfall das Ziel zu verstehen wichtiger ist als eine absolute Korrektheit der Übung. Viele Qi-Gong-Meister passen daher ohne Bedenken ihre Übungen an die Bedürfnisse der Zeit an.

Können oder wollen Sie nicht an chinesische oder andere asiatische Formen des Sammelns anschließen, so kann man sehr einfach Entschleunigung durch ein lieb gewonnenes Bild initiieren. Hängen Sie es sich an einen Platz, den Sie vom Schreibtisch aus gut sehen können. Wählen Sie ein Bild, das für Sie eine besonders beruhigende Wirkung hat oder positive Erinnerungen weckt. Wenn Sie entspannen wollen oder Sie der Frust in Arbeit und Konzentration hemmt, lehnen Sie sich zurück und schauen Sie auf das Bild. Konzentrieren Sie sich darauf und versuchen Sie ganz darin zu versinken. Stellen Sie sich zum Beispiel die Weichheit des Bodens, die Sie damals genossen haben, vor. Malen Sie sich die Erinnerungen in den buntesten Farben aus. Lassen Sie den warmen Sand durch Ihre Zehen gleiten oder genießen Sie den weichen, kühlen Moosboden. Genießen Sie das Rauschen des Meeres oder eines Baumes. Entdecken Sie immer Neues – die herrlich goldgelbe Farbe der Sonnenblume, die Biene, die auf den Staubgefäßen sitzt, oder Kinder, die vergnügt lachen. Fühlen Sie die ganze Kraft und Energie des Sommers darin, tanken Sie Kraft daraus und werden Sie sich bewusst, es gibt viel mehr Schönes, das die Unbill des Augenblicks aufheben kann. Wenn man nur will! Übrigens, ein Tag Freude verbessert Ihre Abwehr für vier Tage! Bilder sind nicht das Ihre? Sie können auch Musik probieren.

Es gibt viele Möglichkeiten des Entspannens und des Findens der eigenen Mitte – sehr stille und sehr bewegte.

Angst & Panik – Gefühle, die zum Leben gehören?

Von Ingmar Bergman stammt der bezeichnende Satz: „Es gibt keine Grenzen. Nicht für den Gedanken, nicht für die Gefühle. Die Angst setzt die Grenzen."

Ängste gehören zum Leben wie Gefühle überhaupt. Sie treten in den unterschiedlichsten Situationen und Zusammenhängen auf, weisen auf drohende Gefahren hin und haben damit eine wichtige Schutzfunktion für den Menschen. Jene, die auch außerhalb dieser Schutzfunktion der Angst täglich die Grenzen, die Angst setzen kann, erleben, sind stärker eingeengt, als es jede Grenze tun kann. Ein Patient kam einmal verzweifelt zu uns, weil er mitten in München mit dem Auto stehen bleiben musste und eine Stunde nicht mehr weiterfahren konnte – aus Angst. Er wusste, dass diese Angst ohne jegliches Korrelat bestand: Er hatte ein neues sicheres Auto, fuhr zu einem netten Plaudergespräch und hatte keinen Zeitdruck. Dennoch hatte er Angst, die ihn nicht weiterfahren ließ. Schweißausbrüche, Herzrasen, Enge in der Brust. Er war 35 Jahre und erfolgreich. Dennoch lähmte ihn die Angst.

Angst und ihre körperlichen Reaktionen werden durch Stresshormone ausgelöst. Sie wird dann krankhaft, wenn Menschen in eigentlich ungefährlichen Situationen übertriebene Angstgefühle erleben, die sie sich selbst nicht erklären können. Menschen mit einer Angststörung versuchen angstauslösende Situationen zu vermeiden, was sie langfristig in ihrem Alltag, in ihrer beruflichen und sozialen Funktionsfähigkeit einschränkt und großen Leidensdruck erzeugt.

Angst kann auch ein „Begleitsymptom" einer anderen Erkrankung (körperlich oder psychisch) sein, weshalb das Auftreten einer solchen Symptomatik eine umfangreiche medizinische und psychiatrische Abklärung notwendig macht. „Phobien" sind irrationale Ängste vor ganz bestimmten Dingen oder Situationen. Dem Betroffenen ist meist bewusst, dass seine Ängste übertrieben sind. Bekannte Phobien sind die Flugangst, die Spinnenangst, die Platzangst oder die Redeangst.

Jährlich erkranken 27 Prozent der EU-Bevölkerung an mindestens einer psychischen Störung. Direkt oder indirekt ist darauf die Mehrzahl der Arbeitsunfähigkeitstage in der EU zurückzuführen. Die dadurch verursachten Kosten belaufen sich europaweit auf etwa 300 Milliarden Euro. Krankhafte Ängste, Panikattacken, Depressionen und Burn-out sind die häufigsten Diagnosen. Wie bei den meisten psychischen Störungen gibt es auch bei der generalisierten Angststörung, bei sozialen Ängsten, Panikattacken und Phobien nicht eine bekannte Ursache. Stattdessen geht man von einer Vielzahl verursachender respektive auslösender Faktoren aus, die erst im Zusammen- und Wechselwirken den tatsächlichen Ausbruch der Störung bewirken.

Der Psychiater und Philosoph Karl Jaspers schrieb über die Angst: „Ein häufiges und qualvolles Gefühl ist die Angst. Furcht ist auf etwas gerichtet, Angst ist gegenstandslos. Als eine spezifische Gefühlsempfindung des Herzens ist die Angst vital. Aber Angst ist auch ein ursprünglicher Seelenzustand, in Analogie zur vitalen Angst immer das Dasein im Ganzen betreffend, es durchdringend und beherrschend …"

Es kann auch sein, dass Menschen mit Angststörungen oft gar nicht die Angst als das hervorstechende Symptom empfinden. Stattdessen werden körperliche Symptome wie etwa Schwindel, Herzrasen, Zittern, verminderte Belastbarkeit oder auch Magen-Darm-Beschwerden zuerst genannt. Dennoch sind die Folgen von Angststörungen meist gravierend, da es schwer ist, die Ängste einzugestehen. Oft wird das Problem sogar vor sich selbst verleugnet. Angstauslösende Situationen werden gemieden, das sonstige Leben um die Ängste herum neu organisiert. In weiterer Folge entstehen soziale Isolierung sowie ein Zurückbleiben hinter den eigenen Möglichkeiten in Familie und Beruf. Steigt der Druck, werden häufig Alkohol, Beruhigungs- und Schlafmittel oder, vor allem bei jungen Patienten, Drogen konsumiert, um sich zu betäuben.

Als Panik wird eine ohne sichtbaren Anlass entstehende ausgeprägte Angst bezeichnet. Sie tritt meist anfallsartig auf und ist mit deutlichen körperlichen Symptomen verbunden (Panikattacke). Das wesentliche Kennzeichen der krankhaften Panikstörung sind Panikattacken, das heißt wiederholte, nicht auf eine spezifische Situation oder ein spezifisches Objekt bezogene, typischerweise spontan auftretende Anfälle von intensiver Angst, die abrupt beginnen, meistens nur Minuten dauern und mit vegetativen Symptomen, Missempfindungen sowie Schwindel und Benommenheit, Derealisation (zeitweilige verfremdete Wahrnehmung der Umwelt) und Depersonalisation (hier verlieren Menschen zeitweilig ihr natürliches Persönlichkeitsgefühl oder nehmen es verändert wahr), Angst vor Kontrollverlust und Angst zu sterben einhergehen.

Mehr als drei Prozent aller Männer und sechs Prozent aller Frauen weltweit sind von dieser quälenden und komplikationsreichen Erkrankung, den Panikattacken, betroffen. Der Krankheitsausbruch liegt meistens zwischen dem 20. und 40. Lebensjahr.

Die Angst vor den zumeist unerklärlichen Panikattacken führt nahezu immer zu gravierenden Folgeproblemen: Die Betroffenen gehen allen möglichen „normalen" Tätigkeiten wie Bus- oder Autofahren aus dem Weg, Einkäufe und Erledigungen außer Haus werden aus Angst vermieden, es könnte wieder ein solcher Anfall auftreten und man könne daran sterben. Eine jüngste Studie der TU Dresden zeigte, dass Kinder panikkranker Eltern ein zwei- bis dreifach erhöhtes Risiko haben, ebenfalls eine Panikstörung zu entwickeln, nicht belastete Kinder erkranken dagegen nur in 8,3 Prozent der Fälle. Gerade beim psychoemotionalen Verhalten lernen Kinder viel von ihren Eltern. Daher sind erfolgreich behandelte Eltern die beste Prävention für die Kinder! Es gibt aber auch auf Untersuchungen basierende Vermutungen, dass Patienten mit Panikattacken eine starke Empfindlichkeit für CO_2-Veränderungen im Gehirn haben. Diese veränderte Empfindlichkeit könnte spezifisch für Patienten mit Panikattacken sein und sich von Patienten mit anderen Angsterkrankungen, Depressionen und vor allem von gesunden Probanden unterscheiden.

Eine weitere wichtige Bedeutung insbesondere bei der Entstehung einer generalisierten Angststörung, aber auch einer Panikstörung kommt schwerwiegenden, negativen (und traumatisierenden) Lebensereignissen zu (sogenannte „life events")

Therapeutisch kommen unter anderem Entspannungsverfahren, Verhaltenstherapie sowie Medikamente zum Einsatz. Bei der Verhaltenstherapie der Phobien, Angst- und Panikstörungen geht es vor allem darum, sich den Ängsten und angstbesetzten Situationen gezielt und in zunehmender Dosis auszusetzen, bis alle zuvor gemiedenen Situationen wieder in Besitz genommen und in das normale Leben integriert werden können. Man bedient sich hierzu folgender Verfahren: Reizkonfrontation, Reizüberflutung („flooding"). Es erfolgt unter paralleler therapeutischer Begleitung eine Konfrontation mit einer maximal angstauslösenden Situation, die so lange ausgehalten werden muss, bis eine physiologische Gewöhnung eintritt und der Patient lernt, dass die gefürchteten katastrophalen Folgen ausbleiben. Diese Verfahren hat die beste Heilungsquote, wird aber auch am wenigsten gut toleriert und akzeptiert.

Ängste sind in aller Regel von körperlichen Symptomen, vor allem auch von Verspannungen begleitet, die wiederum die körperlichen Symptome verstärken oder zumindest aufrechterhalten. Gleichzeitig ist Entspannung eine gute präventive Möglichkeit gegen Angststörungen. Hierfür eignen sich besonders Autogenes Training, Progressive Muskelentspannung nach Jacobson oder Biofeedback.

Die Progressive Muskelentspannung nach Jacobson ist ein sehr einfaches, jederzeit ohne viel Platzbedarf durchführbares Konzept der aktiven Entspannung. Sie können es im Liegen, Sitzen oder Stehen ausprobieren. Im Liegen verwenden Sie am besten die Rückenlage, die Arme locker seitlich neben dem Körper liegend. Im Sitzen achten Sie darauf, dass ein Bürostuhl mit Rollen möglichst arretiert ist. Sitzen Sie locker und aufrecht, stellen Sie die Füße schulterbreit satt auf den Boden. Im Stehen bleiben Sie locker aufrecht mit leicht gebeugten Knien stehen (der Stand entspricht jenem im Qi Gong). Bei jeder Übung halten Sie die Spannung für zwei bis drei Atemzüge, lösen Sie abrupt und spüren einfach zwei Minuten nach. Wie fühlt sich die Stirn nach dem Anspannen an? Warm, prickelnd? Alles ist möglich, versuchen Sie es einfach und fühlen Sie, wie Ihr Körper reagiert. Wiederholen Sie jede Übung zwei- bis dreimal. Ein kleiner Tipp: Sprechen Sie sich die Übungen im Zweiminutenrhythmus auf einen Tonträger und Sie haben Ihre eigene Entspannungshilfe.

Starten Sie mit dem Gesicht:

- Stirne runzeln – entspannen
- Augen zusammenziehen – entspannen
- Wangen aufblasen – entspannen
- Zähne zusammenbeißen – entspannen
- Zunge gegen die Zähne drücken – entspannen
- Kinn gegen die Brust drücken und gleichzeitig Schultern hochziehen – entspannen

Gehen Sie weiter zu den Händen:

- Rechte Hand zur Faust ballen – entspannen
- Rechten Am nach unten drücken – entspannen
- Linke Hand zur Faust ballen – entspannen
- Linken Am nach unten drücken – entspannen
- Schultern nach hinten ziehen – entspannen
- Bauch einziehen – entspannen
- Leichtes Hohlkreuz machen, Rücken anspannen – entspannen

Zuletzt die Beine:

- Rechten Fuß fest in den Boden hineindrücken – entspannen
- Die Zehen des rechten Fußes einrollen – entspannen
- Rechten Fuß in Richtung Knie ziehen – entspannen
- Linken Fuß fest in den Boden hineindrücken – entspannen
- Die Zehen des linken Fußes einrollen – entspannen
- Linken Fuß in Richtung Knie ziehen – entspannen

Nach Beendigung der Übung atmen Sie dreimal tief durch, öffnen die Augen. Zur Aktivierung des Kreislaufes bewegen Sie Arme und Beine.

Physisches Training wirkt auch bei chronischen Erkrankungen positiv auf Angst-Symptome. Angst ist ein oft wenig beachtetes und damit nicht behandeltes, zentrales Problem für Patienten mit chronischen Erkrankungen. (University of Georgia)

Wissenschafter schlussfolgern aus Studien, dass bei körperlich inaktiven Patienten mit chronischen Erkrankungen Ausgleichssport zu einer signifikanten Reduktion von Angst-Symptomen führen kann. (tellmed)

Sollten Sie mehr als zwei Tassen Kaffee pro Tag trinken, so sollten Sie einmal einige Tage echte „Abstinenz" probieren. Warum? Obwohl er das Lieblingsgetränk der Deutschen ist und diese jährlich 1,3 Milliarden Tassen trinken oder anders ausgedrückt sich jeder Deutsche im Jahr 150 Liter Kaffee wegen seiner anregenden Wirkung schmecken lässt, kann es bei einigen Menschen zur Auslösung von Ängsten nach Kaffeekonsum kommen. Sie verspüren nach dem Genuss von koffeinhaltigen Getränken Herzrasen, Schweißausbrüche, Unruhezustände und Einschlafstörungen; viele von ihnen erleben auch eine unbestimmte Angst: Zahlreiche Veränderungen im Erbgut sind dafür verantwortlich, dass manche Menschen mit Angst auf eine Tasse Kaffee oder Tee reagieren. All jene, die diese Veränderung nicht haben, können ohne Sorge ein bis zwei Schalen Kaffee pro Tag trinken. Es gilt übrigens als erwiesen, dass das Herzinfarkt-Risiko bei älteren Bluthochdruck-Patienten dadurch reduziert wird, da die Dehnbarkeit der Hauptschlagader verbessert wird. Es gibt allerdings keine Hinweise darauf, dass ein höherer Kaffeekonsum (3 bis 5 Schalen) die Dehnbarkeit der Hauptschlagader weiter verbessert.

Dieselbe genetische Variante, die zu einer erhöhten Ängstlichkeit nach dem Genuss von Koffein führt, konnten Forscher der Universität Bonn und Würzburg bereits vor einigen Jahren als genetische Risikovariante für Angsterkrankungen identifizieren. Alleine ist sie jedoch nicht die Ursache einer Angsterkrankung. Es braucht zusätzlich Umweltfaktoren, wie beispielsweise den Genuss von Koffein oder traumatische Lebensereignisse, damit sich eine Angststörung entwickelt.

Längerfristig anhaltende Ängste sind jedenfalls ernst zu nehmen. Je nach dem Grad der persönlichen Belastung durch die Angst sollte unbedingt ein Arzt aufgesucht werden. Unsere Großmutter hatte uns, als wir noch kleine Kinder waren, einmal erzählt, dass im Keller der berühmte „schwarze Mann“ sitzt. Wir hatten natürlich Angst davor, in den Keller zu gehen. Unsere Eltern wussten nichts davon und schickten uns immer wieder für verschiedene kleine Dinge hinunter. Wir erkannten und erlebten, dass niemand im Keller war. Langsam erlangten wir durch die wiederholten Gänge in den Keller und die fehlenden negativen Konsequenzen Gewissheit, dass da unten niemand ist. Hätte die Angst angehalten, so wäre zu ihrer Bewältigung eine Psychotherapie hilfreich gewesen. Dabei sollte man nicht außer Acht lassen, dass unerklärliche Angst als Folge und Konsequenz solcher Erlebnisse auch erst nach Jahrzehnten zutage treten kann.

Volkskrankheit Depression

„Traurigkeit ist Stille, ist Tod, Heiterkeit ist Regsamkeit, Bewegung, Leben." Dieser Ausspruch von Marie von Ebner-Eschenbach beschreibt sehr gut das Gefühl depressiver Menschen, die eine stete unangepasste Traurigkeit als „Stille" und „Tod" empfinden. Traurigkeit ist dabei nicht generell etwas Negatives, sie gehört situationsangepasst zu unserem Leben und hilft uns Raum für die Bearbeitung von Erlebnissen zu schaffen. Verweilen wir jedoch in einer tiefen Traurigkeit, so werden wir vom Leben immer mehr abgeschnitten – durch uns und die Gesellschaft.

Ähnlich ist es bei der Depression. Menschen, die stets die Schwierigkeiten des Lebens sehen und in krankhafte Traurigkeit verfallen, verlieren geistig und körperlich an Beweglichkeit. Und dies passiert täglich weit mehr Menschen, als wir glauben. Depressionen zählen nach Angaben der Weltgesundheitsorganisation zu den häufigsten psychischen Leiden überhaupt. Hochrechnungen zufolge wird die Depression im Jahre 2030 in den industrialisierten Ländern auf Rang eins der Krankheiten stehen, an denen Menschen leiden. Genetische Dispositionen, psychische Altlasten sind mögliche Faktoren, die eine Depression begünstigen. Freundschaften und enge soziale Kontakte können vor Depressionen schützen. Interessanterweise ist das Land mit der geringsten Depressionsrate das arme Bangladesch. Dort spielen soziale Kontakte in der Großfamilie eine wichtigere Rolle. Ein weiterer wesentlicher Auslösefaktor sind chronische Stressbelastungen und hohe Arbeitsdichte. Laut einer Studie der Columbia University haben Jugendliche ein um 24 Prozent höheres Depressionsrisiko, wenn sie nach Mitternacht oder später zu Bett gehen. Ausreichend guter Schlaf ist daher sowohl präventiv als auch therapeutisch eine wichtige Maßnahme.

Selbst die Ernährung beeinflusst das Depressionsrisiko. Ernährung, die reich an bearbeiteten Lebensmitteln ist, steigert das Depressionsrisiko. Ebenso sind Transfettsäuren nicht nur ungesund, sie können auch depressiv machen. Transfette sind in Backwaren, Pommes frites, Chips und anderen industriellen Lebensmitteln enthalten. „Transfett-Konsumenten haben ein um bis zu 48 Prozent erhöhtes Risiko, an Depressionen zu erkranken – und zwar im Vergleich zu jenen Probanden, die solche Fette nicht zu sich nahmen." Das Schwierige ist, dass der Konsument wenige Möglichkeiten hat zu erkennen, ob Transfettsäuren in seiner Nahrung sind. Sie können es nur vermuten, wenn z.B. der Fettanteil in einem Produkt sehr hoch ist. Hamburger, Pommes frites, Donuts, Apfeltaschen oder Topfengolatschen haben einen äußerst hohen Anteil der schädlichen Transfette. Ungesättigte Fettsäuren und Olivenöl dürften hingegen ebenso vor Depressionen schützen wie viel Obst, Gemüse und Fisch.

Die Veränderung „neuronaler Plastizität" wird als ein weiterer Teil in der Entstehung der Depression angesehen. Plastizität, also Änderung, in Verhalten, Funktion und Struktur ist eine grundlegende Eigenschaft von lebendigen Organismen. Entgegen älteren neurowissenschaftlichen Annahmen zeigen neuere Arbeiten, dass Plastizität auch im erwachsenen Gehirn auf verschiedenen Ebenen wirkt.

Generell muss man sich bewusst sein: Jeder Mensch kann Depressionen bekommen.

Einen ersten Hinweis auf eine depressive Störung lässt die Beantwortung der folgenden zwei Fragen erkennen:

1. Fühlten Sie sich im letzten Monat häufig niedergeschlagen, traurig, bedrückt oder hoffnungslos?
2. Hatten Sie im letzten Monat deutlich weniger Lust und Freude an Dingen, die Sie sonst gerne tun?

Werden beide Fragen mit „Ja" beantwortet, sollten Sie mit dem Arzt Ihres Vertrauens sprechen. Personen, welche sich in ihrer Freizeit regelmäßig – auch wenig intensiv – körperlich betätigen, haben ein geringeres Risiko, an Symptomen einer Depression zu leiden. Depressiv verstimmte Menschen ziehen sich gerne zurück, dabei wäre Bewegung draußen in der Natur optimal. Sie holt Menschen aus ihrer Isolation und sie nehmen Wind, Wetter und Gerüche wieder wahr. Ein regelmäßig durchgeführtes Ausdauertraining bei niedrigem Puls fördert außerdem die Ausschüttung von Glückshormonen. Suchen Sie sich eine Gruppe oder auch Einzelpersonen, mit denen Sie gemeinsam trainieren können, am besten zu fix vereinbarten Zeiten.

Burn-out – nicht nur eine Managerkrankheit

„Die modernen Sklaven werden nicht mit der Peitsche, sondern mit Terminkalendern angetrieben", sagte Telly Savalas und beschreibt damit, worunter Menschen, die Burn-out-Symptome aufweisen, leiden.

Nicht nur bei Managern ist die psychische Belastung durch Arbeit und Privatleben zunehmend ein Problem. War das Leben früher durch körperliche Belastungen geprägt, so ist es heute die mentale Belastung, die Leistungsdichte, die wir unserem Computer Gehirn abverlangen, prägend. Gleichzeitig steigt die Dichte der Anforderungen in Beruf und Alltag. Immer mehr Menschen können Telly Savalas' Ausspruch gut nachvollziehen. Oft treiben aber auch die eigenen Gedanken: Mach deine Arbeit perfekt! Mach deine Arbeit schneller! Streng dich ordentlich an! Du musst es allen recht machen! Haben Sie den Zwang sich zu beweisen, gefolgt von verstärktem Einsatz? Nehmen Sie Ihre ursprünglichen Bedürfnisse nach neuen Kleidern, dem Lesen eines Buches, ... nicht mehr so ernst? Oder gibt es gar keine Bedürfnisse mehr? Verdrängen Sie den inneren Konflikt, mit Freunden ins Theater gehen zu wollen, aber eigentlich im Büro bleiben zu müssen?

Dann sollten Sie hellhörig werden, denn dies sind die

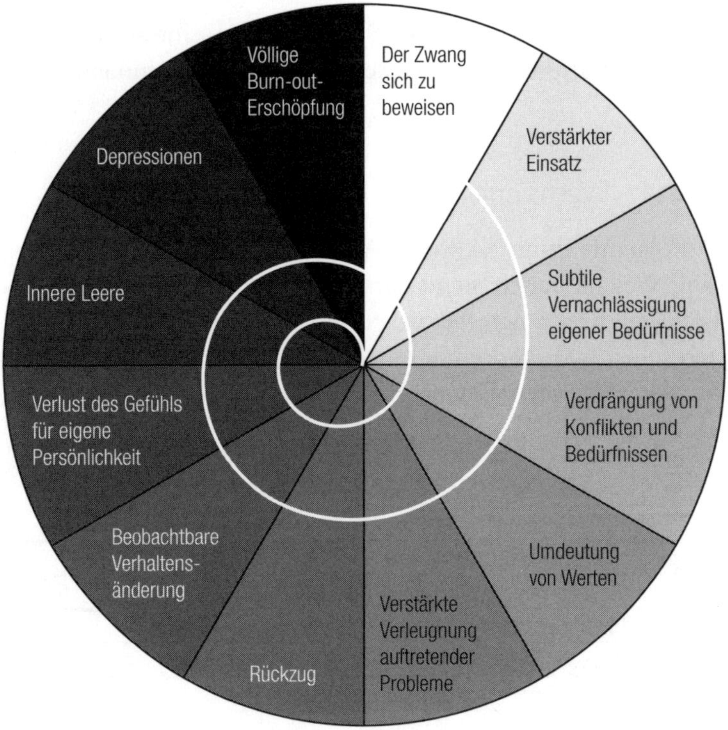

ersten Stufen eines klassischen Burn-outs. Sie meinen, ohne diese Einstellung kann man nicht erfolgreich sein, das machen alle beruflich erfolgreichen Menschen so? Prinzipiell ist es richtig, dass es ohne verstärkten persönlichen Einsatz keinen beruflichen Erfolg gibt. Dennoch führen langfristige Höchstleistungen mit ständigem Zeit- und Leistungsdruck, die das Interesse an privaten Dingen – Freunden, Hobbys, … – verschwinden lässt, zum Burn-out. Es ist nur eine Frage der Zeit, bis Erschöpfung, Müdigkeit, Schlaflosigkeit, Antriebslosigkeit, das Gefühl der steten Überforderung ständig präsent sind.

Es ist wichtig, derartige Veränderungen zu beobachten, um rechtzeitig gegensteuern zu können. Probieren Sie doch einmal den Test von Prof. Kaluza, einem deutschen Psychotherapeuten, der mögliche Symptome in einem einfachen Stressevaluationsbogen (siehe Seite 282) zusammengefasst hat.

Kaluza – Warnsignale für Stress

Folgende Punkte können Anzeichen einer Überforderung sein. Welche haben Sie in der letzten Woche an sich feststellen können? Zählen Sie die Punkte bei dem Test, die Sie bei sich selbst wahrgenommen haben zusammen und prüfen Sie bei der folgenden Bewertung, ob Sie unter Überforderung leiden.

	stark	leicht	Kaum/gar nicht
Körperliche Warnsignale			
Herzklopfen/Herzstiche	2	1	0
Engegefühle in der Brust	2	1	0
Atembeschwerden	2	1	0
Einschlafstörungen	2	1	0
Chronische Müdigkeit	2	1	0
Verdauungsbeschwerden	2	1	0
Magenschmerzen	2	1	0
Appetitlosigkeit	2	1	0
Sexuelle Funktionsstörungen	2	1	0
Muskelverspannungen	2	1	0
Kopfschmerzen	2	1	0
Rückenschmerzen	2	1	0
Kalte Hände/Füße	2	1	0
Starkes Schwitzen	2	1	0
Emotionale Warnsignale			
Nervosität, innere Unruhe	2	1	0
Gereiztheit, Ärgergefühle	2	1	0
Angstgefühle, Versagensängste	2	1	0
Unzufriedenheit/Unausgeglichenheit	2	1	0
Lustlosigkeit (auch sexuell)	2	1	0
Innere Leere, „ausgebrannt sein"	2	1	0

	stark	leicht	Kaum/gar nicht
Kognitive Warnsignale			
Ständig kreisende Gedanken/ Grübeleien	2	1	0
Konzentrationsstörungen	2	1	0
Leere im Kopf („black out")	2	1	0
Tagträume	2	1	0
Albträume	2	1	0
Leistungsverlust/häufige Fehler	2	1	0
Warnsignale im Verhalten			
Aggressives Verhalten gegenüber anderen „aus der Haut fahren"	2	1	0
Fingertrommeln, Füße scharren, Zittern, Zähne knirschen	2	1	0
Schnelles Sprechen, Stottern	2	1	0
Andere Unterbrechen, nicht zuhören können	2	1	0
Unregelmäßig essen	2	1	0
Konsum von Alkohol oder Medikamenten zur Beruhigung	2	1	0
Private Kontakte („schleifen lassen")	2	1	0
Mehr Rauchen als gewünscht	2	1	0
Weniger Sport und Bewegung als gewünscht	2	1	0
Gesamtpunktezahl			

Bewertung

0–10 Punkte: Sie können sich über Ihre relativ gute gesundheitliche Stabilität freuen. Ein Entspannungstraining wird bei Ihnen vor allem vorbeugende Wirkung haben.
11–20 Punkte: Die Kettenreaktion von körperlichen und seelischen Stressreaktionen finden bei Ihnen bereits statt. Sie

sollten möglichst bald damit beginnen, Ihre Kompetenz zur Stressbewältigung zu erweitern.
21 und mehr Punkte: Sie stecken bereits tief im Teufelskreis der Verspannungen, emotionalen Belastungen und Gesundheitsstörungen. Sie sollten auf jeden Fall etwas gegen Ihren Stress und für mehr Gelassenheit, Ruhe und Leistungsfähigkeit tun.

Burn-out – eine „klassische" Karriere?

Freudenberger beschrieb 1973 erstmals den Begriff des Burnout, damals als ein Problem helfender Berufe. Hohe Arbeitsbelastung gepaart mit einem besonders hohen persönlichen Engagement, die jedoch nicht immer aus dem klassischen Berufsalltag kommen müssen, werden als ursächlich angesehen. Um die Anforderungen erfüllen zu können, kommt es zu einer chronischen Vernachlässigung der eigenen Bedürfnisse auf physischer sowie psychischer Ebene. Dies führt zu vielfachen Veränderungen – Mehrkonsum von Kaffee und Zigaretten, Bewegungsmangel, Änderung der Ernährungsgewohnheiten, Vernachlässigung der eigenen Person. Konzentrationsstörungen, Energiemangel, Schlafstörungen werden von psychosomatischen Reaktionen wie Rückenschmerzen, Gewichtsveränderungen, Herzrhythmusstörungen oder -klopfen, Bluthochdruck oder Beschwerden im Zusammenhang mit der Verdauung gefolgt. Am Ende stehen eine negative Einstellung zum Leben, Hoffnungslosigkeit, existenzielle Verzweiflung sowie Selbstmordgedanken und -absichten.

Eine klassische „Karriere" präsentierte uns ein 35-jähriger leitender Angestellter, der es ohne Studium geschafft hat, das Controlling eines Unternehmens mit ungefähr 28 Betriebsstätten in Österreich zu übernehmen. Nebenbei gründete er eine Familie. Seine sportlichen Ambitionen lebte er seit der Jugend im Radsport aus. Zwei Jahre vor dem Zusammenbruch nahm er sich für einige Monate psychologische Unterstützung. Die guten Vorsätze hielten nicht lange. Er brach die Therapie ab. Danach verlor er zunehmend jegliches Gefühl für seinen Körper – Radfahren wurde nur mehr mit Zwang unter extremen Belastungen durchgeführt. Er verlor das Gefühl für positive Lebensaspekte (Familie, Freunde, ...). Dafür führten Schlafstörungen, Gereiztheit und jegliche Überzeichnung körperlicher Symptome wie Herzrasen oder Rückenschmerzen zunehmend zu Zweifeln am eigenen Ich und der eigenen Leistungsfähigkeit. Natürlich veranlassten ihn seine Beschwerden vorerst körperliche Ursachen zu suchen. Klinische Untersuchungen ergaben keinerlei Anhaltspunkt für pathologische Veränderungen. Seitens des Facharztes für Psychiatrie wurde er medikamentös eingestellt und eine Gesprächstherapie veranlasst. Wegen der Rückenschmerzen kam er in die Sprechstunde. In der klinischen Untersuchung zeigte sich eine ausgeprägte Haltungsschwäche bei allgemein schwachem Muskelkorsett und atypischer Atmung. Diese konnte ebenso wie andere physisch-psychische Belastungsrektionen im Biofeedback bestätigt werden. Eine Belastungsergometrie mit Lactat zeigte, dass das Radtraining ineffektiv war. Im Therapiekonzept wurden Trainingstherapie zur Kräftigung der Rumpfmuskulatur, Ausdauertraining im aeroben Bereich, Atemtherapie sowie Massagen verordnet. Bei den Massagen war auffällig, dass er die Berührungen zu Beginn fast gar nicht wahrgenommen hat. Aus diesem Grund wurden anfangs ergänzend Bürstenmassagen durchgeführt. Im Laufe der Therapie normalisierte sich die Empfindlichkeit. Langsam konnte durch den vernetzten Einsatz der verschiedenen körperlichen und mentalen Hilfestellungen eine völlige Reintegration in den Berufsalltag innerhalb einiger Wochen erzielt werden. Nicht immer ist dies so! Warten die Menschen zu lange zu, also bis sie alle Stufen des Burn-outs durchlaufen haben, so kann eine Reintegration auch ein bis zwei Jahre dauern. Daher gilt auch hier – je früher erkannt, umso einfacher und besser kann behandelt werden.

Kommt es zu keiner Änderung der Verhaltensweisen, so folgt auf die Verdrängung von Konflikten und Bedürfnissen die Umdeutung von Werten („es ist ja gut, dass ich nicht zu Hause bin, dadurch kann ich ...") und in weiterer Folge eine verstärkte Verleugnung aufgetretener Probleme. Je mehr einem die Dinge über den Kopf wachsen, umso mehr beginnt der Rückzug. Menschen, die einst gesellig und aktiv waren, vermeiden nun den Kontakt mit anderen – oft aus Angst, Situationen nicht gewachsen zu sein. Zunehmend treten beobachtbare Verhaltensänderungen auf. Der Verlust des Gefühls für die eigene Persönlichkeit führt schließlich zur inneren Leere und in weiterer Folge zur Depression und zum Burn-out. Betroffene laufen wie in einem Hamsterrad. Sie laufen und laufen, nehmen oft gar nicht wahr, wie schlecht es ihnen schon geht. So lange, bis sie fallen. Da das Fehlen einer realistischen Einschätzung der eigenen Aktivitäten zum Krankheitsbild gehört, ist es wichtig, möglichst frühzeitig mit den Gefährdeten Möglichkeiten und Grenzen des eigenen Tuns zu reflektieren. Je früher erkannt wird, dass der Weg der falsche ist, umso eher können wir umkehren! Dinge, die Sie vor Jahren noch begeistert haben, können sehr rasch zu einer Belastung werden! Es liegt an Ihnen, aktiv gegenzusteuern und einen „Festplattencrash" durch Burn-out und Depressionen zu vermeiden.

Erste Maßnahmen (präventiv und als Teil eines therapeutischen Konzeptes) sind klassische Lebensstilmodifikationen im Sinne einer gesunden Lebensführung – ausgewogene Ernährung, regelmäßige Bewegung, mentales Training, ausreichender Schlaf. Physikalische Maßnahmen können die körperliche und die seelische Kräftigung erfolgreich unterstützen. Massagen, Kneippsche Anwendungen, medizinische Bäder (Moorbäder, Ölbäder mit Baldrian und Melisse) sind ebenso hilfreich wie Bürstenmassagen oder Wechselduschen. Verschiedenste wissenschaftliche Studien beweisen, dass die Massage nicht nur entspannend ist, sondern auch das Stressverhalten und die Stresstoleranz fördert.

Außerdem unterstützt Sie die Wahrnehmung des eigenen Körpers. Das Erlernen einer der verschiedenen Formen des Entspannungstrainings sollte so früh wie möglich gestartet werden. Die Auswahl der Methodik – Autogenes Training, Progressive Muskelrelaxation nach Jacobson, Qi Gong, Meditation, Achtsamkeit u.a. – sollte sich nach den Interessen der Betroffenen richten. In der Praxis zeigt sich, dass zu Beginn oft Formen mit Integration von Bewegungsmustern einfacher umzusetzen sind als rein statische Formen. Suchen Sie sich wieder ein Hobby. Ob dieses sportlich oder musikalisch orientiert ist oder zum Beispiel die liebevolle Betreuung des eigenen Gartens, ist eine Interessensfrage. Wichtig ist die Wiedererlangung bzw. Beibehaltung eines breiten Interessensspektrums. Kontakte müssen sorgfältig gepflegt werden, vor allem in Zeiten, in denen man sie nicht zu brauchen scheint. Sonst kann man bei Bedarf nicht „ernten".

Sollten Sie Kinder haben, denken Sie ruhig öfter mal an das Lied „Der gekaufte Drachen" von Udo Jürgens. Es erzählt von einem stolzen wohlhabenden Vater, der sagt: „Was Sie seh'n, gehört mal meinem Kleinen. Dieses Haus, die Fabrik, nur für ihn tu' ich das …" Dann kommt der kleine Sohn und sagt bloß: „Papa, ich weiß nicht, ob ich das will, ich will mit dir einen Drachen bau'n, mit dir einen Drachen bau'n, für sowas hast du niemals Zeit …" Sollten Sie nicht wissen, wie dieses Lied weitergeht, lesen Sie den Text auf der Homepage von Udo Jürgens nach.

Sport – Prävention und Therapie

Regelmäßige Bewegung mit der richtigen Intensität senkt nicht nur den Blutdruck, sondern auch den Ruhepuls und die Atemfrequenz – klassische Stressparameter. Gehen Sie jedoch gelassen an die Bewegung heran. Es ist nicht wichtig, zu den Besten zu gehören. Viel wichtiger ist es, durchzuhalten und regelmäßig etwas zu tun. Wenn Sie Ihr Training möglichst zeitökonomisch und effektiv gestalten wollen, gönnen Sie sich die Beratung von Spezialisten – eine Trainingseinstellung mit Lactat lässt Sie in kürzester Zeit effektiv trainieren. Es ist Ihnen vielleicht schon aufgefallen, dass Sie an manchen Tagen bei gleichem Puls schneller laufen können, an anderen müssen Sie langsam traben. Das ist ganz normal. Wir dürfen nicht vergessen, dass sich der Puls der Tagesverfassung unseres Körpers anpasst. Dadurch ist pulsgesteuertes Training auf Basis eines Lactattests das sicherste Training, das man heute auch in der modernen Rehabilitation verwendet. Übrigens, haben Sie sich schon einmal überlegt, sich mit einem/einer Freund/in zu Ihrem Bewegungsprogramm zu treffen? Dinge, die man gemeinsam macht, machen oft viel mehr Spaß und nachher gibt es noch jede Menge Möglichkeit für entspannende Gespräche. Eine andere Möglichkeit, mehr Spaß ins Training zu bringen, ist es, das Erleben der Natur in den Sport zu integrieren. Wenn es vielleicht auch nicht regelmäßig möglich ist, vielleicht schaffen Sie es wenigstens hin und wieder, ins Freie zu kommen. Dass Bewegung nicht nur dem Körper guttut, ist durch zahlreiche Studien bewiesen. Psyche und Immunabwehr profitieren davon ebenso. Die richtige Dosierung und Anleitung sind dabei gerade zu Beginn wichtig. Viel zu oft besteht das Bedürfnis nach „alles oder nichts“. Eine supervidierende Begleitung ist zu Vermeidung von Überlastungsschäden ebenso wie für die Erhaltung der Effektivität eines entsprechenden Trainingsprogramms sinnvoll. Schwache Bauchmuskulatur, schlechte Beinachsenstabilität oder zu schwache Schultermuskulatur kann Überlastungsschäden verursachen. Natürlich sollte auch in diesen Fällen trainiert werden – allerdings nach entsprechender Vorbereitung der Muskulatur. So können ein primäres Ergometertraining und begleitende Heilgymnastik ein guter Start für viele andere Sportarten sein. Generell sind alle Formen des Ausdauertrainings präventiv und therapeutisch sinnvoll. Zu beachten ist immer, dass die nötige Bereitschaft nur durch Integration sozial akzeptierter Bewegungsformen zu erzielen sein wird. Nach dem

Sport sind neben der Massage auch verschiedene Bäder oder Kneippsche Anwendungen positive verstärkende Elemente. Massagen und Kneippsche Anwendungen haben neben dem entspannenden Moment auch auf das Immunsystem einen stimulierenden Effekt.

Haben Sie den Weg des Burn-outs schon über die ersten drei bis vier Stufen beschritten, so ist professionelle Unterstützung und Begleitung unerlässlich. Helfen in den Anfangsphasen teilweise noch „Intensivurlaube“, so ist im fortgeschrittenen Stadium gezielte Psychotherapie unerlässlich. Je nach Krankheitsstadium ist eine medikamentös unterstützende Therapie nötig. Bis deren Notwendigkeit von den Betroffenen akzeptiert wird, kann es jedoch einige Zeit dauern. Natürliche Präparate (Johanniskraut-Monopräparate und/oder Johanniskraut-Passionsblume-Baldrian-Kombinationen), die die Serotonin-Aufnahme hemmen und damit die Stimmung positiv beeinflussen, sind am Anfang eine wertvolle Hilfe. Eine angemessene und eher intensivierte psychopharmakologische Behandlung mit Antidepressiva ist in fortgeschrittenen Fällen unumgänglich. Gezielt eingesetzt ist das Risiko von Nebenwirkungen in einem tolerablen Rahmen, insbesondere wenn die Nebenwirkungen dem ständigen Stress der inneren Leere und des Schlafentzuges gegenübergestellt werden. Seien Sie allerdings vergewissert, dass Tabletten alleine den Weg nicht wesentlich ändern. Untersuchungen haben gezeigt, dass die Entscheidung, ob Veränderungen, wie in den ersten drei bis vier Stufen beschrieben, zu einem Burn-out führen, wesentlich davon abhängt, ob Menschen gelernt haben sich abzugrenzen.

Lernen Sie Nein zu sagen!

Als Kinder und Jugendliche werden wir durch Lob motiviert. Wenn wir Ja zu den aufgetragenen Aktivitäten sagen, sind wir gut und brav. Der Managementberater Reinhard Sprenger weist in seinen Büchern immer wieder darauf hin: „Alles

Motivieren ist Demotivieren. Lob macht uns von anderen abhängig. Selbstverantwortung gibt uns Freiheit." De facto müssen wir gewahr sein, dass wir, wenn wir immer Ja sagen, der Anerkennung nachlaufen und erpressbar sind. Daher ist es wichtig, wählen und Nein sagen zu lernen. Daher hinterfragen Sie immer wieder, ob, wenn Sie ja sagen, Sie dies auch wirklich wollen. Überprüfen Sie, wie „selbstverantwortlich" Sie mit Ihrer persönlichen Energie umgehen. Entrümpeln Sie Ihren Terminkalender. Klar, nicht immer kann man alles, was einem nicht gefällt, bleiben lassen. Aber es gibt mehr Dinge, als Sie glauben, die sich bei näherer Betrachtung als unnötig erweisen. Planen Sie rechtzeitig und nach Möglichkeit mit „Pufferzeit". Denken Sie daran, dass Sie nicht gleichzeitig an mehreren Orten sein können. Besprechungen können länger dauern, der Verkehr kann zum Stocken kommen.

Übrigens, sollten Sie im Verkehr stecken, nützen Sie die Gelegenheit für ein paar Atemübungen. Gleich ob Sie sich ärgern oder nicht – die Ampel ist rot, der Verkehr fließt nicht, er stockt. Atmen Sie daher besser durch die Nase ein und den Mund aus. Blasen Sie den Ärger wie ein Blatt im Wind vor sich her. Nützen Sie diese kurze Pause für sich. Besprechen Sie ruhig mit sich selbst, warum diese Situation nicht änderbar ist. Ärger, der thematisiert ist, belastet im Allgemeinen weniger, als wenn Sie ihn nur hinunterschlucken. Überlegen Sie sich, ob Ihre Anforderungen, Ihr Zeitplan – wenn Sie an Ihrem Zielpunkt landen – noch mit Ihren Bewältigungsmöglichkeiten übereinstimmen. Planen Sie jetzt, wie Sie jene Tätigkeiten, die Sie eigentlich noch machen wollten, nun noch schaffen können oder ob es vielleicht besser ist, etwas von Ihrem Tagesplan zu streichen.

Achten Sie darauf, dass Ihre Ziele erreichbar sind. Unterscheiden Sie zwischen Nah- und Fernzielen. Es ist leicht gesagt: „Ich gehe auf den Mount Everest", der Weg dorthin ist jedoch ein langer. Stecken Sie sich immer wieder kleinere Etappenziele und freuen Sie sich, wenn Sie diese erreichen.

Diese Freude motiviert für die nächste Etappe und gibt somit neue Energie! Überlegen Sie sich aber auch, ob Ihr Ziel wirklich erreichbar ist. Haben Sie wirklich Zeit, Kompetenz und Ressourcen für die gestellte Aufgabe?

Seien Sie zu sich so fair wie zu anderen. Verlangen Sie von sich nicht mehr! Manche Menschen neigen dazu, statt Selbstkritik Selbstzerfleischung zu betreiben. Selbst jene, die noch so stark erscheinen, haben ihre Schwächen. Nicht alles, was Sie als Schwäche empfinden, sieht Ihr Gegenüber genauso kritisch. Außerdem, machen uns nicht gerade diese kleinen Fehler menschlich und liebenswürdig? Stellen Sie sich vor, welchen Druck Sie auf Ihre Lieben ausüben, wenn Sie immer nur perfekt sind. Also lassen Sie es ruhig „menscheln".

Immer in Eile – wovor laufen Sie davon?

Das alles geht nicht, meinen Sie? Die Zeit haben Sie nicht? Natürlich kosten jede Therapie und jede Veränderung Zeit. Der Wesensart und Einstellung vieler Burn-out-Betroffener, keine Zeit für sich zu haben, widerspricht es natürlich, sich Zeit für sich zu nehmen. Zu Beginn ist ja der einzige Wunsch, möglichst rasch wie ein Gerät „wiederhergestellt" zu werden. Die Veränderung der Einschätzung der persönlichen Situation, die Einsicht in die Notwendigkeit von Veränderung bedarf ausführlicher Aufklärung und Geduld – bei Patient und Therapeuten. Der angenehme Effekt passiver entspannender Maßnahmen kann unterstützten, aber die eigene aktive Arbeit nicht ersetzen. Auch das Argument, dass Sie Ihrer Familie nicht auch noch diese Zeit wegnehmen können, stimmt nicht. Bedenken Sie, wie schon erwähnt: Die Zeit, die Sie dafür benötigen, nehmen Sie niemandem weg! Josef Kirschner sagte: „Wer immer nur in Eile ist, läuft nicht selten sein ganzes Leben lang vor sich selbst davon." Vielleicht sollten Sie einmal darüber nachdenken. Bedenken Sie immer: Sie sind für sich selbst verantwortlich, Sie entscheiden, wie viel

Sie sich wert sind! Außerdem arbeiten seelisch gesunde Menschen besser und lieber als solche, die geknechtet werden oder sich selbst knechten, sind sich Forscher einig!

Sonnenstrahlen des Lebens

Versuchen Sie, gleich ob Sie sich völlig gesund fühlen oder gerade in einem Tief stecken, immer wieder Sonnenstrahlen in Ihrem Alltag zu finden oder selbst Lichter zu entzünden. Dies müssen nicht unbedingt extrem aufwendige oder teure Dinge sein. Ein herzhaftes Lachen, ein Schmetterling, in der Sonne funkelnde Schneekristalle können dabei ebenso hilfreich sein wie ein entspannendes Bad. Wenn Sie ein entspannendes Bad nehmen, dann sollten Sie dieses auch aktiv im Sinne des Genusses gestalten. Während Sie das Wasser einlassen, mischen Sie hundert Milliliter Badeextrakt mit drei Esslöffeln Honig, einem Eigelb, drei Tropfen Rosenöl oder drei Tropfen Neroli. Sollten Sie keinen Badeextrakt haben, können Sie auch einen Viertel Liter Schlagobers für ein entspannendes, die Haut verwöhnendes Bad verwenden. Während Sie in der Badewanne liegen, genießen Sie das warme umhüllende Wasser, lassen Sie leise Musik spielen. Vielleicht entzünden Sie auch einige Kerzen. Oder versuchen Sie doch wieder einmal eine Speise so richtig zu genießen. Lassen Sie sich jeden Bissen am Gaumen zergehen. Es gibt viele Möglichkeiten, bewusst zu genießen. Ein Spaziergang über eine Wiese, vielleicht barfuß, bei dem Sie so richtig jede Bodenunebenheit wahrnehmen, fühlen, ob der Boden warm oder kalt ist, ist eine herrliche Möglichkeit, seine Sinne zu genießen. Oder gehen Sie tanzen und fühlen Sie, wie sich Ihr Körper erhitzt, die Wärme sich über den ganzen Körper ausbreitet und Ihre Muskeln so richtig lockert. Natürlich kann auch ein Saunabesuch Entspannung bringen.

Neuere Studien haben gezeigt, dass Jasminduft aus Gardenia jasminoides ein ähnlicher Stimmungsaufheller ist wie Valium. Jasminduft beruhigt, löst Angst und fördert Schlaf.

Er stärkt die Wirkung eines Botenstoffs im Gehirn ähnlich den Benzodiazepinen. Daher können Sie auch einen Duftstein oder ein Taschentuch mit natürlichem Jasminöl zur Unterstützung der Entspannung aufstellen. Die Ergebnisse kann man auch als Nachweis einer wissenschaftlichen Grundlage der Aromatherapie sehen. Sollten Sie noch immer zu wenig Gründe haben, Ihr Leben zu ändern, bedenken Sie, dass auch sexuelle Funktionsstörungen, also geringere Libido und Erregung, durch Stress und Rauchen ebenso beeinflusst werden wie durch hormonelle Kontrazeption, Schwangerschaft, die Qualität der Partnerbeziehung oder Kinderwunsch.

DUNGLs Powerkalender

Sie wissen, Sie sollten etwas für Ihre Gesundheit tun – regelmäßige Bewegung, gut und gesund essen und etwas mentales Training. Das Wissen und Wollen ist da, aber wie können wir uns selbst disziplinieren? Eigenverantwortung, die Kraft zur Selbstmotivation und die Bereitschaft, sich selbst Gutes zu tun, sind ja keine leichte Aufgabe. Sie haben Angst, dass es trotz allen Wollens wieder nicht klappt, nach drei Wochen wieder das Training ausfällt, Sie nicht frühstücken und die Pausen zum Energietanken einfach ständig für „Wichtigeres" verloren gehen.

Auch wenn mehr als die Hälfte aller vom Arzt behandelten Erkrankungen Folgen eines ungesunden Lebensstils sind, gibt es genügend andere Gründe, den Lebensstil zu ändern:

- mehr Lebensqualität – da bessere körperliche & emotionale Belastbarkeit
- natürliches Anti-Aging
- mehr Energie für Familie und Hobbys

– ungewöhnliche Ziele erreichen – einen Marathon laufen, den Großglockner bezwingen

Motivation und Selbstkontrolle sind zur Erreichung dieser Ziele wesentliche Elemente. Aber wie schaffen wir diese? Vergessen Sie langwierige Aufzeichnungen. Sie zu lesen, braucht viel zu viel Konzentration. Je einfacher Sie auf einen Blick Ihre Gesundheitsaktivitäten überblicken, umso eher werden Sie Ihr Ziel erreichen.

Sie brauchen dazu lediglich einen Stehkalender, der eine Woche auf einen Blick erfassen lässt, und bunte Klebepunkte. Der Kalender darf nicht mehr und nicht weniger als eine Woche auf einem Blatt zeigen, damit Sie den Überblick sofort haben. Die Punkte mit dem Filzstift selbst aufzumalen, ist kein guter Ersatz, da sie sich meist nicht gut von Geschriebenem abheben.

Wie Sie nun zum Erfolg kommen?

Definieren Sie nun einzelne Schritte auf Ihrem Weg zu weniger Stress und mehr Gesundheit, z.B.:

– Täglich 15 Minuten Qi Gong,
– 3x in der Woche eine halbe Stunde Fahrradfahren,
– wieder regelmäßig frühstücken.

Legen Sie lieber kleinere machbare Ziele fest als Siebenmeilenschritte. Wenn Sie den Gipfel eines Berges erklommen haben, ist es gleich, wie viele Schritte Sie gemacht haben – entscheidend ist, dass Sie oben sind. Ordnen Sie den drei wesentlichen Schritten eine Punktfarbe zu – zum Beispiel Gelb für Qi Gong, Blau eine halbe Stunde Fahrradfahren oder Grün für das Frühstück. Wann immer Sie während eines Tages die Vorgaben zur Erreichung eines Punktes erfüllt haben, kleben Sie einen Punkt in Ihren Kalender.

Übrigens, jeder hat einmal einen Tag, wo nichts klappt. Dies ist keine Katastrophe, solange Sie am nächsten oder übernächsten Tag wieder Ihre Ziele verfolgen. Markieren Sie diese Tage mit einem roten Punkt. Fehler sind menschlich

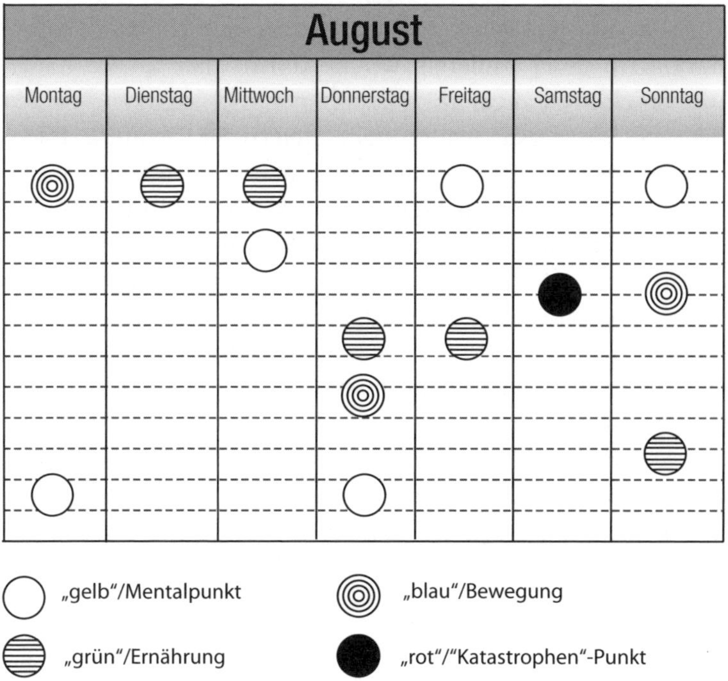

und wir haben immer wieder die Chance, sie zu korrigieren, wenn wir zu ihnen stehen. Ein gutes Wochenziel für den Einstieg ist es zum Beispiel, 3 blaue Bewegungspunkte, 5 grüne Ernährungspunkte (Frühstück, …) und 5 gelbe Mentalpunkte (Qi Gong) anzustreben. Ein roter Punkt pro Woche ist keine Katastrophe.

Schaffen Sie in einem Monat mindestens 12 blaue Punkte, 20 grüne Punkte und 20 gelbe Punkte, aber nicht mehr als 4 rote Punkte, so dürfen Sie stolz sein – Sie haben vier Wochen durchgehalten! Dies verdient eine Belohnung – und die sollten Sie schon zu Beginn festgelegt haben. Stellen Sie sich selbst eine BeloEmmentaler/Parmesannung für dieses tolle Ergebnis in Aussicht – z.B. ein bestimmtes Buch, einen Kinobesuch, eine Massage oder Karten für die Oper. Suchen Sie sich Sachen aus, die Sie wirklich gern haben oder tun möchten! Diese Belohnung verdienen Sie auch dann, wenn

Sie zum Beispiel in einer Woche zwar nur 2 blaue Punkte hatten, in einer anderen Woche dafür aber 4. Sie haben immer eine Chance, Ihr Verhalten zu korrigieren. Freuen Sie sich über erste Änderungen, feiern Sie kleine Erfolge! Wichtig ist es zu starten und die eigenen Leistungen anzuerkennen, sie wertzuschätzen. Loben Sie sich selbst. Eigenlob stinkt nicht, sondern baut auf. Sie können auch Ihrem Lebenspartner oder Ihrer -partnerin davon erzählen. Genießen Sie es, eine Woche, einen Monat durchgehalten zu haben. Sie werden mit viel mehr Lust am Durchhalten in die nächste Woche gehen. Es ist vielleicht das Wichtigste, das Sie überhaupt tun können, um sich zu motivieren, Ihre Erfolge zu sehen und sie zu feiern. Nichts ist schwieriger, als sich selbst zu besiegen! Übrigens – wenn Sie zu schätzen wissen, was Sie geschafft haben, werden Sie auch unabhängiger von der Anerkennung anderer.

Starten Sie jetzt!

Wenn Sie es schaffen, auch nur einen Teil der genannten Tipps umzusetzen, dann tun Sie nicht nur Ihrer Seele etwas Gutes. Sie meinen, genetische Veränderungen verhindern einen Erfolg? Genetische Veränderungen – die es trotz der 99,9%igen Übereinstimmung in der Abfolge des genetischen Codes des Menschen gibt – steigern das individuelle Risiko, eine Krankheit zu bekommen. Nur selten bedeutet jedoch eine bestimmte genetische Konstellation, dass der Betroffene einem unausweichlichen Schicksal entgegensieht. Vielmehr spannen Risikogene nur den Hahn des Revolvers, den Abzug betätigen wir dagegen selbst durch eine gesundheitsschädliche Lebensführung. Wenn thrombosegefährdete Personen zusätzlich noch rauchen, übergewichtig sind oder die Pille nehmen, steigt das Thrombose-Risiko deutlich an. Genvarianten isoliert zu betrachten, ist daher nicht sinnvoll. Das individuelle Verhalten – Bewegung, Ernährung, Stress, Nikotin, ... – ist immer miteinzubeziehen. Es liegt an uns, einen falschen Weg zu ändern. Wir können jederzeit umkehren.

„Wer den Menschen die Hölle auf Erden bereiten will, braucht ihnen nur alles zu erlauben." Dieser Satz von Graham Greene gilt für unsere Gesundheit im wahrsten Sinn des Wortes. Wenn wir essen, bis wir nicht mehr können, wenn wir den ganzen Tag nur im Bett verbringen oder stets bis zur Erschöpfung laufen, wenn wir stets den Exzess leben, werden wir uns rasch verbrauchen. Wenn wir die Besonderheiten zum Alltag machen, wird die Freude daran verloren gehen. Dabei erkennt man oft erst im Laufe des Lebens, mit zunehmendem Alter, dass die einfachen Dinge die wahrhaft großen sind. Sie meinen, dafür haben Sie keine Zeit, da Sie in der Welt etwas bewegen müssen? Schon Sokrates wies darauf hin, dass, wer die Welt bewegen will, sich erst selbst bewegen sollte.

Gehen wir's an!

Anhang

Rezepte bei Lactose- und Fructoseunverträglichkeit

Frühstück

Die Mengen der Rezepte sind jeweils für 1 Person berechnet:

Reis-Congee spezial

(kann man gut vorbereiten und im Kühlschrank für 2–3 Tage aufheben)

Zutaten, Zubereitung:
150 g runder Reis in 3/4 l Wasser eine 3/4 Stunde mit Zimtrinde und Gewürznelken köcheln lassen. Zum Schluss einen Hauch frisch geriebene Zitronenschale zugeben. Vor dem Essen 8 bis 10 Himbeeren oder Brombeeren (können auch tiefgefrorene sein, dann aber kurz antauen) mit 1/3 des gekochten Reises mischen. Wenn Sie Ingwer gerne haben, können Sie alternativ zu Zimt und Gewürznelken auch einmal die geriebene Schale einer ½ Zitrone mitkochen, 1 kleines Stück frischen Ingwer in den Reis reiben und dann mit Beeren genießen.

Wärmender Haferflockenbrei exotic

Zutaten, Zubereitung:
4 EL Haferflocken trocken anrösten; etwas geriebenen Ingwer und Zimt dazugeben und alles mit Wasser zu einem Brei

kochen. 100 g Papaya von der Schale befreien, mit Zitrone beträufeln und in den Haferbrei mischen. Zum Schluss mit 3 fein gehackten Walnüssen die kurz geröstet wurden, verfeinern.

Hauptspeisen

Bei den Hauptgerichten ist das lange Kochen wie besprochen besonders wichtig. Ebenso das langsame Essen!

Die Rezepte wurden jeweils für 4 Portionen berechnet.

Gefüllte Putenrolle an Polentapüree

Zutaten:
800 g Truthahnschnitzerl, 200 g Schafkäse, 400 g Mangold, Salz, 2 Zehen Knoblauch, 100 g Maisgrieß, 200 ml Wasser, 200 ml lactosefreie Milch, Salz, Safran, Muskat, 1 KL Alsan

250 g Wurzelgemüse, 0,5 l Gemüsebrühe, Salz, 1 Tasse Kresse, 2 EL Crème fraîche

Zubereitung:
Truthahnschnitzerl leicht klopfen und auf geölte Alufolie auflegen. Mit Salz und Rosmarin würzen. Beim Mangold den dicken Strunk ausschneiden, Rest in Streifen schneiden und kurz mit Knoblauch in wenig Öl braten. Mangold auf den aufgelegten Putenfilets verstreichen, würfelig geschnittenen Schafkäse darauf verteilen, einrollen und mit Alufolie gut verschließen. Im Rohr bei 120 bis 140° 30 bis 40 Minuten garen.

Polenta in kochende Wasser-Milch-Mischung einlaufen lassen, Safran, Salz und Muskat zugeben und unter Umrühren ca. 5 Minuten kochen. Zum Schluss 1 Kaffeelöffel Alsan unterrühren und eventuell mit dem Mixstab pürieren.

Faschiertes auf cremigem Spinat

Zutaten:
1 EL Maiskeimöl, 300 g Spinat, 1 KL Alsan, 1 Knoblauchzehe, Salz, Muskatnuss, Sojamilch, 1 EL Kürbiskerne, 400 g Faschiertes, ½ Zwiebel, 1 EL Maiskeimöl, 2 EL gehackte Petersilie, Brösel, Salz, Majoran

Zubereitung:
Spinat in einer Pfanne mit Öl und Knoblauch scharf erhitzen und dann mit Gewürzen kurz garen. Mit Salz und Muskatnuss abschmecken, mit etwas warmer Sojamilch pürieren.

Kürbiskerne fein hacken, in heißer Pfanne kurz rösten. Faschiertes mit Zwiebel in Öl glasig anlaufen lassen, mit gehackter Petersilie unter das Faschierte mischen, mit Brösel etwas binden und Masse mit Salz und Majoran abschmecken. Einen Laib formen.

Das Faschierte in eine befettete Pfanne setzen, Flocken von Alsan darauf geben und im Rohr braten. Gelegentlich mit etwas Gemüsebrühe angießen.

Den faschierten Braten in Scheiben schneiden, mit dem Spinat anrichten und mit Kürbiskernen bestreuen.

Reispfanne mit Champignons und Schinken

Zutaten:
300 g Reis, 750 ml Wasser, ½ Zwiebel, 400 g Champignons, 1 EL Maiskeimöl, 200 g Schinken, 1 EL Alsan, Salz, Basilikum, Petersilie, 1/8 l Wasser

Zubereitung:
Reis im Wasser 45 Minuten kochen.

Zwiebel schälen und würfelig schneiden, Champignons putzen, blättrig schneiden und gemeinsam mit dem Zwiebel in Maiskeimöl scharf anbraten, mit Zitronensaft und wenig Petersilie sowie Kräutersalz verfeinern. Schinken in feine Streifen schneiden. In einer Pfanne Alsan zergehen lassen, Schinken kurz durchschwenken und mit Champignons unter den Reis heben. Mit fein gehackten Kräutern sowie etwas Salz würzen.

Mangold-Bami-Goreng

Zutaten:
300 g Reisnudeln, 1 EL Sesamöl, 400 g Hühnerbrust, 300 g Mangold, 250 g Austernpilze, Sojasauce, 2 Zehen Knoblauch, Kräutersalz, Ingwer, Koriander, Kardamom

Zubereitung:
Nudeln garen, dann abschrecken und gut abtropfen lassen.

Hühnerbrust in Streifen schneiden, Knoblauch pressen, Mangold vom harten Strunk befreien, in Streifen schneiden, Austernpilze waschen und ebenfalls in Streifen schneiden. Öl erhitzen, Fleisch scharf anbraten und aus der Pfanne nehmen. Nun Knoblauch mit Mangold und Austernpilzen bissfest braten, mit dem Hühnerfleisch mischen und nochmals unter Rühren braten.

Mit den Reisnudeln mischen und mit Sojasauce, Kräutersalz und Gewürzen abschmecken.

Wenn's schon etwas besser geht

Fischpfanne mit Wurzelgemüse und Couscous

Zutaten:
250 g Couscous, 500 g Schollenfilet, 2 EL Zitronensaft, Kräutersalz, 1 EL Maiskeimöl, 1 kleine Zwiebel, 1 Suppen-

grün blättrig schneiden (am Gurkenhobel), 1 Tasse Gemüsebrühe, 1 EL Zitronensaft, 1 EL gehackte Dille

Zubereitung:
Couscous in doppelte Menge Gemüsebrühe einlaufen lassen, Fisch säuern und würzen. Gemüse im Öl andünsten, mit Brühe ablöschen. Fischfilet kurz beidseits anbraten, auf das Gemüse geben, zugedeckt noch 5 Minuten fertig garen. Das Gemüse würzen, mit dem Couscous zum Fisch servieren.

Kalbswurzelfleisch-Reis-Eintopf

Zutaten:
400 g Kalbsschulter, ½ Sellerie, 2 Karotten, 2 Fenchelknollen, Maiskeimöl, Kräutersalz, Majoran, Rosmarin, Petersilie, 200 g Reis, 600 ml Wasser

Zubereitung:
Kalbsschulter in Würfel schneiden, mit Maiskeimöl anbraten. Gemüse in Streifen schneiden und kurz mitrösten, mit Wasser aufgießen, Rosmarin und Majoran zugeben und 1 Stunde köcheln lassen. Mit Salz, Majoran und etwas Zitronensaft abschmecken. Petersilie abschmecken. Reis mit Wasser 40 Minuten kochen und in den letzten 10 Minuten dem Fleisch zufügen und mitkochen.

Suppen

Wärmendes Grundrezept für eine Rindsuppe

Zutaten:
2 l Wasser, 500 g Kochfleisch (z.B. Schulterscherzel), 2–3 Knochen vom Rind, 1 EL Rotweinessig, 3 Wacholderbeeren, Rosmarin, 1 Suppengrün, frischer Ingwer, Liebstöckel, Kümmel, Salz

Zubereitung:
In einen Topf Wasser, Essig, Suppengrün, Wacholderbeeren, Lorbeerblatt, etwas Rosmarin sowie Rinderknochen und das Stück Schulterscherzel (Kochfleisch) geben.

Alles zum Kochen bringen und auf kleiner Flamme 2 Stunden köcheln lassen. Von der erkalteten Suppe das Fett abschöpfen.

Brühe im Kühlschrank aufbewahren, bei Bedarf einfach etwas Couscous einrühren oder auch zum Kochen anderer Gerichte verwenden.

Reissuppe mit Zucchini

Zutaten:
200 g Reis, 1 l Rindssuppe (Rezept siehe oben), 2 Zucchini, Liebstöckl, Koriander und Ingwer, etwas Sojasauce, Petersilie

Zubereitung:
Reis in der Suppe mit den geschnittenen Zucchini 30 Minuten köcheln lassen. Mit Gewürzen und Sojasauce abschmecken und mit gehackter Petersilie verfeinern.

Dieselbe Suppe lässt sich auch mit 1 Knolle fein geschnittenem Fenchel zubereiten!

Wenn's schon besser geht

Indische Dalsuppe

Zutaten:
200 g Rote Linsen, 1 EL Maiskeimöl, 2 Karotten, ¼ Zwiebel, 1 Lorbeerblatt, 1 MSP Ingwer, Salz, Petersilie, frischer Thymian, Zitronensaft

Zubereitung:
Linsen über Nacht einweichen. Geschnittene Zwiebel und fein geraspelte Karotten im Öl anlaufen lassen, Ingwer und Linsen zugeben. Durchrühren und mit Wasser aufgießen. Lorbeerblatt und etwas Salz zugeben und alles weich kochen. Mit Thymian würzen, pürieren und mit etwas Zitronensaft abschmecken. Vor dem Anrichten mit frisch gehackter Petersilie garnieren.

Weitere Rezeptvorschläge finden Sie auf unserer Homepage www.dunglwien.at

Verschiedene Nahrungsmittellisten und Übersichten

Quellenverweis: Die folgenden Listen-Auszüge sind „Souci Fachmann Kraut – Die Zusammensetzung der Lebensmittel" sowie dem „nuts-Ernährungsprogramm" entnommen.

Lactosegehalt ausgewählter Nahrungsmittel

Im Folgenden finden Sie eine Liste mit dem Lactosegehalt ausgewählter Nahrungsmittel. Aber Achtung – dieser kann stark variieren (z.B. Molke, Molkegetränke [Latella] 2,0–5,2 g/100 g)!

Lebensmittel	g Lactose/100 g
Büffelmilch	4,9
Butter	0,6–0,7
Buttermilch	3,5–4,0
Crème fraîche	2,0–4,5
Desserts, Fertigprodukte (Pudding, Milchreis)	3,3–6,3
Kefir	4,0
Frauenmilch	ca. 7,0
Frischkäsezubereitungen (Philadelphia)	2,0–3,8
Hartkäse, die meisten Sorten	1,0–3,0
Heilnahrung auf Milchbasis, meist	1,0–1,5
Hüttenkäse (Landfrischkäse)	2,6
Joghurt	3,2–5,6
Kaffeesahne	3,8–4,0
Kondensmilch	1,9–12,5
Lactosefreie Milch	0
Magermilch	4,8
Magertopfen	4,1
Milchschokolade	9,5
Molke, Molkegetränke (Latella)	2,0–5,2
Sauermilch	3,7–5,3
Sauermilchkäse (Harzer, Mainzer u.Ä.)	0,0–0,6
Sauermilchtopfen	0,3
Säuglingsanfangsnahrung	6,3–7,9
Schafmilch	4,6
Schlagobers, Sauerrahm	2,8–3,6
Schmelzkäse (Eckerlkäse)	2,8–6,3
Speiseeis, die meisten Sorten	5,0–7,0
Stutenmilch	6,2
Topfen (mager bis Doppelrahmstufe)	2,0–4,0
Vollmilch, Haltbarmilch	4,8–5,0
Ziegenmilch	4,2

Lactosegehalt einiger Lebensmittel in üblichen Gebrauchsmengen:

1 Portion		**Lactose (g)**
1/4 l	Milch, H-Milch	12
1/4 l	Stutenmilch	16
1/4 l	Buttermilch	10
1/4 l	Sauermilch	10
1/4 l	Joghurt 3,6% od. 1% Fett	10
180 g = 1 Becher	Kefir	7
1/8 l	Schlagobers/Sauerrahm	4,5
1/8 l	Crème fraîche	3
1/16 l	Kaffeeobers	2,5
1 Stamperl	Kondensmilch, 7,5% Fett	2
20 g = gr. Hotelwürfel	Butter	0,1
1/4 l	Molkegetränk	12
250 g 1 Teller	Milchspeisen, Grießbrei, Pudding, Milchreis	10
100 g 1Tafel	Milchschokolade	9,5
125 g 1/2Pkg.	Magertopfen	5
125 g 1/2Pkg.	Speisetopfen, 40% F.i.T.	4
150 g	Hüttenkäse	4,5
40 g	Schmelzkäse	2,3
100 g	*Hartkäse:* Emmentaler/Parmesan Schnittkäse: Gouda,Tilsiter *Weichkäse:* Brie, Camembert *Sauermilchkäse:* Romadur *Frischkäse:* Mozarella, Schafkäse	unter 0,1

Übersicht zur Orientierung über günstige, verträgliche und ungünstige Speisen zu Beginn der Rückführdiät (Phase 1)

Günstig	Selten/kl. Mengen verträglich	ungünstig
	Obst	
	Papaya, Himbeeren, Mandarinen, Honigmelonen	Dörrobst (Rosinen, Datteln, ...) Alle Kern- und Steinobstarten (Äpfel, Birnen, Pfirsiche, Kirschen, Zwetschken, ...)
	Gemüse	
Feldsalat, Endiviensalat, Fenchel, Zucchini, Champignons, Spinat, Sellerie, Melanzani	Butterbohnen, Fisolen, junger zarter Kohlrabi	Rohkost, Kohlgemüse (Karfiol, Kohlsprossen, Brokkoli, Kohl, ...), Sauerkraut, Zwiebeln und Lauchgemüse, Hülsenfrüchte (Bohnen, Linsen, Erbsen)
	Getränke	
Kräutertee, schwarzer und grüner Tee, kohlensäurefreies Mineralwasser, Wasser	Stilles Mineralwasser, Fruchtsirup stark verdünnt (ohne Zuckeraustauschstoff!), Kaffee, Rotwein	100% reine Fruchtsäfte, „Wellness"-Getränke, Malzbier, Weißwein, kohlensäurehältige Getränke
	Beilagen/Getreideprodukte/Zucker	
Kartoffeln (gewässert), Reis, Polenta, Stärke, Weißmehlprodukte, Traubenzucker	Haushaltszucker	Grobes Vollkornbrot, Vollkorngetreide und -produkte, Honig

Günstig	Selten/kl. Mengen verträglich	ungünstig
Milch- und Milchprodukte		
Alle milden Produkte wie Joghurt, Butter- und Sauermilch, Topfen, Schnittkäse, ... (außer bei gleichzeitiger Lactoseintoleranz!)		Scharfe Käsesorten wie z.B. Räucher- und Pfefferkäse
Fleisch/Fisch/Ei		
Alle milden, fettarmen Produkte		Sehr fette, geräucherte und scharfe Produkte

Übersicht über das Verhältnis von freier Glucose zu freier Fructose

Das Verhältnis von freier Glucose zu freier Fructose ist oft entscheidend für die Verträglichkeit von Nahrungsmitteln. Je höher der Glucoseanteil ist, umso besser wird Fructose meist vertragen.

Das Verhältnis von freier Glucose zu freier Fructose ist oft entscheidend für die Verträglichkeit von Nahrungsmitteln. Je höher der Glucoseanteil ist, umso besser wird Fructose meist vertragen.

Nahrungsmittel (100 g)	freie Glucose (in g)	freie Fructose (in g)	Verhältnis
Exotische Früchte			
Ananas	2,13	2,44	1:1,1
Orange	2,23	2,52	1:1,1
Banane	3,89	3,71	1,1:1
Grapefruit	2,38	2,09	1,1:1
Kiwi	4,49	3,54	1,3:1
Limone/Limette	0,8	0,8	1:1
Litchi	5	3,2	1,6:1
Mango	0,85	2,6	1:3

Nahrungsmittel (100 g)	freie Glucose (in g)	freie Fructose (in g)	Verhältnis
Papaya	0,99	0,33	3:1
Wassermelone	2,02	3,91	1:1,9
Honigmelone	1,6	1,3	1,2:1
Obst			
Apfel	2,21	6,04	1:2,7
Marille	1,73	0,87	2:1
Birne	1,66	6,72	1:4
Brombeeren	2,96	3,11	1:1,1
Erdbeeren	2,19	2,3	1:1,1
Himbeeren	1,78	2,05	1:1,1
Kirsche, sauer	5,18	0,28	18:1
Kirsche, süß	6,93	6,14	1,1:1
Pfirsich	1,03	1,23	1:1,2
Zwetschke	3,36	2,01	1,7:1
Trockenobst			
Apfel	11,02	30,12	1:2,7
Aprikose	9,69	4,88	2:1
Dattel	25,02	24,91	1:1
Pflaume	15,67	9,37	1,8:1
Rosine	31,2	31,6	1:1,01
Fruchtsäfte			
Apfelsaft	2,4	6,4	1:2,7
Orangensaft	2,3	2,8	1:1,2

Die Aufnahme freier Fructose wird durch den gleichzeitigen Verzehr freier Glucose verbessert.

Fructosegehalt von Lebensmitteln

In der folgenden Übersicht finden Sie eine Aufstellung zum Fructosegehalt verschiedener Lebensmittel:

Nahrungsmittel	1 g Fructose ist enthalten in:
Gemüse	
Aubergine	60 g

Nahrungsmittel	1 g Fructose ist enthalten in:
Bleichsellerie	85 g
Bohnen grün, frisch	60 g
Karfiol	55 g
Brokkoli	55 g
Champignons	135 g
Chicorée	55 g
Chinakohl	170 g
Endivien	500 g
Erbsen, grün, frisch	110 g
Erbsen, grün, Dose	70 g
Feldsalat	455 g
Grünkohl	45 g
Gurke	105 g
Kartoffel	110 g
Kohlrabi	50 g
Kopfsalat	70 g
Mangold	265 g
Karotte	25 g
Paprika	50 g
Petersilienwurzel	30 g
Petersilienblatt	310 g
Porree	40 g
Radieschen	115 g
Rosenkohl	40 g
Rhabarber	100 g
Rotkohl	45 g
Sauerkraut	355 g
Schnittlauch	115 g
Schwarzwurzel	65 g
Sellerie, Knolle	105 g
Spargel	60 g
Spinat	385 g
Steinpilze	385 g
Tomate	55 g
Weißkohl	45 g
Wirsing	80 g

Nahrungsmittel	1 g Fructose ist enthalten in:
Zucchini	55 g
Zuckermais	55 g
Zwiebel	30 g
Getreide	
Gerste, ganzes Korn	105 g
Hafer, ganzes Korn	150 g
Haferflocken	285 g
Hirse, ganzes Korn	95 g
Mais, ganzes Korn	100 g
Reis, unpoliert	335 g
Roggen, ganzes Korn	200 g
Weizen, ganzes Korn	175 g
Weizenkeime	10 g
Sojamehl	30 g
Weizenmehl	210–855 g

Die Autorinnen

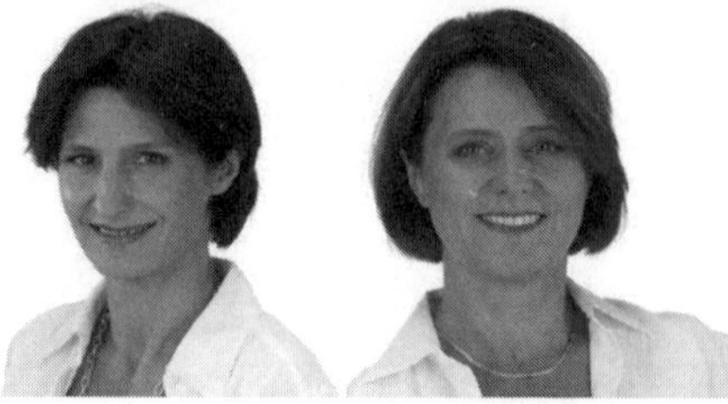

Mag. *Claudia Krist-Dungl* ist Pharmazeutin, MSc Traditionelle Chinesische Medizin und spezialisierte sich auf Ernährung nach den 5 Elementen und auf europäische sowie asiatische Heilkräuter. Sie ist Geschäftsführerin des Dungl Zentrums in Wien.

Prof. Dr. *Andrea Zauner-Dungl* ist Allgemeinmedizinerin, Fachärztin für Physikalische Medizin & Rehabilitation, Leiterin des Zentrums für Traditionelle Chinesische Medizin & Komplementärmedizin an der Donau-Universität in Krems und Expertin der Sport- und Kräutermedizin sowie in Stress- und Burn-out-Fragen.

Alles unter einem Dach

Die Dungl-Schwestern Andrea und Claudia entwickeln im Dungl Zentrum Wien den Erfahrungsschatz ihres Vaters mit ihrem Fachwissen und den neuesten Erkenntnissen aus Medizin, Pharmazie und komplementärmedizinischen Methoden weiter. Aus dieser Verbindung entsteht ein sehr breites Angebot für all jene, die selbst Verantwortung für ihre Gesundheit übernehmen wollen.

Schon beim Eingang in der Schottengasse 9, im ersten Bezirk, heißen gesunde Fertigprodukte für den modernen Lebensalltag den Gast willkommen. „Gesund" und Fertigprodukt – das funktioniert nur dann, wenn das Konzept wie hier vorsieht, dass die Produkte schonend und ausschließlich mit natürlichen Zutaten zubereitet werden, ganz frisch ins Regal kommen und auf künstliche Haltbarkeit verzichtet wird. Besonderes Augenmerk wird auf die stark steigenden Nahrungsunverträglichkeiten gelegt, daher umfasst das Feinkostangebot viele lactosefreie und fructosearme Produkte.

Wer aber lieber gleich vor Ort das Mittagessen genießen möchte, findet im Selbstbedienungsrestaurant ein abwechslungsreiches Angebot an warmen Speisen mit starkem Fokus auf Naturkost.

Einen Stock höher fällt sofort die enge Zusammenarbeit zwischen den hier ordinierenden Ärzten und den spezifisch ausgebildeten Therapeuten auf. Die klassischen Massagen oder Spezialbehandlungen wie Fußreflexzonen-, Bindegewebsmassage, chinesische Massage und Lymphdrainage sind ideal, um die Gesundheit zu unterstützen. Zu mehr Vitalität und gleichzeitig innerer Ruhe führt die chinesische Bewegungslehre Qi Gong. Hier ist sowohl in der Therapie als auch in der Ordinationsgemeinschaft das ideale Zusammenwirken von klassischer Medizin, Homöopathie und Traditioneller Chinesischer Medizin erlebbar.

Wohlbefinden heißt vor allem auch Genuss und Freude – das zählt auch für die Behandlungen im Kosmetikbereich. Nach einer guten Gesichtspflege durch geschultes Personal und mit hochwertigen Produkten geht es nicht nur der Haut besser, sondern auch der Seele!

Die Mitarbeiter im Dungl Zentrum Wien wissen aber auch, dass Gesundheit nicht nur durch Behandlungen und Produkte zu erreichen ist. Sie leben ihren Beruf jeden Tag ebenso durch Zuwendung und Hilfsbereitschaft und haben ein offenes Ohr für Dinge, die den Kunden persönlich am Herzen liegen. Auch das macht das Dungl Zentrum aus, die Verbindung eines hochqualifizierten Angebotes mit der menschlichen Beziehung.

Stichwortverzeichnis

E

F

G

H

I, J

K

T

U

V

W

Z

Beate Handler

Mit allen Sinnen leben
Tägliches Genusstraining

Mit allen Sinnen zu leben setzt, in einer Zeit in der sehr viel an Leistung gefordert wird, verschiedene Zutaten voraus: Zu ihnen zählen das Wissen um die eigenen Bedürfnisse sowie ein achtsamer Umgang mit Alltäglichkeiten. Statt auf seltene, große Genusserlebnisse zu warten, ist es leichter, sich tägliche Genussmomente zu schaffen oder solche plötzlich zu entdecken.

Diese Alltagsgenüsse tragen zu unserer Lebenszufriedenheit und unserem Wohlbefinden bei. Durch ein Genusstraining wird die Sensibilisierung aller Sinne und damit das Genussempfinden gefördert.

Dieses Buch bietet wertvolle Anregungen und zeigt, wie es ganz einfach ist, genussvolle Momente in den Alltag zu integrieren und so Stress- und Burnout-Symptomen vorzubeugen.

GOLDEGG VERLAG

Br., 242 Seiten, 17 x 24cm
jetzt in der 2. Auflage
ISBN: 978-3-902729-15-6

Preis: 19,^{80} €

Bestellen Sie unter +43 (0) 1 505 43 76-30 oder per Fax: +43 (0) 1 505 43 76-20 oder unter verlag@goldegg-verlag.com